이토록 재밌는
수상한 과학책

FREQUENTLY ASKED QUESTIONS ABOUT THE UNIVERSE

우주에 관해 자주 묻는 질문 20가지

이토록 재밌는 수상한 과학책

호르헤 챔, 대니얼 화이트슨 지음 ★ 김종명 옮김

알에이치코리아

올리버에게

– **호르헤 챔**

사일러스와 헤이즐에게
그들의 끊임없는 질문이 이 책을 쓰도록 이끌기도 했고,
집필의 흐름을 끊기도 했다.

– **대니얼 화이트슨**

차례

서론

우주에 관해 자주 묻는 질문들에 답하며

누구에게나 궁금증은 있다.

그것은 인간의 본성 중 하나이다. 동물의 한 종種으로서 우리는 의견이 일치하지 않는 점들이 있을 수 있다. 정치나 좋아하는 스포츠 팀, 밤 12시에 타코를 먹기 가장 좋은 장소와 같이 많은 부분에서 그렇다. 하지만 우리를 하나 되게 하는 공통분모가 있다. 바로 **알고자 하는** 욕구이다. 우리는 모두 궁금해하는 것들이 있고, 마음속 깊은 곳에는 인간이기에 품고 있는 공통된 질문들이 있다.

왜 과거로 시간 여행을 할 수 없는 걸까? 저 우주 밖에 또 다른 내가 있을까? 우주는 어디에서 생겨났을까? 인류는 얼마나 오래 살아남을 수 있을까? 그건 그렇고 누가 밤 12시에 타코를 먹을까?

다행히도 우리는 이 질문들에 대한 답을 가지고 있다.

과학은 지난 수백 년 동안 놀라운 발전을 이루었다. 덕분에 우주에 관한 매우 근본적인 질문에 우리가 답할 수 있는 것이 많아졌다. 물론 거대한 미스터리들은 여전히 답하지 못하고 있지만(우리의 이전 책 《코스모스 오디세이 We Have No Idea: A Guide to the Unknown Universe》 참조), 인류의 입장에서 우주를 깊게 이해해 보려는 점만큼은 올바른 방향으로 나아가고 있는 것 같다. 그래서 우리는 사람들이 가장 자주 묻는 우주에 관한 질문들에 대해 누군가 정리해서 읽기 쉬운 책을 쓸 때가 되었다고 생각했다. 그것도 삽화가 가득한 책으로 말이다.

이 책에서 우리는 자기 자신과 지구, 그리고 현실의 본질에 대해 사람들이 던질 수 있는 가장 깊고 실존적인 질문들에 대한 답을 찾아보고자 했다. 외계인이 왜 지금껏 우리를 찾아오지 않았는지(찾아오지 않았다고 가정한다면) 궁금했던 적이 있는가? 또는 당신이 정말 유일무이한 고유한 존재인지, 아니면 외계인 비디오게임에 등장하는 시뮬레이션에 불과한 존재인지 궁금한 적이 있는가? 죽음 이후의 삶이 가능할지 궁금해서 밤잠을 설친 적이 있는가? 이 모든 질문에 대한 답이 바로 여러분의 손안에 있다.

이 책의 각 장은 우주에 관해 자주 묻는 질문들을 다루고 있는데, 그 과정에서 우리 우주에 대한 깜짝 놀랄 만한 진실이 드러나기를 바란다. 이 책을 다음번 칵테일파티에서 나눌 대화를 위한 가벼운 입문서로 봐도 되고, 화장실에 앉아 있는 동안 빨리 읽을 수 있는 흥미로운 책 정도로 생각해도 된다(다행히도 각 장은 비교적 짧다).

우리가 이런 질문에 답할 자격이 있는지 궁금해할 수도 있을 것 같다. 그렇다면 안심해도 된다. 우리는 각 주제에 대해 충분한 권위와 전문성을 가진 사람들이다. 해당 분야의 팟캐스트를 운영하고 있기도 하다. 일주일에 두 번 진행되는 오디오 프로그램인 '대니얼과 호르헤가 설명하는 우주Daniel and Jorge Explain the Universe'에서는 마이크로파부터 은하계 간에 벌어지는 현상, 가상의 기본 입자에 이르기까지 다양한 주제를 다룬다.

실제로 이 책을 써야겠다고 생각한 계기는 청취자들로부터 받은 질문에 답하기 시작하면서였다. 청취자들의 질문에 답하는 것은 팟캐스트를 운영하는 우리에게는 가장 흥미로운 부분 중 하나이다. 메시지 박스를 열고 호기심 많은 청취자로부터 접수된 사려 깊은 질문을 읽는 것만큼 하루를 즐겁게 만드는 것은 없다.

질문은 9세부터 99세까지 그야말로 다양한 연령, 직업, 거주 지역의 사람들로부터 온다. 데번셔에 사는 아홉 살 아이가 관측 가능한 우주에 대해 놀라운 질문을 해서 충격을 받은 적도 있다.

질문하고, 궁금한 것을 알고자 하는 욕구가 우리의 마음속에 깃들어 있는 것 같다. 많은 사람들이 우주의 본질과 우주 안에서 우리의 위치를 궁금해하는 것이야말로 살아 있는 즐거움 중 하나라고 말한다. 물론 답을 바로 알지 못하거나, 이 책의 일부 답변처럼 더 많은 질문으로 끝나게 되면 실망스러울 수도 있다. 하지만 질문하는 것만으로도 때로는 큰 힘이 된다.

질문한다는 것은 답을 찾을 수 있다는 의미를 내포하며, 우리는 결국 그것이 장래에 희망적인 행위가 될 수 있다고 믿는다. 우주와 이와 관련된 모든 경이로운 신비가 언젠가는 풀리고, 이해될 수 있다고 믿는 것보다 더 희망적인 일이 있을까?

그러니 우리와 함께 인류의 집단적 호기심에 동참하여 우리를 자주 괴롭히는 질문 속으로 뛰어들어 보자. 때때로 그 답은 놀랍고, 우주에 대한 여러분의 기존 관점에 어긋나는 것일 수도 있다. 때로는 그 답이 고민스러울 정도로 불충분할 수도 있다. 왜냐하면 이런 질문이 인류의 기존 지식을 한계점까지 밀어붙이게 될 것이기 때문이다.

그렇지만 어떤 경우든 재미는 질문하는 것 자체에 있다는 것을 잊지 말자. 부디 즐기시기를 바란다!

추신: 화장실에서 이 책을 보다가 물 내리는 것을 잊지는 말자.

1

왜 시간 여행을 할 수 없는가?

사실, 누가 시간을 거슬러 여행할 수 없다고 했나?

사람들에게 시간 여행은 매우 흔한 소망이다. 과거로 돌아가 역사 속 유명 인물과 이야기를 나누거나, 역사적으로 중요한 순간을 직접 보고 싶지 않은 사람이 누가 있을까? 그렇게만 할 수 있다면 누가 진짜로 JFK를 죽였는지, 공룡이 멸종한 이유가 무엇인지 알 수 있을 것이다.

좀 더 현실적으로는, 시간을 거슬러 올라가 당신이 저지른 실수를 바로잡는 것과 같은 사소한 일을 할 수 있는 것만으로도 좋을 것이다. 당신이 바지에 커피를 쏟았다면 과거로 돌아가… 커피를 쏟지 않도록 하면 된다. 상사에게 어떤 말을 했는데 후회된다면, 그때로 돌아가 그 말을 하지 않으

면 된다. 파인애플을 올린 피자를 주문했는데 막상 먹어보니 맛이 형편없다는 것을 깨달았다면, 과거로 돌아가 진짜 피자를 주문하면 된다. 이것은 마치 우주에 실행 취소 버튼(맥 컴퓨터의 경우 Ctrl+Z 또는 Command+Z에 해당한다)이 있는 것과 같다.

하지만 지금까지 과학자들은 그런 장치를 만들어내지 못했다. 과거는 우리에게 여전히 바꿀 수 없는 것이다. 시간은 여전히 우리의 커다란 적이며, 우리는 과거의 실수를 영원히 후회하며 살아야 할 운명에 처해 있는 것이다. 이 우주에는 실행 취소 버튼이 없기 때문이다.

왜 그럴까? 왜 우리가 미래는 바꿀 수 있지만 과거는 바꿀 수 없는 것일까? 시간 여행을 불가능하게 만드는 어떤 심오한 물리 법칙이 있는 것일까, 아니면 어려운 기술적 문제를 해결하기만 하면 되는 것일까? 그렇다면 그 차이는 무엇일까?

뜻밖의 기분 좋은 소식을 전하자면, 물리학자들은 시간 여행을 실제로 불가능한 일이라고 **단정 짓지 않았다**는 사실이다. 기술적으로만 본다면 시간을 거스른다는 것은 실제로 **가능한** 일이다. 물론 영화에서 보았던 방식은 아니지만, 되감기 버튼을 만드는 것이 전혀 불가능한 일은 아니다. 실제로 이 장의 마지막 부분에 일부 물리학자들이 인정한 아주 새로운 시간 여행 아이디어를 소개해 놓았다.*

그러니 타임머신 고글을 착용하고 호버보드hoverboard와 드로리안

유명한 시간 여행 장치

H. G. 웰스의 시간 여행 기계

드로리안 자동차

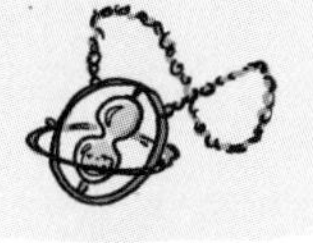

타임 터너 (Time Turner)

#tbt◊

◊ Throwback Thursday의 약자로, SNS에 과거를 회상하는 사진을 올릴 때 사용하는 해시태그-옮긴이

DeLoreans (영화 〈백 투 더 퓨처〉에 타임머신 자동차로 등장해 유명해진 차-옮긴이) 자동차를 준비하자. 지금부터 시대를 초월한 질문인 "왜 (아직도) 시간 여행을 할 수 없는가?"에 대한 답을 찾으러 떠나보자.

현실적 vs 가능함 vs 불가능하지는 않음

먼저, 우리가 어떤 것이 '가능한가'를 물을 때에는 질문이 의미하는 바를 명확히 해야 한다. 질문을 누구에게 하느냐에 따라 답이 달라지기 때문이다.

엔지니어에게 시간 여행이 가능한지 물으면, 아마 그들은 1조 달러 미만의 비용으로 10년 이내에 할 수 있는 일일 경우에만 가능하다고 대답할 것이다.

그러나 **물리학자**에게 어떤 것이 가능한지 묻는다면, 그들은 엔지니어와

* 적어도, 한 사람의 물리학자는 인정한 아이디어라고 볼 수 있다.

는 다르게 질문을 바라볼 것이다. 물리학자들은 어떤 일이 일어나는 것을 불가능하게 만드는 물리 법칙이 존재하지 않는 한 가능하다고 대답할 것이다.

다음과 같이 예를 들어 보겠다.

수행 과제	엔지니어	물리학자
핵무기로 칠면조 요리하기	어렵지만 가능함	당연히 가능함
산 정도 크기의 케이크 굽기	불가능함	절대적으로 가능함
태양 표면으로부터 100킬로미터 이내로 비행하기	그러지 않기를 바람	안 될 이유가 없음
지구 중심까지 파 내려가서 중력가속도가 0(Zero-G)이 되는 놀이동산 만들기	포기하겠음	가능함

이 책은 물리학과 우주에 관한 책이므로 여기서는 물리학자의 관점을 취하도록 하겠다. 즉, 이 장에서 우리의 목표는 시간 여행이 우주의 법칙을 거스르는지 여부를 알아내는 것이지, 시간 여행을 현실화하는 데 14.7 바질리언bazillion (방대한 수를 일컫는 질리언zillion보다 더 큰 수를 지칭하는 표현-옮긴이) 달러와 수백 년의 시간이 필요한지를 알아내는 것이 아니라는 뜻이다. 물리학자들이 시간 여행이 가능하다고 선언하면, 이후 엔지니어들이 최종적으로 시간 여행을 실용화할 방법을 찾아낼 것이라고 믿는다. 그다음 단계는 엔지니어가 이 방법을 소프트웨어 담당자에게 넘겨 앱을 코딩하도록

하는 것이다("시리, 흘린 커피를 실행 취소시켜.").

시간 여행이 물리학자의 지지를 받을 수 있을지 알아보려면, 먼저 물리학자의 관점에서 시간을 생각해 봐야 한다. 시간이란 매우 까다로운 주제이다. 오랜 세월 시간은 사람들을 혼란에 빠뜨리고 당황스럽게 해왔다. 물리학에서는 우주가 시간을 변화시킬 수 있다고 생각한다. 시간은 **흐름**이며 움직임이고, **나중**then이 **지금**now으로 바뀌는 방식이다. 이를테면 일련의 정지된 사진을 순서대로 배열하는 과정에서 하나의 매끄러운 영화로 만들어지는 것이 시간이다.

우주도 부드럽게 흐르는 것처럼 보인다. 어느 한 순간에서 완전히 다른 어떤 순간으로 갑자기 점프하는 식으로 작동하지 않는다. 소파에 앉아 이 책을 읽다가 갑자기 해변에 앉아 있는 것과 같은 일은 일어나지 않는 것이다. 이것은 과거에 일어난 일이 지금 일어날 수 있는 일의 범위를 제한하기 때문이다. 조금 전에 당신이 커피를 마시고 있었다면, 현재에 일어날 가능성이 있는 일은 여전히 커피를 즐기고 있거나 혹은 바지에 커피를 쏟는 것 등이다. 당신이 갑자기 셀러리 주스를 마시는 푸른 용으로 변신하는 일 따위는 그 가능성에 포함되지 않는다.

과거는 우리가 경험할 수 있는 미래를 통제한다. 이를 우리는 '원인과 결과'라고 부른다. 이것은 물리학이 이상하고 말도 안 되는 우주와, 이 우주가 어떻게 변화하는지 논리적으로 이해하려는 핵심적인 방식이다.

원인과 결과에 따라 우주에서의 모든 변화는 매끄럽게 일어난다. 그리고 그 변화에는 **시간이 필요하다.** 우주에서는 어떤 것도 갑자기 일어나는 법은 없다. 모든 사건이 원인과 결과에 의해 서로 연결되어 있기 때문이다. 피자를 만들고자 할 때도 과정이 있다. 마법처럼 손가락을 딱 튕긴다고 해서 밀가루, 토마토, 치즈를 피자로 바꿀 수는 없다. 우주는 당신이 일련의 과정을 거칠 것을 요구한다. 재료를 섞고, 도우를 반죽하고, 토마토를 익히고, 중간에 와인을 마시고, 굽는 등의 과정을 거쳐야 한다.* 한 가지 형태(원재료)에서 다른 형태(뜨거운 피자)로 변하기 위해서는 따라야만 하는 단계가 있는 것이다. 시간은 그 단계들을 연결하고, 시간 없이는 우주를 설명할 수 없다.

이러한 시간에 대한 이해를 바탕으로 몇 가지 시간 여행의 가능성에 관해 생각해 보자.

미래로 돌아갈 수는 없다

시간 여행이 하고 싶은 가장 매력적인 이유 중 하나는 과거로 거슬러 가서 무언가를 바꾸고, 그것이 미래에 영향을 미치기를 바라기 때문이다. 예를 들면 커피를 쏟지 않게 되거나, 이미 망한 비디오 대여업체인 블록버

* 좋다. 와인을 마시는 일은 피자를 굽기 위해 우주에서 반드시 요구되는 사항은 아니란 것을 인정한다.

스터 비디오Blockbuster Video 주식 대신에 넷플릭스 주식을 사는 것과 같은 일이다. 과거에 변화를 일으킨 다음 현재로 돌아와 그 조작의 결실을 누리고 싶은 것이다.

이 개념에는 한 가지 큰 문제가 있다. 간단히 말해서, 말이 안 되는 얘기인 것이다.

시간을 우주의 흐름(또는 피자를 굽는 과정)으로 이해하면, 과거를 바꾸는 일이 왜 말이 안 되는지 쉽게 알 수 있다. 당신이 어느 날 아침 8시에 일어나 커피를 마셨다고 가정해 보자. 이 경우 한 가지 문제가 있다면 커피가 몸에 좋지 않다는 것이다. 그래서 당신은 타임머신을 타고 다시 오늘 아침 8시로 돌아가 커피 대신 홍차를 마시기로 결심한다.

이러한 일이 영화에서 일어난다면 이해하겠지만, 물리학 관점에서는 말이 안 되는 일이다.

물리학 관점에서 볼 때, 이런 상황은 과거의 우주와 연결되지 않는 현재의 우주(몸에 나쁜 커피가 창조된 우주)가 존재함을 의미한다. 당신이 커피 대신 차를 만들었다면, 이전에 마셨던 몸에 나쁜 커피는 어떻게 만들어진 것일까? 물리학자에게 이것은 원인과 결과 법칙에 위배되는 것이다. 결과(몸에 나쁜 커피)는 있지만 원인은 없다(대신 차를 만들었으므로). 이는 달리 표현하자면 재료를 전혀 섞지 않고도 피자를 만든 것과 같다.

안타깝게도, 이런 이유로 과거를 바꾸는 일은 불가능하다. 원인과 결과 법칙을 어긴다는 것은 우주 자체에 일관성이 없어지는 것을 의미한다. 이것은 물리학자들에게는 절대 용납될 수 없는 일이다.

여러분은 이렇게도 생각할 수 있을 것 같다. **"하지만 타임라인이 나뉘면 어떨까! 다른 타임라인에 각각 다른 역사가 펼쳐진다면 가능하지 않을까? 영화 〈어벤져스Avengers〉에서도 이런 일이 일어나는 것을 본 적 있다!"** 안타깝게도, 브라운 박사(〈백 투 더 퓨처〉에서 타임머신 드로리안을 발명한 과학자-옮긴이) 그리고 아이언맨에게도 이는 말이 되지 않는 일이다. 변화라는 개념조차 시간에 의존하는데, 어떻게 타임라인을 바꾸거나 새로운 타임라인을 만들 수 있겠는가? 타임라인 자체가 **변화를 의미하므로** 스스로를 바꿀 수는 없다. 현재 다중우주multiverse라는 개념을 과학자들이 진지하게 고민하고 있지만, 그렇다고 우리가 여러 우주들 사이에서 이동하거나 선택할 수 있다는 뜻은 아니다.

이렇듯 물리학에는 갑자기 다른 시간으로 이동한 뒤 무언가를 바꾸는 것이 불가능하다는 것을 증명하는 이유가 많다. 한마디로 물리학을 이용하여 주식시장을 조작함으로써 부자가 되겠다는 여러분의 꿈은 연기처럼 사라졌다고 보면 된다.*

---

* 어차피 물리학으로 부자가 되겠다는 꿈이 현실적이었던 때는 없었다.

물리학자가 있는 곳에 길이 있다

원인과 결과에 대해 엄격하다는 것이 곧 시간 여행이 **불가능함**을 의미할까? 사실, 아니다! 단지 **과거를 바꾸는 일**이 불가능하다는 것을 의미할 뿐이다. 아무것도 바꾸지 않고 과거로 돌아가는 것은 어떨까? 그것은 가능할 수도 있다. 예를 들어 공룡을 보고 싶다거나, 시간을 빨리 돌려 미래가 어떤지 보고 싶다고 가정해 보자. 이런 일이 가능할까? 현재 통용되는 물리학에 따르면, 그것은 완전히 가능하다(다만 엔지니어들에게 가능한지 여부를 묻지는 말라).

그 일이 어떻게 가능할 수 있는지 이해하려면, 공간을 단순한 공간 이상으로 생각하는 데 익숙해져야 한다. 물리학자들은 공간과 시간을 함께 생각하기를 좋아하는데, 그들은 이를 '시공간space-time'이라고 부른다(그다지 상상력이 풍부한 이름 같지는 않다).

우리는 지구 표면 위의 공간 내에서 이동하는 것에 익숙하다. 여기서는 모든 것이 단순하다. 위로 던진 공은 아래로 내려오고, 옆으로 걸으면 앞뒤가 아니라 옆으로 가게 된다. 지구 위에서는 시간도 마찬가지로 단순하다. 시곗바늘은 앞으로 나아가고 전 세계의 시계들도 마찬가지이다.

하지만 물리학에 따르면 우주의 어떤 부분에서는 공간이 정말 기이해진다. 이런 경우를 다루려면 공간과 시간이 합쳐져 있다고 생각하는 것이 가장 적합하다. 물리학자의 시각에서는 우리가 공간을 이동할 때 단순히 **시간이 흐르는** 것이 아니라, 시간과 공간이 **하나로 결합한** 시공간을 이동하는 것이다.

시공간은 기이하다. 이곳에서는 우리가 상상하기 어려운 일이 일어나는 데, 이를테면 시공간은 **휘어질** 수 있다. 시공간은 접히기도 하는데, 심지어 고리 모양처럼 끝과 끝이 연결되어 무한 루프를 형성하기도 한다.

우리는 이 이상한 시공간에서 허락된 두 가지 시간 여행 방법에 대해 살펴보려 한다.

무한히 긴 먼지 원통

아인슈타인에 따르면 시공간은 주위에 거대한 물체가 있으면 휘어진다. 중력은 힘이 아니라 공간과 시간의 왜곡이라는 것이 아인슈타인의 생각이다. 예를 들어 달이 지구 주위를 도는 것은 중력이 끌어당기기 때문이 아니라, 지구의 질량에 의해 휘어진 깔때기 모양의 시공간에서 달이 마치 곡선 트랙을 도는 경주용 자동차처럼 돌고 도는 것이다(쉽게 말해, 깔때기 안에서 구슬이 구르는 모습을 상상해 보자. -옮긴이).

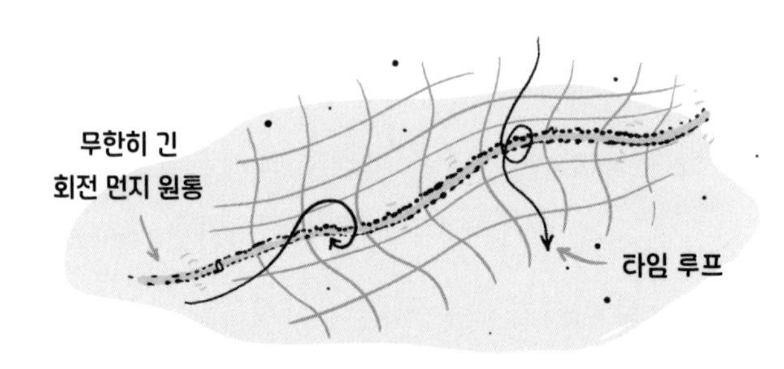

질량은 공간을 휘게 할 뿐만 아니라 시간을 늘리기도, 줄이기도 한다. 게다가 질량을 특별한 방식으로 배치하면 시간에 아주 이상한 일이 생길 수도 있다. 가령 우주 공간에 회전하는 먼지로 이루어진 무한히 긴 원통을 만든다면 매우 놀라운 일이 일어날 수도 있다. 회전하는 먼지 기둥 주위로 시간과 공간이 휘어지면서 끊임없이 반복되는 시간 루프가 만들어지는 것이다. 이 먼지 원통을 따라가다 보면 자신이 출발했던 곳과 그때 그 시간으로 다시 돌아갈 수도 있다.

웜홀

시공간에 대한 현대적인 견해에 따르면, 시공간은 기묘한 방식으로 휘어지고 왜곡될 수 있다고 말한다. 시공간이 접히면서 시공간 내의 서로 다른 두 지점 사이에 터널, 즉 지름길이 만들어진다는 것이다. 이 지름길을 '웜홀wormhole'이라고 부른다. 웜홀은 서로 다른 두 지점을 연결하는 시공간의 왜곡 또는 재배열이라고 생각하면 된다.

사람들 대다수가 웜홀을 우주 공간의 서로 다른 두 지점을 연결할 수 있는 것으로 생각한다(이런 웜홀은 머나먼 은하계로 여행하는 데 유용하게 사용할 수 있을 것이다). 하지만 이론적으로 웜홀은 서로 다른 시간대인 두 지점을 연결할 수도 있다. 이 모든 것은 '시공간'이라는 하나의 큰 덩어리로 기억하면 이해하기 쉽다. 웜홀을 이용하면 마을 건너편에 있는 당신이 매우 좋아하는 보바차boba tea (타피오카 밀크티로, 버블티라고 보면 된다.-옮긴이) 가게로 갈

웜홀을 통해 미래로 가는 방법

수 있을 뿐만 아니라, 시간을 거슬러 보바차가 유행하기 이전으로도 갈 수 있다는 뜻이다.

실행 취소를 할 수 없을까?

앞에서 언급한 두 가지 종류의 시간 여행에서 놀라운 점은 우리가 물리 법칙을 어기지 않고도 시간 여행을 할 수 있다는 것이다. 과거를 바꾸려고 하지만 않는다면, 당신은 이 휘어진 시공간을 통해 과거 또는 미래로 이동할 수 있다.

여기서 주의할 점은, 이전에 당신이 있었던 곳과 정확히 같은 그 시공간으로 돌아간다는 것이다. 그곳으로 가기 위해 루프를 통하느냐 또는 지름길을 이용하느냐의 차이일 뿐이다. 이는 당신이 **과거를 바꾸고 싶어도** 바꿀 수 없다는 뜻이다. 당신이 과거로 돌아가 아침 8시의 자신에게 몸에 나쁜 커피를 만들지 말라고 얘기할 수는 있다. 하지만 그렇게 했다면 당신은 같은 타임라인의 두 지점에 속해 있기 때문에 자신이 그 말을 했다는 것을 기억하고 있어야 한다. 따라서 당신이 몸에 나쁜 커피를 만들었다는 사실은, 미래의 자신을 만나 그런 경고를 들은 기억이 없었다는 것을 의미한다.

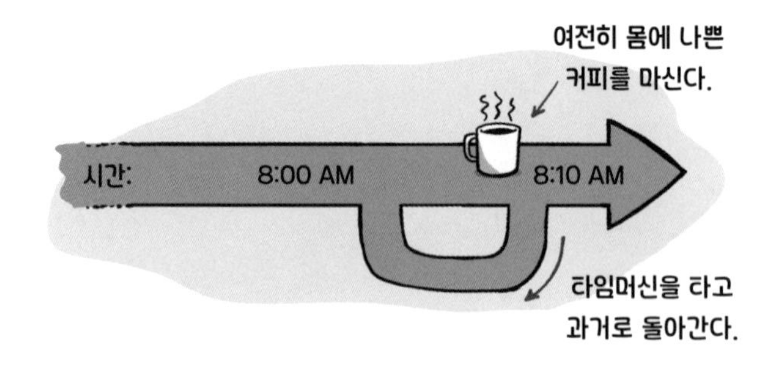

미래의 자신은 애초에 시간을 거슬러 돌아간 적이 없었던 것이다.

실제로 이런 일이 가능할까? 답하자면, 사실 물리학자들도 모른다! 이는 '불가능하다고 밝혀지지 않았지만,* 우리가 아는 한 완전히 비현실적'이라고 얘기할 수 있는 범주의 일이다. 우선, 아무도 무한한 먼지 원통을 만든 적이 없다. 웜홀을 찾는 방법도 모르고, 웜홀을 열고 그것을 제어하는 방법 또한 더더욱 알 수 없다. 하지만 재미있는 점은, '불가능한지 알 수 없다'는 말은 여전히 가능하긴 하다라는 의미이다. 커피를 쏟은 일을 실행 취소할 수는 없지만, 당신은 여전히 공룡을 보러 가거나 미래가 어떤 모습인지 볼 수 있는 가능성은 남아 있다.

시간의 흐름을 돌릴 수 있다면

이쯤 되면 여러분은 조금 실망할지도 모르겠다. 시간 여행이 가능할 수도 있지만, 여러분이 기대했던 종류의 시간 여행이 아니기 때문이다. 물론 살아 있는 공룡을 보는 것은 멋지지만, 자신이 바지에 커피를 쏟는 것을 바라보는 일 따위의 시간 여행이 얼마나 재미있을까?

그렇기에 우리는 이제 다른 종류의 새로운 시간 여행 아이디어를 소개하려 한다. 이 시간 여행에서는 우주의 원인과 결과 법칙을 **어기지 않고** 실행 취소를 할 수 있다. 물론 이 아이디어는 이 책을 위해 오랜 시간 고민

---

* 어떤 물리학자들은 아인슈타인의 이론이 일부 틀렸다고 생각하며, 따라서 이런 시간 루프가 불가능하다고 생각하고 있음을 밝혀 둔다.

한 끝에 생각해 낸 것이다. 모든 훌륭한 물리학 아이디어들도 처음 시작한 누군가가 있었을 것이다. 게다가 우리 중 적어도 한 명은 훈련된 물리학자가 아니던가.

이제 들을 준비가 되었는가? 자, 이것이 우리의 아이디어다.

"**시간의 흐름을 반대 방향으로 바꾼다**면 어떨까?"

물리학에는 우주가 어떻게 변화하는지를 결정하는 많은 법칙이 있다. 이 법칙들은 모두 시간이 흐르는 속성이 있다는 점을 가정한다. 하지만 어떤 물리 법칙도 실제로 시간이 **어떻게** 흐르는지에 대해서는 설명하지 못하고 있다. 예를 들어 우리는 왜 시간이 한 방향(앞으로)으로만 흐르고, 다른 방향으로는 흐르지 않는지를 알지 못한다. 사실, 우리는 시간이 **앞으로만 움직여야** 하는 것인지에 대해서도 모른다. 거의 모든 물리 법칙은 양방향으로 작동함에도 말이다.

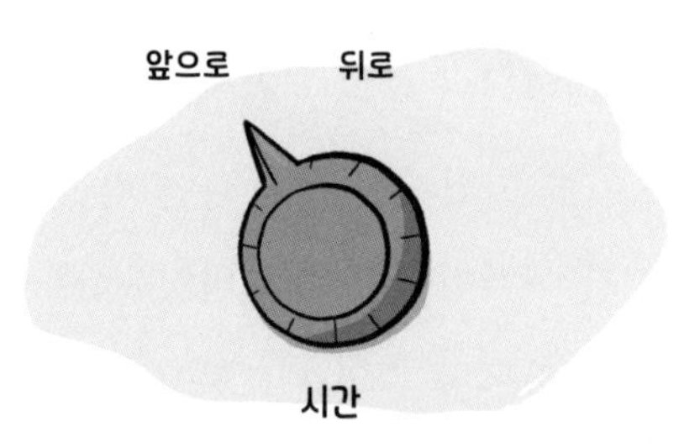

물론 시간의 앞뒤 방향에서 다르게 작용하는 것처럼 보이는 물리 법칙이 한두 가지는 있다. 예를 들면 열역학 제2법칙은 시간이 흐름에 따라 물체는 질서가 없어지고 열은 퍼져나가는 경향이 있다고 말한다. 그것은 유리잔이 깨지지 않는 것보다 깨지는 일이 일어날 확률이 더 높다는 뜻이다.

그러나 이 법칙 역시 시간이 앞으로만 흐른다고 보지는 않는다. **시간이**

거꾸로 흐르면 무질서가 줄어들 것이라고 설명할 뿐이지만 말이다. 시간이 거꾸로 흐르는 것을 본 적이 없으니 이런 일이 이상하다고 생각되겠지만, 물리학은 그 가능성을 배제하지 않는다.

그래서 우리는 다음과 같은 아이디어를 생각했다. 시간의 흐름을 선택적으로 되돌리는 장치를 만들면 어떨까? 예를 들면 타임머신 기계의 **내부에서만** 시간이 거꾸로 흐르도록 만드는 것이다. 기계 자체는 이동하거나 어디로도 가지 않는다. 밖에 있는 사람에게 기계는 그냥 그 자리에 있고, 작동이 끝나도 거기에 있는 것으로 보일 것이다. 하지만 기계 **내부에서** 적용되는 물리 법칙은 다르다. 기계 안에서 시간은 거꾸로 흐를 것이고, 기계 내부의 입자들은 시간이 앞으로 흐르는 바깥 우주와는 정반대로 움직일 것이다.

이런 식으로 시간의 흐름을 제어할 수만 있다면, 이미 일어난 특정 일을 취소시킬 수도 있다. 예를 들어 타임머신 기계 안에 사무실을 설치하고 평소에는 정상적인 시간 흐름으로 설정해 놓는다. 그러다 어느 순간 커피를 쏟으면 기계를 작동하여 시간의 흐름을 잠시 되돌리는 것이다. 그러면 우주의 나머지 부분은 정상적으로 흐르지만, 기계 내부에서는 쏟아진 커피가 원상 복구될 수 있을 것이다. 기계가 다시 정상 흐름으로 돌아오면, 당신은 깨끗한 바지를 입고 있는 자신을 보게 될 것이다. 물론 당신의 생각도 거꾸로 돌아가므로 기계 밖 어딘가에 커피를 조심해서 마시라고 메모를 남겨 두는 것도 좋겠다.

시간을 거슬러 올라가는 것과 특정 장소 안에서 시간의 흐름을 반대로 돌리는 것의 차이를 구분하기 어려울 수도 있지만, 물리학의 관점에서 볼 때 그 차이는 중요하다. 당신 또는 기계가 다른 시간으로 **이동하는 것이**

시간 여행 셀카

아니라(그러면 원인과 결과 법칙에 어긋난다), 제한된 공간에서 시간의 흐름만 거꾸로 돌려 놓는 것뿐이다. 비유하건대 시간의 흐름이 큰 강과 같다면, 우리가 말하는 시간 여행 방식은 여기저기 작은 소용돌이를 만들어 일시적으로 시간의 흐름을 역류시키는 것이라고 할 수 있다.

이 시나리오를 받아들이기 어렵다면 상상 속의 기술을 한 단계 더 발전시켜 보겠다. 이번에는 앞에서 언급했던 방식과 반대로 작동하는 강력한 타임머신 기계를 만든다면 어떨까? 즉 기계 내부만 제외하고 **우주 전체**의 시간 흐름을 역전시키는 것은 어떨까? 이 경우 당신이 기계 안으로 들어가 버튼을 누르면 주변의 우주 전체가 거꾸로 흘러가는 것을 볼 수 있을 것이다. 그런 다음에 기계 밖으로 나오면 당신은 더 젊은 버전의 우주에 있게 되는 것이다. 당신만 제외하고 우주 전체가 젊어진 것이다. 이 젊은 우주에서 당신은 무엇을 할 수 있을까? 넷플릭스 주식을 사거나, JFK와 어울리거나, 혹은 커피를 끊을 수도 있다.*

* 솔직히 여러분이 진작에 이 같은 일들을 했더라면, 이 모든 고생을 안 해도 됐을 것이다.

시간 여행은 미친 생각일까? 그렇다. 시간을 거꾸로 흐르게 하거나, 엔트로피entropy를 감소시키는 방법을 우리가 알고 있나? 모른다. 이런 일이 가능할까? 전혀 모르겠다. 그러면 불가능할까? 지금까지 우리가 알고 있는 물리 법칙에 따르면 불가능하지는 않다!

말하건대, 이 모든 것은 엔지니어 여러분에게 달렸다.

2 왜 외계인은 우리를 찾아오지 않았을까?

외계인이 지구에 방문한다면 여러분은 그들을 반기게 될까, 아니면 두려워할까?

필자는 생각이 다를 수 있다는 것에 동의한다.

일단, 외계인들이 우리를 방문한다면 신나는 일이 많이 생길 것이다. 생각해 보라. 항성 간의 그 방대한 거리를 이동하여 우리를 찾아올 정도라면, 그들은 우리보다 훨씬 앞선 문명으로부터 왔을 것이다. 그렇다면 외계인들에게 물어볼 수 있는 것이 얼마나 많겠는가! 우주는 어떻게 작동하는가? 우주는 어떻게 시작되었는가? 어떻게 별을 찾아 여행할 수 있는가? 왜 어떤 사람들은 피자에 파인애플을 얹어 먹는가? 외계인들이 나타나서 이 모든 질문에 답해 준다면 정말 놀랍지 않을까? 우리가 이 질문에 대한 답을 찾기 위해 수백 년, 수천 년 동안 힘들게 물리학에 매달릴 필요 없이* 바로 지금 해답을 얻을 수 있을 것이기 때문이다.

자, 그런데 우리를 찾아온 외계인이 생각했던 것만큼 좋지 않다면 어떻게 될까? 마찬가지로 우리보다 진보한 외계 문명으로부터의 방문도 무서운 결과를 초래할 수 있다. 인류의 역사를 돌아보라. 좀 더 발달된 문명이 다른 문명을 접했을 때 어떤 일들이 일어났던가? 그들 자신의 지식과 지적 유산을 나누고, 함께 음식을 먹으며 평화롭게 즐겼는가? 그렇지 않다.

---

* 커피를 마시며 계속 한자리에 앉아 몰두하는 것은 무척이나 고된 일이다.

대개 '탐험'을 당한 문명에는 좋지 않은 일이 일어났다.

어느 쪽이 되었든 외계인의 방문은 우리에게 매우 중대한 사건이 될 것이다. 이 시점에서 우리는 궁금해진다. 왜 외계인들은 아직 우리를 방문하지 않았을까? 우주 저편에 다른 생명체가 존재할 확률이 꽤 높은데도 말이다. 우리 은하만 하더라도 엄청난 수의 별들(약 2,500억 개)이 있고, 더욱이 우주에는 적어도 수조 개(무한한 숫자는 아니다)의 은하가 존재한다. 그리고 이 별들의 대략 5분의 1 정도는 별 주위로 지구와 유사한 환경의 행성을 가지고 있다. 이것은 우주 어딘가에 (무한하지 않더라도!) 생명체가 발생할 수 있는 확률이 굉장히 높다는 것을 의미한다. 도리어 우주 전체에서 유일하게 지구에만 생명체, 더 나아가 지적 생명체가 존재할 가능성은 극히 낮아 보인다.

그렇다면 왜 외계인들은 아직 우리를 찾아오지 않았을까? 외계인들이 우리를 피하는 것일까? 아니면 이웃 은하를 방문하기에는 우주가 너무 큰 것일까? 그들이 우리를 찾는 일이 가능하기는 한 것일까?

이러한 질문의 답을 알아내기 위해 우리는 네 가지 가능한 시나리오를 살펴보려 한다.

시나리오 #1:
외계인이 우리의 신호를 탐지하고 찾아오고 있다

한 가지 가능성 있는 시나리오는 외계인들이 그동안 우리가 우주 밖으로 보낸 신호를 탐지하고 이미 우리를 찾아오고 있는 경우이다. 우리가 의도하지는 않았지만 우주로 보내진 라디오나 텔레비전의 전파 신호를 어느 외계인들이 잘 듣고 포착해 냈을 수도 있다. 인류의 유머와 문화에 매료되어 흥미를 느낀 외계인들이 즉시 우주선을 발사하여 우리를 향해 찾아오고 있다는 설정이다.

이 시나리오에 대해 물리학은 뭐라고 설명할까? 우리가 보낸 신호를 외계인이 탐지한다는 것이 가능한 일일까? 그리고 우리의 신호를 알아내 지구를 향해 떠났던 외계인들이 이곳에 도착할 만큼 충분한 시간이 흘렀을까?

여기서 한 가지 짚고 넘어갈 점은, 인류가 라디오 전파를 발사한 것이 그리 오래되지 않았다는 점이다. 인류가 라디오와 텔레비전, 그리고 다른 종류의 신호를 방송하기 시작한 것은 약 1세기 전의 일이다. 교통 체증에 갇혔을 때 우리는 빛의 속도로 빨리 집에 가고 싶다고 생각하곤 한다. 하지만 우주는 상상하기 어려울 만큼 방대하다. 우리가 보낸 메시지가 빛의 속도로 날아가더라도 미지의 외계인 세계에 도달하는 데는 정말 오랜 시간이 소요된다. 설령 긴 시간이 걸려 우리의 메시지를 외계인들이 들었다고 해도, 그들이 우리를 찾아오는 것 역시 매우 오랜 시간이 걸리는 일이다.

외계인들의 항해에 대해 물리학적으로 한번 살펴보자. 우선 외계인들이 빛의 속도에 가깝게 이동할 수 있는(예를 들면 광속의 절반인 초속 1억 5,000만 미터) 우주선을 가지고 있다고 가정해 보자. 이때 여러분은 우주선을 그 엄청난 속도까지 가속하는 것만 해도 시간이 많이 걸리지 않을까 의문을 가질 수 있다. 하지만 그런 우주선이라면 가속에 걸리는 시간은 전체 항해 시간을 놓고 볼 때 아주 일부에 불과할 것이다. 외계인들이 지구 중력의 몇 배를 넘어서는 가속도에서 견디지 못하고 푸딩처럼 물렁하게 변하는 인간 같은 생명체일지라도, 그들은 항해하는 시간 대부분을 우주선이 낼 수 있는 최고 속도로 비행할 수 있다. 예를 들어 우주선을 외계인들이 견딜 수 있는 지구 중력가속도의 두 배에 해당하는 2그램 정도로 가속한다고 가정하면, 우주선이 광속의 절반까지 도달하는 데는 1년도 채 걸리지 않는다.

이제는 산수를 해보자. 인류가 전파를 송신하기 시작한 것은 대략 100년쯤 되었다. 따라서 곧 지구에 도착하는 외계인이 있다고 가정하면, 그들은 우리로부터 약 33광년 이내에 살고 있어야 한다. 왜냐하면 우리의 전파가 빛의 속도로 외계인이 사는 곳에 도달하는 데만 33년이 걸리고, 전파를 탐지한 외계인들이 광속의 절반 속도로 날 수 있는 우주선을 타고 지구까지 오는 경우 66년이 걸릴 것이기 때문이다. 즉 인류가 처음 전파를 송신한 때로부터 100년쯤 되어야 외계인이 지구에 도착할 수 있다는 말이다. 이 시나리오의 경우라면 지구로부터 **33광년 이상 떨어진** 곳에 사는 외계인

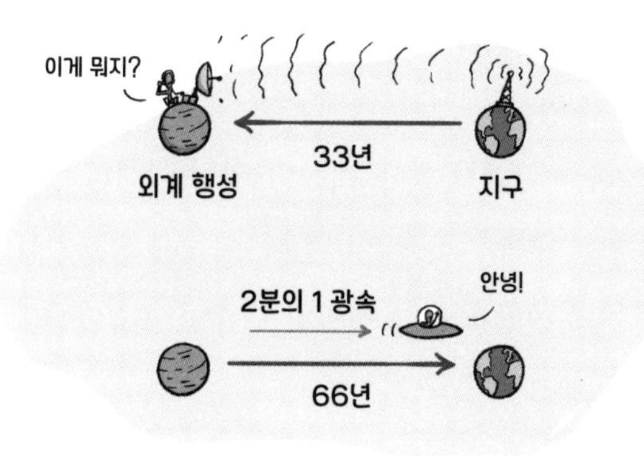

들이 이미 지구를 찾아왔을 가능성은 없다. 그들이 우리로부터 **메시지를 받고** 지구까지 항해하기에는 물리적으로 시간이 부족하기 때문이다.

그렇다면 지구로부터 33광년 이내에 외계인이 살고는 있을까?

우리와 가장 가까운 항성계(이른바 프록시마 센타우리Proxima Centauri)는 지구로부터 4광년 남짓 떨어진 곳에 있다. 우리는 그 항성들 중 하나를 지구 크기의 행성이 돌고 있다는 사실을 알아냈다. 만약 **그곳에 우리의 신호를 들은 외계인이 있다면,** 그들이 우주선을 타고 우리를 찾아올 시간은 충분할 것이다. 그러면 왜 아직도 우리를 찾아오지 않았을까? 우스갯소리로 떠도는 말 중에 하나는, 외계인들이 TV 드라마 시리즈 〈로스트Lost〉의 마지막 방송을 기다리고 있다는 것이다. 〈로스트〉의 마지막 시즌은 2010년에 방영되었으므로 2014년에야 그 전파가 외계인들의 행성에 도착했을 것이다. 이 말대로라면 우리는 〈로스트〉의 결말을 못마땅하게 여긴 외계인들이 이를 불평하기 위해 지구를 찾아오는 모습을 2022년이면 볼 수 있을지도 모른다.

그보다 더 먼 곳은 어떨까? 지구로부터 33광년 이내에는 300개 이상의 항성계가 있다. 그중 약 20퍼센트의 별은 주위에 지구와 비슷한 행성(지구와 거의 같은 크기에, 항성과의 거리가 태양과 지구 사이의 거리와 비슷한 행성)을 가지고 있을 가능성이 높다고 알려져 있다. 이는 33광년 이내의 거리에 지구와 비슷한 행성이 65개쯤 있다는 것을 의미한다. 이곳에 외계인들이 살고 있다면, 지구의 초기 전파 신호를 듣고 출발한 외계인 대표단이 지금쯤이면 지구에 도착했어야 한다.

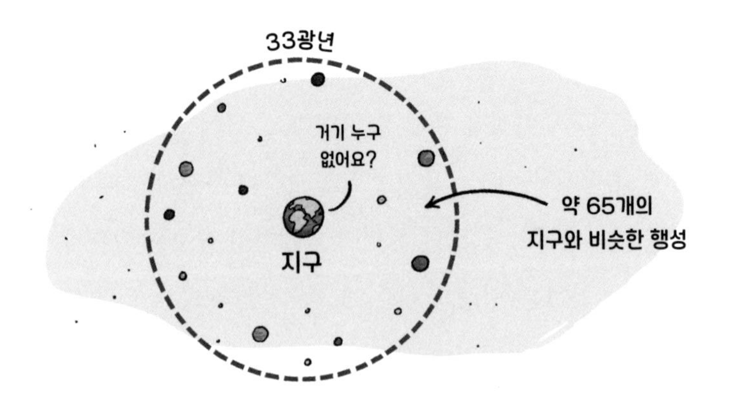

하지만 그들은 오지 않았다. 왜일까?

물론 외계인이 우리의 신호를 듣고도 찾아오지 않은 데에는 여러 가지 이유가 있을 것이다. 외계인들이 수신한 내용이 마음에 들지 않았거나, 관심이 없었거나, 굳이 신경 쓰고 싶지 않았을 수도 있다. 그러나 지구만큼이나 고립된 지적 문명이 그런 기회를 흘려보냈을 것이라고 상상하기는 어렵다. 적어도 이웃 문명이 있는지 확인하거나, 우리가 보낸 신호에 응답하려 했을 것이다.

우리가 보낸 전파 신호에 응답하여 지구를 방문한 지적 외계 문명이 아직까지 없었다는 것은 어떤 분명한 사실을 암시해 준다. 우리와 가까운 거리에 **지적 외계 문명이 없다**는 사실 말이다. 이는 65개의 행성에서 고도의 지적 생명체를 발견할 확률이 65분의 2(지구와 다른 외계 문명)보다는 적다는 뜻이다. 다른 이유보다 이 설명이 훨씬 설득력 있어 보인다. 지구상의 생명체가 겪어온 고난의 역사와 인류 문명의 위태로웠던 과거를 되돌아 보면, 인류가 지금까지 지구상에 존재하고 있는 확률도 32.5분의 1보다도 훨씬 낮아 보인다.

시나리오 #2:
외계인들이 우리를 우연히 발견한다

외계인들이 지구를 방문하지 않은 이유가 우리가 보낸 신호를 들을 수 있는 거리 내에 없기 때문이라면, 외계인이 우리를 찾을 수 있는 다른 이유나 방법을 생각해 봐야 할 것이다. 어쨌든 우리의 전파 신호는 아직 모든 방향으로 100광년 정도밖에는 도달하지 못했기 때문이다. 이 거리는 은하계 전체로 보면 아주 작은 비눗방울 크기에 불과하다. 게다가 우리 은하는 10만 광년 이상에 걸쳐 있다. 은하계 대부분이 우리가 여기에 존재하고 있는지조차 모른다는 것은 놀라운 일도 아니다.

한편 우리의 전파 신호가 닿지 않는 먼 곳에 사는 외계 문명이 우리를 찾아온다면 그 이유는 무엇일까?

우리 은하가 생성된 지는 수십억 년이 넘었다. 우주 어딘가에 고도로 문명이 발달한 외계 종족이 있고, 만약 그들이 탐험을 좋아하는 외계인이라면 어떨까? 그들이 수천 년, 수백만 년 동안 탐험해 왔다면 우연히 우리를 발견할 가능성은 얼마나 될까?

외계 종족들이 은하계를 탐험하는 데 그렇게 많은 시간을 들이는 이유도 잘 상상이 되지 않는다. 믿거나 말거나 그들은 재미있는 텔레비전 쇼를 찾아다닐 수도 있고, 새로운 맛있는 간식(우리 인간이 간식이 아니기를 바란다)이나 자원, 또는 정착할 새로운 장소를 찾고 있을지도 모른다. 수십억 년 된 외계 문명의 탐험 동기를 누가 짐작할 수 있을까? 하지만 이유가 무엇이든 우주 어딘가에 외계인이 존재하고, 그들이 우리를 찾고 있다고 가정해보자.

과연 외계인들은 우리를 찾을 수 있을까?

외계인들의 탐사 계획에 대해 몇 가지 가정을 해보자. 먼저, 외계인들이 우주선을 사용할 것이라고 가정하자. 그들이 우리 은하계의 모든 행성을 방문하려면 몇 대의 우주선을 보내야 하고, 또 몇 년이나 걸릴까?

우리가 알고 있는 지식으로는 평균적으로 1,250입방광년 크기의 우주 공간마다 지구와 같은 행성이 하나씩 있으며, 이 행성들 사이의 평균 거리는 약 11광년이다. 때로는 같은 항성계에 두 개의 행성이 있을 수도 있다. 어떤 경우는 50광년 또는 100광년을 가야 다른 행성을 만날 수 있다. 이런 규모의 긴 항해에서 중요한 것은 평균인데, 그 평균은 약 11광년이다.

만약 탐사선이 광속의 절반으로 이동한다고 가정하면, 한 행성에서 다음 행성으로 이동하는 데는 22년이 걸릴 것이다. 이 계산에 의하면 우주선 한 대를 발사하여 우리 은하계에 존재하는 지구와 유사한 행성을 모두 방문하는 데는 약 1조 년이 걸린다. 맛있는 간식을 찾는 것이 이 탐험의 임무라면, 간식이 식기 전에 그들이 집에 돌아갈 방법은 없다고 보면 된다.

좋은 소식은 그들이 더 많은 우주선을 발사하면 쉽게 탐사 속도를 높일 수 있다는 것이다. 우주선이 서로 다른 방향으로 출발하고 경로가 서로 겹치지 않는 한, 더 많은 우주선을 발사할수록 더 많은 행성을 탐험할 수 있다.

1,000대의 우주선을 발사하면 (그리고 우리 은하계의 중심쯤에서 발사하는 것으로 추정하면) 약 10억 년 안에는 우리 은하계에 존재하는 지구와 유사한 행성을 모두 방문할 수 있을 것이다. 더 많은 우주선을 발사할수록 은하계를 탐사하는 데 걸리는 시간은 계속 줄어든다. 100만 대의 우주선을 발사하면 100만 년이 걸리고, 10억 대의 우주선을 발사하면 그 시간은 약 5만 년으로 줄어든다. 하지만 우주선의 숫자가 약 10억 대를 넘어서면, 우주선

10억 대의 우주선을 발사할 경우의 그래프

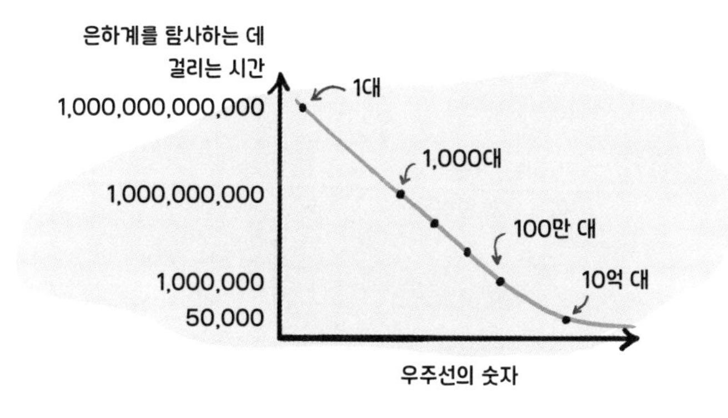

을 더 많이 발사하더라도 은하계 가장자리에 도달하는 데 여전히 같은 시간(약 5만 년)이 걸리기 때문에 그리 도움이 되지는 않는다.

5만 년이 긴 시간처럼 들릴지 모르지만, 우주의 나이(135억 년)나 지구의 나이(45억 년)에 비하면 전혀 긴 시간도 아니다.

이것은 우주에 외계 문명이 존재하고 그들이 (a) 다른 행성을 적극적으로 방문하고, (b) 대규모 탐사선을 만들 수 있는 자원을 가졌다면, 외계인들이 우리를 찾아올 확률이 매우 높다는 뜻이다. 외계인들이 완벽한 간식을 찾기 위해 끈질기게 탐사를 계속한다면 지구를 꽤 자주 찾아올 수도 있다는 말이다. 10억 대의 우주선을 은하계 전체에 보낼 수만 있다면 5만 년 내에 모든 행성을 방문할 수 있다.

게다가 이 계산은 선진 외계 문명이 **하나**만 있다고 가정한 경우다. 만약 우주를 탐사하는 많은 선진 외계 문명이 있다면 어떨까? 그러면 외계인이 우리를 우연히 발견할 확률은 훨씬 더 높아진다.

그렇다면 외계인 탐사 우주선이 아직도 우리를 방문하지 않았다는 것은 무엇을 의미할까? 인류는 적어도 수만 년(문자로 기록된 역사는 약 5000년, 동굴 벽화는 44000년 이상 거슬러 올라간다) 동안 우리 주변에서 일어나는 일을 이해할 수 있을 만큼 똑똑한 종이었다. 외계 탐사선이 이런 탐사를 진행하고 있었다면, 지금쯤은 우리에게 외계인의 방문 소식이 전해졌어야 할 것이다.

우리가 아는 한 외계인이 아직 지구를 방문하지 않았다는 사실은 은하계를 탐험하는 외계 문명이 존재하지 않을 수도 있음을 말해 준다. 어쩌면 우리가 외계인의 방문을 받지 못한 이유는 물리학이나 생물학보다는 경제적인 이유와 더 관련이 있을지도 모른다. 우주는 너무 크고, 별들은 너무 멀리 떨어져 있어서 은하계의 다른 행성을 방문하고 탐험하는 것이 경제적으로 별 의미가 없을 수도 있다.

시나리오 #3:
외계인은 아주, 아주 똑똑하다

생각해 보면 어떤 외계 문명이라도 탐험을 위해 10억 대의 거대한 함대를 만드는 것은 무리일 수 있다. 현실을 직시하자. 단지 새로운 종류의 간식을 찾으려고 10억 대의 우주선을 만들고 인력을 배치하는 것은 너무 과한 일이다. 그럼 외계인들이 우리를 찾을 수 있는 **다른 방법**으로는 어떤 것이 있을까?

다른 가능한 시나리오가 한 가지 더 있지만 상상력이 조금 필요하다. 외계인이 **아주 똑똑하다**면 어떨까? 그리고 외계인들이 **너무 똑똑해서** 은하계를 탐험하는 더 효율적인 방법을 생각해 냈다면 어떨까?

우리 주장은 이렇다. 외계인들이 **자기 복제** 탐사선을 만든다면 어떨까? 탐사선이 우주로 날아가서 더 많은 우주선을 스스로 만들어낸다고 상상해 보자. 이런 자율 비행 우주선 몇 대를 만들어 가까운 항성계로 보내는 것부터 시작하는 것이다. 우주선이 도착하면 그들의 첫 번째 임무는 항성계에서 생명체를 찾는 일일 것이다. 이착륙의 번거로움을 피하기 위해서는 우주에서 행성 표면을 촬영할 수 있는 강력한 카메라를 탑재하면 된다.

그다음에는 자기를 복제하는 데 필요한 원료를 찾을 것이다. 예를 들어 우리 태양계의 소행성대에는 많은 금속과 로켓 연료의 재료가 되는 성분들이 떠다니고 있다. 거대한 철 덩어리, 금, 백금, 얼음 등이 그것이다. 인공지능AI이 제어하는 우주선은 자기와 동일한 우주선을 복제하고 연료를 채우는 데 필요한 원자재를 수집하여 여러 대(예를 들면 5대)의 우주선을 만들 수 있다. 그런 다음 이 5대의 새로운 우주선이 새로운 방향으로 출발하고, 이 같은 사이클을 계속해서 반복하여 나가면 된다.

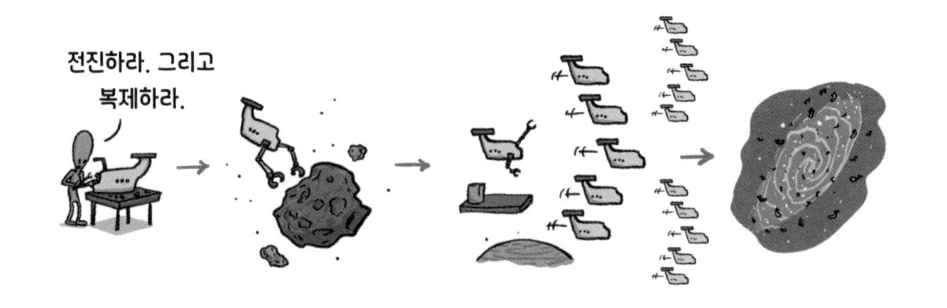

이 전략을 사용하면 우주선 수가 **기하급수적**으로 증가된다. 5대의 우주선으로 시작하면, 5대가 그다음에는 25대가 된다. 이런 과정을 다섯 번만 반복해도 3,125대의 우주선을 보유할 수 있다. 아홉 번의 과정을 거치면 거의 200만 대의 우주선을 가질 수 있다. 그리고 열세 번의 과정을 거치고 나면 우주선 수는 10억 대가 넘는다.

이렇게만 되면 하나의 똑똑한 외계 문명이 100만 년 이내에 은하계 전체를 탐사할 수 있는 우주 탐사선을 보낼 수 있다. 외계인들이 해야 할 일이라고는 5대의 초기 우주선을 만들기만 하면 된다. 외계인들의 방문과 관련하여 이 방법이 경제적으로 더 의미 있어 보이긴 한다.

이것은 매우 복잡한 기술처럼 들리지만, 지구의 엔지니어들도 고려하고 있는 기술이다. 현재의 우리로서는 꿈조차 꾸지 못할 일이지만 더 오래되고 발달된 문명에서는 가능할 수도 있다. 누가 알겠는가? 수백 년 후면 **우리도** 그런 우주선을 만들 수 있을지 말이다.

중요한 것은 10억 대의 우주선으로 이어지는 사이클을 시작하는 데 하나의 문명만 있으면 된다는 점이다. 외계인이 우주 어딘가에 **존재하고** 그들이 충분히 영리하다면, 외계인들이 만든 자기 복제 탐사선 중 하나가 우리를 찾아왔을 가능성이 상당히 높다는 뜻이다.

그럼에도 불구하고 그런 탐사선이 지구에 도착하여 존재를 드러내는 것을 우리가 보지 못했다는 사실은 여러 가지 해석을 불러일으킨다. 어쩌면 우주에 고도의 문명이 존재하지 않을 수도 있고, 그 경우 이런 아이디어를 실행에 옮기는 것은 우리 인류의 몫이 될 수도 있다. 혹은 우주에 다른 선진 문명이 **존재하지만** 우주를 탐사하는 것을 아주 싫어할 수도 있다. 즉 외계인들이 자신들의 존재를 우리가 **모르기를 원할** 수도 있다.

시나리오 #4:
외계인들이 이미 왔을까?

앞에서 소개한 모든 시나리오는 다음과 같은 가정을 포함한다. 외계인들이 지구에 오면 자신들의 도착을 대대적으로 알리고, 종간 화합 아니면 종간 정복 전쟁이라는 새로운 막을 열 것이라는 가정이다.

하지만 우리 은하계 근처의 외계인이나 외계인 탐험가 또는 자기 복제 탐사선이 이미 지구를 **방문했지만** 우리가 알아차리지 못했다면 어떨까? 어쩌면 그들은 너무 일찍 지구에 왔을지도 모른다. 지구상의 생명체는 수십억 년 동안 존재해 왔지만, 외계인의 방문을 인식하고 기록할 수 있는 지적 생명체는 불과 수만 년 동안 존재해 온 인류일 뿐이다. 우리가 그들의 방문을 놓쳤다면 어떨까? 외계인들이 찾아왔을 때 우리가 문명적으로 유아기여서 여전히 기저귀를 차고 있었다면 어떨까?

그것이 사실이라도 우리가 중요한 기회를 놓쳤다고 생각할 필요는 없다. 어쨌든 그들이 다시 돌아올 것이라고 보는 그럴 만한 이유가 있기 때문이다. 외계인들이 처음 지구를 방문했을 때 그들은 지구에 생명체가 생겨나는 것을 알아차렸을 것이다. 지구가 형성된 직후에 생명체의 진화가 시작되었기 때문이다. 따라서 외계인들은 우리를 다시 찾아와 생명체의 진화를 확인하고 싶어 할 것이다. 대규모 우주선 함대만 있으면 5만 년마다 은하계를 탐험할 수 있다는 점을 기억하라. 그러니 다음 버스가 다시 돌아올 때까지 좀 더 기다리면 된다.

하지만 잠깐 생각해 보자. 우리가 외계인들의 방문을 알아차리지 못한 이유가 자신들이 찾아온 사실을 **밝히고 싶지 않았기 때문이라면** 어떨까? 만약 외계인들이 우리와 대화하고 싶지 않다면 어떨까? 외계인들이 방문

하면 자신들이 찾아온 사실을 알릴 것이라는 우리의 기본 가정이 틀렸고, 그들이 함께 잘 지낼 이웃을 찾고 있지 않다면 어떨까? 은하계 탐험에 관한 물리학조차 수줍은 외계인 방문객의 은밀한 방문을 알 수는 없다. 어쩌면 그들은 잠재적으로 위험한 외계 종과 어울리는 것이 좋지 않다는 사실을 잘 알고 있을지도 모른다(그렇다. 우리가 그 위험한 외계 종이라면 어떨까?). 우리가 외계인들이 어떤 생각을 하고 있을지 이해하기는 어렵다.

요약하자면, 외계인이 우리를 방문하지 않은 것(또는 방문 사실을 밝히지 않은 것)에는 여러 가지 이유가 존재할 수 있다. 우리 은하계는 매우 방대하고, 전체 우주는 그보다 훨씬 더 거대하며, 거기에 지적 생명체가 존재할 가능성에 대해서는 우리가 모르고 있는 것이 많다는 뜻이다. 우리가 은하계(또는 우주)에서 가장 똑똑한 종일 가능성도 여전히 있는데, 그 경우 외계인들이 조만간 우리를 방문할 가능성은 매우 낮아진다.

이러한 이유가 사실이라면, 우주로 나가 다른 외계인들을 방문하는 것은 우리 인류의 몫일지도 모른다. 우주 탐험이라는 순수한 기쁨을 위해서가 아니라면, 최소한 음식이라도 찾으러 탐험을 떠나보자.

3

어딘가에 또 다른 당신이 존재할까?

우주 어딘가에 당신의 또 다른 복제본이 있다면 어떨까?

당신이 좋아하는 것(바나나)과 싫어하는 것(복숭아)이 같고, 특기(끝내주는 바나나 스무디를 만드는 기술)와 결점(쉬지 않고 바나나 스무디에 관해 얘기하는 것)이

같으며, 기억과 유머 감각, 성격도 나와 똑같은 또 다른 사람 말이다. 그들의 존재를 알게 되면 이상할까? 그들을 만나보고 싶어질까?

아니면 이보다 더 낯선 상황으로, 나와 거의 똑같지만 **약간 다른** 사람이 있다고 상상해 보자. 이때 더 나은 버전의 당신이 존재한다면 어떨까? 그들은 나보다 더 맛있는 과일 스무디를 만들거나, 더 의미 있는 방식으로 삶을 살고 있을지도 모른다. 또는 나보다 재능도 떨어지고, 더 비열한 버전의 사악한 쌍둥이가 있다면 어떨까?

과연 이것이 가능한 일일까?

상상하기 어려울 수도 있지만, 물리학자들은 또 다른 당신이 존재할 가능성을 배제하지 않는다. 다시 말하자면 물리학자들은 또 다른 당신이 존재할 가능성에 대해 **가능한 쪽이 불가능한 쪽보다는 확률이 높다**고 생각한다. 지금 당신이 이 글을 읽는 동안 어딘가에 당신과 같은 옷을 입고, 같

은 자세로 앉아, 같은 책을 읽는 또 다른 당신이 존재할 수 있다는 뜻이다(이 책보다 좀 더 재미있는 책을 읽고 있을 수도 있다).

이러한 상황이 무엇을 의미하고, 얼마나 가능성 있는 일인지 파악하기 위해 먼저 당신이 얼마나 특별한지 살펴보려 한다.

당신이 존재할 확률

처음에는 우주 어딘가에 당신과 똑같은 사람이 존재할 가능성은 거의 없어 보일 것이다. 하지만 우주가 당신을 만들어내려고 벌였던 모든 일들을 상상해 보자.

우선 가스와 먼지구름 근처에서 초신성이 폭발하고, 그 충격으로 중력 붕괴가 일어나 태양과 태양계가 형성되어야 한다. 이때 먼지의 아주 작은 덩어리(0.01퍼센트 미만)가 모여 태양으로부터 적당한 거리에 행성을 형성해야 하는데, 그래야 물이 얼거나 증기가 되어 날아가지 않는다. 그리고 지구상에 생명이 시작되어야 하고, 공룡이 멸종하고, 인간이 진화하고, 로마제국이 무너지고, 당신의 조상들은 흑사병을 피해야만 한다. 그다음에는 당신의 부모님이 만나 서로를 좋아해야 한다. 어머니는 적절한 시기에 배란해야 하고, 나머지 절반의 유전자를 가진 정자가 수십억 마리의 다른

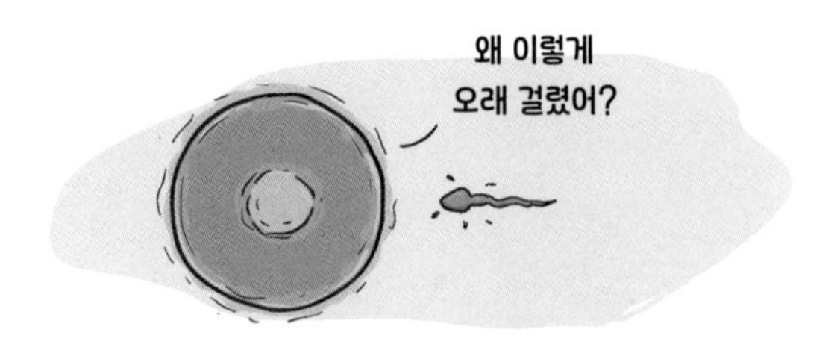

정자들과의 질주에서 승리해야 한다. 그 모든 일이 일어나야만 당신이 탄생하는 것이다!

지금까지 살아오면서 내렸던 모든 결정이 지금의 나를 만들었다고 생각해 보라. 바나나를 많이 먹었거나 먹지 않았거나, 중요한 친구를 만났거나 만나지 않았거나, 과일 카트에 치일 뻔했던 시간에 집에 있기로 결정했거나 혹은 밖에 나가서 카트에 치이거나 했던 일들 말이다. 게다가 당신은 우주에 관한 이 실없는 책을 발견하고 읽기로 결심했다. 지금 여기에 당신의 존재가 가능하려면 45억 년 전부터 시작된 그 모든 일이 일어났어야 한다.

한편 그 모든 일이 **똑같은** 방식으로 **다시 일어나** 또 다른 당신을 만들 가능성은 얼마나 될까? 그것은 거의 불가능해 보인다. 그렇지 않은가?

어쩌면 아닐 수도 있다! 지금의 당신을 만든 모든 무작위적인 사건과 결정의 순간을 거슬러 올라가 그 확률이 얼마나 될지 계산해 보자.

오늘 일어났던 일부터 시작해 보겠다. 당신은 아침에 일어난 이후로 얼마나 많은 결정을 내렸는가? 침대에서 일어나고, 입을 옷을 고르고, 아침 식사로 무엇을 먹을지 선택했을 것이다. 아무리 작아 보이는 결정이라도 이 모든 결정은 당신의 삶의 방향을 바꿀 수 있다. 예를 들어 바나나 무늬가 있는 블라우스나 넥타이를 착용하는 선택은 미래의 배우자가 당신을 알아볼지, 말지를 좌우하는 중요한 결정일 수 있다.

당신이 인생을 바꿀 수 있는 한두 가지의 결정을 1분마다 내린다고 가정해 보자. 생각만으로도 스트레스를 받을 것 같지만, 양자물리학과 카오스이론 분야로 보면 세계에서 일어나는 일의 숫자는 그보다 **훨씬 더 많다.** 우선 당신이 1분에 두 개씩 결정을 내린다고 가정하면, 하루에 수천 번 그

리고 1년에는 최대 약 100만 번의 중요한 결정을 내리는 셈이다. 당신이 스무 살이 넘었다면, **당신의 인생에서 2,000만 번 이상의 결정**을 내린 후 지금에 이른 것이다.

이번에는 당신이 내리는 결정이 A 또는 B, 혹은 바나나와 복숭아처럼 가능한 선택지가 두 가지뿐이라고 가정해 보자. 실제로는 이보다 경우의 수가 더 많지만(요즘 브런치 메뉴가 얼마나 많은지 봤는가?) 단순화해서 살펴보겠다. 만약 2,000만 번의 결정으로 현재의 자신이 될 확률을 계산하려면 2를 2,000만 번 거듭제곱한 값, 즉 $2^{20,000,000}$을 계산해야 한다.

왜 이런 값이 나올까? 결정할 때마다 일어날 수 있는 일의 수가 증가하기 때문이다. 예를 들어 아침에 침대에서 어느 쪽으로 내려올지(오른쪽 또는 왼쪽), 아침 식사로 어떤 과일(바나나 또는 복숭아)을 먹을지, 출근할 때 어떻게 갈지(기차 또는 버스)를 선택해야 한다고 가정할 때, 당신의 하루가 진행될 수 있는 방식은 $2\times2\times2$(또는 2^3)가 된다. 따라서 침대의 왼쪽으로 내려와 바나나를 먹고 버스를 탈 확률은 2^3분의 1, 즉 8분의 1이 된다.

마찬가지로 인생에서 2,000만 번의 'A 또는 B'라는 결정을 내린다면, 당신의 인생이 달라질 수 있는 방법은 $2^{20,000,000}$가지가 된다는 의미이다. 정말 엄청난 숫자이다. 하지만 이것은 시작에 불과하다!

부모님이 내린 결정의 결과로 당신이 태어날 확률도 포함되어야 하기 때문이다. 부모님의 결정까지를 포함하면 4,000만 번의 결정(부모당 2,000만 번)으로 늘어난다. 거기에 네 명의 할머니와 할아버지까지를 포함하면 8,000만 번이 된다. 증조부와 증조모를 포함하면 어떨까? 그러면 1억 6,000만 번의 결정이 된다. 이 계산이 어떻게 흘러가는지 눈치챘는가? 조상의 수는 세대당 두 배로 늘어난다. 이처럼 거슬러 올라가 선대의 조상들까지 포함하면 잠재적으로 당신의 존재에 영향을 끼친 결정의 수는 훨씬 더 많아진다. 인류는 최소한 3만 년, 다시 말해 대략 1,500세대에 걸쳐 지구상에 존재해 왔다. 모든 **조상들**의 결정을 고려하면 그 수는 훨씬 더 많아질 것이다.

사실, 더 거슬러 올라가면 친척 중 일부는 다른 친척과도 얽혀 있기 때문에 계산이 좀 더 복잡해진다. 같은 사람이 가계도에 두 번 나타날 수 있기 때문이다. 그것은 여기서 말하기에는 어색한 주제이며, 계산도 더 어렵게 만든다. 따라서 문제를 단순화하기 위해 당신이 한 세대당 두 명의 영향을 받는다고만 가정하겠다. 그래도 여전히 1,500세대×2인× 2,000만 번의 결정=600억 번의 결정이 당신의 존재에 영향을 끼친다는 결론이 나온다. 이 계산에 따라 이제 당신이 탄생할 확률은 $2^{60,000,000,000}$분의 1이 된다.

그런데 왜 여기서 멈추려고 하나? 인류 이전의 역사는 물론이고 가장 작은 미생물 시대까지 거슬러 올라가는 수십억 년의 진화 과정도 고려해야 한다. 지구상의 생명체는 약 35억 년 전에 시작되었다. 그렇게 오래전으로 거슬러 올라가 가계도를 만들어야 한다면, 우리의 조상은 대부분 미생물이거나 단순한 식물일 것이다. 당시 그들이 의식적인 결정을 내리지는 않았겠지만 바람이 부는 방향이나 태양이 비추는지, 비가 내리는지의 여부 등과 같이 그들은 무작위적인 사건의 영향을 받았을 것이다. 그러면 당신의 미생물 조상이 최소한 하루에 한 번은 무작위적인 사건의 영향을 받았고, 각 무작위 사건에는 두 가지의 가능한 결과(예컨대 미생물 조상에게 바위가 굴러떨어지거나 그렇지 않거나)가 있었다고 가정해 보자. 이 경우 당신이 탄생할 확률에 영향을 미치는 결정은 1조(1,000,000,000,000) 번으로 늘어난다.

이제는 우주의 작은 물방울에 불과한 지구에서 벗어나 태양계가 형성되기 시작한 45억 년 전으로 거슬러 올라가야 한다. 계속 과거로 향하면 당신을 구성하고 있는 원자가 머물렀던 별이나 행성에서의 일도 고려해야 하고, 또 140억 년 전 빅뱅까지도 생각해야 한다. 따라서 계산을 극히 단순화하여 이 시기 동안 당신의 삶의 방향에 영향을 끼칠 수 있는 중요한

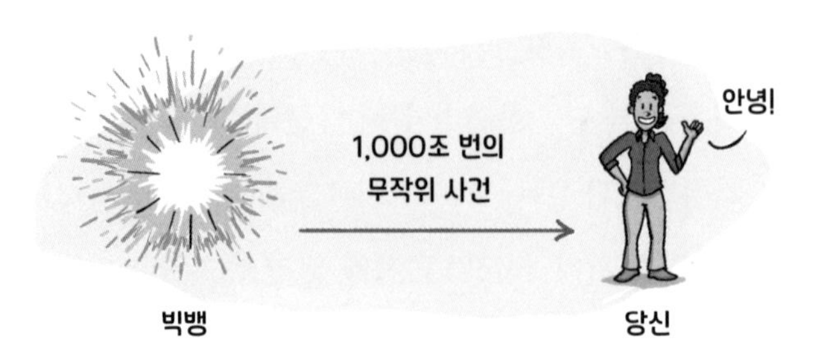

사건이 하루에 한 번만 일어났다고 가정해 보겠다. 그러면 오늘날까지 약 **1,000조 번**의 결정에 따른 사건이 있었으며, 이는 당신이 태어나 이 자리에 있을 확률이 약 $2^{1,000,000,000,000,000}$분의 1이 된다는 것을 의미한다.

또 다른 내가 존재할 수 있을까?

$2^{1,000,000,000,000,000}$이라는 수는 그야말로 엄청난 숫자이다. 1 뒤에 약 100조 개의 0이 있는 숫자를 상상해 보라. 그 수는 너무 커서 우리의 뇌로는 이해할 수조차 없다. 예를 들어 비교하자면 관측 가능한 우주 전체에 존재하는 입자의 개수는 2^{265}개이다. 만약 $2^{1,000,000,000,000,000}$개의 입자를 얻으려면, 관측 가능한 우주의 크기를 두 배로 키우는 과정을 약 30억 번 반복해야 한다.

당신의 어머니가 당신을 작은 기적이라고 말했을 때, 그것은 정말 농담이 아니었다! 당신과 똑같은 사람이 존재했거나, 다시 존재할 확률은 $2^{1,000,000,000,000,000}$분의 1이며, 달리 말하면 거의 제로라고 할 수 있다. 당신이 두 번 태어난다는 것은 $2^{1,000,000,000,000,000}$개의 면이 있는 주사위를 굴려서 운 좋게도 같은 숫자가 두 번 나오는 것과 같다. 한마디로 당신의 집을 걸고 베팅하고 싶은 확률은 분명 아니다.

그렇다면 물리학자들은 어떻게 또 다른 당신이 존재할 수 있다고 생각하는 것일까? 음, 우리는 또 다른 당신이 어딘가에 존재할 수 있는 여러 방법론을 제시할 수 있을 정도로, 사실 이상한 현실 속에 살고 있다. 그 방법론 중에는 당신이 또 다른 당신을 실제로 **만날 수 있는** 시나리오도 포함되어 있다(사악한 쌍둥이 등장에 어울리는 배경음악이 나올 타이밍이다. 둥 둥 둥).

다중우주

같은 우주 안에 또 다른 내가 존재할 수 있다는 것을 상상하기 어렵다면, 복숭아를 더 좋아하고 기차 타는 것을 좋아하는 버전의 나를 다른 곳에서 찾는 방법도 있다.

많은 물리학자들이 우리 우주 외에 더 많은 우주가 존재할 수 있다는 생각에 매력을 느끼고 있다. 그들은 어쩌면 실제로는 **여러 개**의 우주가 존재할지도 모른다고 말한다. 그러면 이 다른 우주들 중 하나에서 또 다른 나를 찾을 수 있을까? 이런 개념을 우리는 '다중우주'라고 부른다. 역설적이지만 물리학자들은 여러 가지 다른 유형의 다중우주론을 주장해 왔다.

다른 다중우주

다중우주에 관한 한 가지 견해를 소개하면, 우리 우주는 무한히 많은 우주 가운데 하나라는 것이다. 여기서 각 우주는 서로 아주 조금씩 다르다.

우리 우주를 자세히 살펴보면 많은 것들이 임의적이고 이상해 보인다는 것을 알 수 있다. 예를 들어 우리 우주에서 우주가 팽창하는 방식을 제어하는 우주 상수cosmological constant (진공 에너지의 밀도, 기호 Λ)는 10^{-122}이다. 왜 다른 값도 아닌 이 숫자이며, 딱 떨어지는 수일까? 우리가 아는 바로는 우주 상수의 값은 **다른 숫자일 수도 있다.** 하지만 그것이 아님을 설명할 명백한 이유가 없다. 이런 사실은 물리학자들을 정말 불편하게 만든다. 물리학자는 모든 결과에는 원인이 있다고 보는데, 우주 상수가 **그냥** 10^{-122}이 되었다고 생각하는 것만으로도 그들은 미칠 지경이 되는 것이다.

물리학자들은 이 값을 설명할 수 있는 유일한 방법은, 다른 우주에서는 다른 값을 갖는 경우라고 본다. 이를테면 우주 상수가 1인 우주도 있고, 42인 또 다른 우주도 있는 것이다. 각 우주는 임의의 우주 상수 값을 가지는데, 우리 우주가 우연히 이상한 값을 갖게 된 것뿐이다. 그것이 사실이라면 우리 우주의 우주 상수가 10^{-122}이라는 사실은 그다지 이상해 보이지 않는다. 우리 우주가 무한히 많은 우주에서 무작위로 추출한 하나의 표본일 뿐이기 때문이다.

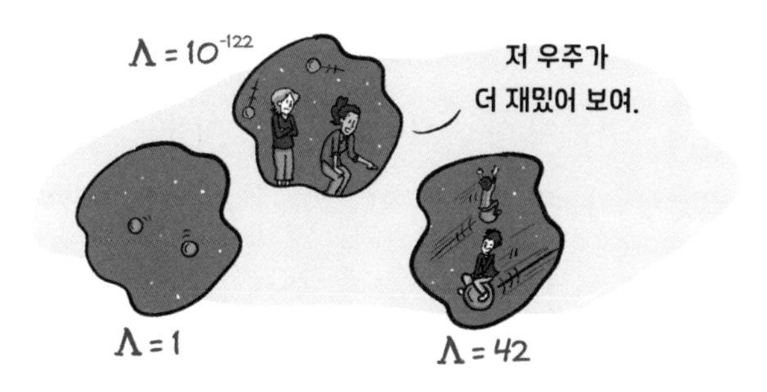

모든 우주가 똑같이 만들어진 것은 아니다.

그럼 다른 버전의 당신이 다른 우주에 존재할 수 있을까? 그것은 답하기 어렵다.

우주의 기본 상수 중 하나를 조금이라도 바꾸면 그 우주는 얼마나 달라질까? 그 우주에서도 지구에서와 같은 방식으로 생명체가 출현하는 것이 가능할까? 만일 우주 상수가 차이가 매우 작은(예를 들어 우리 우주와 우주 상수가 $1\times10^{-1,000,000,000,000,000}$퍼센트밖에 차이가 나지 않는) 다른 우주에서라면 또 다른 당신이 태어나는 것은 가능할지도 모른다. 하지만 이는 다른 질문을 야기한다. 당신은 우리 우주와 다른 기본 상수를 가진 우주에 사는 또 다른 당신과 똑같을까?

양자 다중우주

다중우주 가설의 또 다른 한 가지는 양자 다중우주이다. 이 가설 역시 우리 우주의 또 다른 이상한 점을 설명하려는 시도에서 비롯되었다. 바로 양자역학이 보여주는 기괴한 무작위성이다.

양자역학에 따르면, 모든 입자는 내재된 불확실성을 가지고 있다. 예를 들어 전자를 다른 입자에 쏘면 전자가 왼쪽으로 튈지 오른쪽으로 튈지 미리 알 수 없다. 그것을 알 수 있는 유일한 방법은 실제로 전자를 쏜 다음 전자가 어느 방향으로 가는지 측정하는 것이다.

하지만 전자가 오른쪽이 아닌 왼쪽으로 가는 이유는 무엇일까? 또는 왼쪽 대신 오른쪽으로 가는 이유는 무엇일까? 우리는 다시 한번 물리학자들을 미치게 만드는 상황, 즉 원인 없는 결과라는 상황에 직면하게 된다. 전자는 **그냥 이유 없이** 방향을 선택하는 것일까? 모든 입자는 다른 입자와 상호작용 할 때 **아무 이유 없이** 행동하는 것일까?

유치원 놀이터에서는 '그냥'이 통할지 모르지만, 우주를 탐구하는 물리학자에게는 그것만으로는 충분하지 않다. 그럼 양자 다중우주 속으로 들어가 보자.

만약 전자가 왼쪽으로 튈지 오른쪽으로 튈지 선택해야 하는 순간에 우주가 둘로 나뉘면 어떨까? 한 우주에서는 전자가 왼쪽으로 가고, 다른 우주에서는 전자가 오른쪽으로 가도록 우주가 쪼개지는 것이다. 그런 다음 또다시 두 우주가 다른 입자와 상호작용 할 때마다 같은 방식으로 우주가 나뉘어 **더 많은** 우주가 만들어진다면 어떨까? 믿거나 말거나, 물리학자들은 이런 시나리오를 더 합리적이라고 본다. 적어도 우주가 무작위적이지 않다는 의미이기 때문이다. 그러면 전자는 왜 왼쪽으로 갔을까? 오른쪽으로 간 또 다른 우주가 있기 때문이다. 이 경우 전자는 양쪽 방향 모두로 이동하기 때문에 무작위가 아니다.

이것이 또 다른 당신을 찾는 것과 무슨 의미가 있을까? 만약 양자 다중우주가 실재한다면, 다른 우주에 또 다른 버전의 당신이 존재하는 것은 **확실하다.** 입자가 '왼쪽 또는 오른쪽' 결정을 내릴 때마다 새로운 우주가 만들어진다면, 그때마다 더 많은 당신이 계속 생겨나는 것이다. 이런 식으로 양자 다중우주에는 당신이 하나만 있는 것이 아니라 무수히 많은 당신이

양자 증식하는 또 다른 나

존재하며, 우리가 이 주제를 다루는 동안에도 더 많은 당신이 만들어지고 있다.

이러한 우주 중 일부는 아주 오래전, 아마도 빅뱅만큼이나 오래전에 만들어졌을 수도 있다. 이 경우 그 우주들은 현재 우리의 우주와는 너무 달라서 당신의 다른 버전이 그 우주에 존재하지 않을 수도 있다. 어쩌면 초기 우주에서 전자가 오른쪽이 아닌 왼쪽으로 갔을 때의 결과가 너무 커서 우리가 다중우주의 한 갈래를 전혀 인식할 수 없게 되어버렸을지도 모른다. 또는 이런 양자 효과가 쌓여 우리의 삶이 완전히 다른 방향으로 틀어진 다중우주의 한 갈래도 있을 수 있다. 그런 우주에는 당신의 사악한 쌍둥이 버전이 **존재할 수도 있다.** 그곳에서 당신의 사악한 쌍둥이는 아무리 봐도 더 맛있는 바나나 스무디 대신 복숭아 스무디를 만들고 있지 않을까.

다중우주는 진짜일까?

이 두 가지 형태의 다중우주에는 또 다른 당신이 존재할 수도 있다. 게다가 다른 많은 우주에는 다른 버전의 당신이 **많이** 있을 수도 있다. 하지만 이 이론이 사실인지 어떻게 알 수 있을까? 불행히도, 알 수는 없다. 다중우주 이론은 왜 우리 우주가 그렇게 복잡하고 기이한지를 설명하거나, 최소한 물리학자들이 변명하기 위해 만들어낸 이론적 가설일 뿐이다. 그리고 다른 우주가 존재한다고 해도 우리는 그들과 연결되어 있지 않기 때문에 다른 우주와 상호작용 할 방법도 없다. 즉 우리가 다른 우주의 존재를 확인할 방법은 전혀 없으며, 방문하는 것은 더더욱 불가능하다.

그렇다면 오랫동안 기다려온, 드라마에나 나올 법한 당신의 사악한 쌍둥이와의 극적 만남은 영원히 이루어지지 않을 운명일까?

꼭 그렇지는 않다. 또 다른 당신이 존재할 수 있는 다른 방법이 있기 때문이다. 또 다른 당신이 다른 우주가 아닌 **우리 우주**에 존재하면 된다. 이 경우 당신의 또 다른 버전을 만날 가능성은 여전히 열려 있다.

우리 우주의 또 다른 당신

우리 우주에 또 다른 버전의 당신이 존재할 수 있을까? 당신이 앉아 있는 이 우주와 같은 우주가 또 있을까? 지금 이 글을 읽고 있는 당신은 당신의 사악한 쌍둥이와 같은 공간, 심지어 같은 은하계를 공유하고 있는 것일까?

만약 우리 우주의 다른 곳에 우리 태양계가 만들어졌던 가스와 먼지구름과 똑같은 성분의 가스와 먼지구름이 있다면 어떨까? 그리고 우리 태양계를 만들었던 것과 동일한 조건으로 초신성이 다시 폭발한다면 어떨까? 그리고 그 태양계에서 현재 지구와 태양 간의 거리와 정확히 같은 거리에 지구와 똑같은 행성이 형성된다면 어떨까? 그 행성에서 지구에서 일어난 것과 똑같은 일들이 일어나서 당신과 동일한 복제본이 만들어진다면 어떨까?

앞에서 우리는 이런 일이 일어날 확률을 계산했고, 그 결과 천문학적인 추정치를 얻었다. 말하자면 $2^{1,000,000,000,000,000}$개의 면이 있는 주사위를 굴려서 같은 숫자가 두 번 나올 기대치와 비슷하다고 설명했다.*

그것은 확실히 희박한 확률이지만 한 가지 중요한 사실이 있다. 적어도 확률이 제로는 아니라는 것이다. 당신이 존재하는 것만 해도 가능성이 희박하고 기적적인 일이지만, 같은 우주에 또 다른 당신이 존재한다는 것이 기술적으로 불가능한 일은 아니라는 뜻이다. $2^{1,000,000,000,000,000}$개의 면을 가진 거대한 주사위를 굴려 같은 숫자가 두 번 나오는 것이 어렵다고 해서 그런 일이 절대 일어날 수 없거나 일어나지 않을 것이라는 의미는 아니다. 별을 형성하는 가스와 먼지구름이 생길 때마다 또 다른 당신을 만드는 주사위가 던져지는 것이다. 이론상으로는 그런 일이 몇 개의 항성계 건너에서 일어날 수도 있고, 우리 은하계의 반대편에서 일어날 수도 있다. 요점은, 가능한 일이라는 것이다.

게다가 더 많은 우주를 고려하면 동일한 당신이 존재할 확률은 더 높아진다. 예를 들어 우리 은하계에는 약 2,500억 개의 별이 있는데, 이는 우주가 주사위를 굴려 당신을 다시 만들 기회가 2,500억 번 더 있다는 것을 의미한다. 물론 $2^{1,000,000,000,000,000}$개의 면이 있는 주사위를 2,500억 번 굴려 같은 숫자가 다시 나올 확률은 여전히 매우 희박하지만, 기억할 것은 우리 우주에는 훨씬 더 많은 은하계가 있다는 사실이다.

---

* 그런데 계산상으로 각 면의 크기가 $1cm^2$인 $2^{1,000,000,000,000,000}$개의 면을 가진 주사위의 크기는 관측 가능한 우주 전체보다 더 크다.

먼저 관측 가능한 우주를 생각해 보자. 우리가 볼 수 있는 우주에는 적어도 2조 개의 은하가 있으며, 각 은하마다 수천억 개의 별이 있다고 알려져 있다. 이제 확률적으로 조금은 나아졌다. $2^{1,000,000,000,000,000}$분의 1의 확률에 당첨되기를 기대하면서 주사위를 2^{78}번 던져볼 수 있기 때문이다.

하지만 우주가 우리가 볼 수 있는 (관측 가능한) 우주보다 **훨씬 더 크다**면 어떨까? 우주가 너무 크고 별들로 가득 차서 우주에 $2^{1,000,000,000,000,000}$개의 별이 있다면 어떨까? 이것은 $2^{1,000,000,000,000,000}$개의 면이 있는 주사위를 $2^{1,000,000,000,000,000}$번 굴릴 수 있다는 뜻이며, 꽤 좋은 확률을 **기대해 볼 수 있다**는 말이다.* 당신이 도박에 흥미가 있다면, 이제 집을 거는 것도 고려해 볼 수 있다.

과연 우주가 그렇게 클까? 우주에 $2^{1,000,000,000,000,000}$개의 별이 있다는 것이 가능할까? 물리학자들은 우주가 그보다 훨씬 더 클 수도 있다고 생각한다. 사실 그들은 우주의 크기가 무한할 가능성이 높다고 생각한다.

무한한 우주

무한한 우주는 말 그대로나 비유적으로나 도무지 이해하기 어려운 개념이다. 모든 방향으로 **영원히** 계속되는 우주를 상상해 보라.

또 다른 내가 존재할 수 있다는 것은 무엇을 의미할까? 우주가 무한하다

---

* 예를 들어 육면 주사위를 여섯 번 굴려 특정 숫자(예컨대 6)가 나올 확률은 약 66퍼센트이다. 우연치고는 매우 특이한 결과이다.

면, 우주 어딘가에 또 다른 나는 분명히 존재한다. $2^{1,000,000,000,000,000}$개의 면이 있는 주사위를 $2^{1,000,000,000,000,000}$번 굴리면 당신이 바라는 숫자가 나올 확률은 상당히 높다. 한편 주사위를 무한대로 굴릴 수 있으면 확실히 당신이 원하는 숫자가 나올 수 있다. 무한대는 너무 커서 $2^{1,000,000,000,000,000}$과 같은 숫자와도 비교할 수 없다. 실제로 주사위를 무한대로 굴리면 $2^{1,000,000,000,000,000}$ 중 1의 확률에 해당하는 낮은 확률의 숫자도 한 번이 아니라 **무한히** 나올 것이다. 즉 이 우주에 나라는 사람이 하나만 존재하는 것이 아니라, **무한히** 많은 내가 존재할 것이라는 의미이다.

로켓 우주선을 타고 우주의 한쪽 방향으로 날아간다고 상상해 보자. 처음에는 모든 별과 은하가 서로 매우 달라 보일 것이다. 그것은 당연한 일이다. 똑같은 별과 은하가 다시 생성될 가능성이 극히 낮기 때문이다. 그러나 충분히 많은 곳을 방문하면, 결국 매우 가능성이 낮은 일조차 다시 일어나는 것을 목격하게 될 것이다. 우리의 태양과 지구, 심지어 당신을 만든 것과 동일한 조건을 가진 곳을 마주칠 것이다. 그리고 계속해서 더 멀리 가다 보면 그런 조건을 가진 곳을 다시 보게 될 것이다. 그런 일은 반복해서 일어날 것이고, 결국 무한대로 일어날 것이다. 그리고 이렇게 반복

우주는 상상을 초월할 만큼 크다.

저녁 식사에 누가 오는지 맞혀 볼래?

되는 여정에서 같은 별들을 지나갈 때마다 당신은 다른 버전의 당신을 보게 될 것이다. 당신이 만날 또 다른 나는 똑같은 버전일 수도 있고, 다른 버전일 수도 있다. 무한대란 그만큼이나 크다.

그리고 이 모든 다른 버전의 당신들은 모두 같은 우주, 같은 공간에 있을 것이다. 물론 그들은 너무 멀리 떨어져 있어서 우주선으로는 실제 도달할 수 없을 것이다. 하지만 우주에서 거리를 단축할 수 있는 다른 방법을 찾을 수 있다면 어떨까? 서로 다른 시공간을 연결하는 웜홀 같은 것이 있다면 이론상으로는 또 다른 버전의 당신에게 가까이 갈 수 있는 길이 열릴 것이다. 물리학에서는 이런 가능성을 배제할 수 없다!

내가 한 명뿐이거나 무한히 많거나

우주 어딘가에 또 다른 당신이 있을까? 상황에 따라 다르다. 다중우주가 실제로 있거나 우주가 무한하다면, 답은 '예'이다. 만약 두 이론 모두 사실이 아닌 것으로 판명되면, 거의 확실하게 답은 '아니오'이다. 흥미로운 점은 이 두 결론 사이에 중간 지점을 찾기 어렵다는 것이다. 우주 전체에 당신은 단 한 명뿐이거나 혹은 무한히 많은 당신이 존재한다는 뜻이다.

TV 드라마에나 나올 법한 막장 상황이 벌어지는 곳이 바로 우주이다.

4 인류는 얼마나 오래 살아남을까?

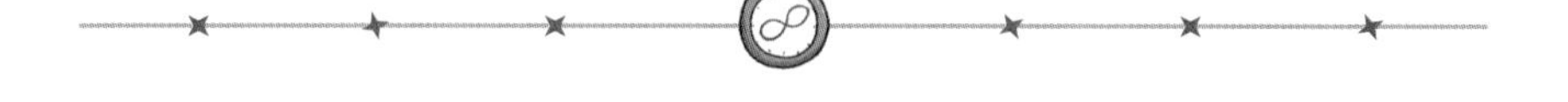

일단 나쁜 소식부터 얘기해 보겠다.

우리는 모두 죽는다.

혹시 인류가 영원히 지속되고, 우리의 문명과 문화가 시간이 끝나는 순간까지 번성하기를 바랐다면, 유감스럽게도 그럴 가능성은 거의 없다.

인류는 아주 짧은 기간 동안 많은 발전을 이루었다. 나무 위에 있던 우리가 땅으로 내려와 도시를 건설하고, 컴퓨터를 발명하고, 누텔라를 발견하고, 우주에 대한 깊은 진리를 이해하기 시작한 것이 어제 일처럼 느껴진다. 우주의 나이(137억 년)에 비하면, 우리는 이제 막 지구에 도착한 것이나 다름없다. 하지만 이 파티가 언제까지 계속될 수 있을까?

우리는 지금으로부터 수십억 년, 또는 수조 년 후에도 우주의 황금기를 살고 있을까? 아니면 화려한 영광을 누리다 불꽃처럼 사라지는 (누텔라에 중독된) 록스타 같은 운명이 될까?

익히 알려진 것처럼 우주에는 인류의 존재를 끝장낼 위험 요소가 한두 가지가 아니다. 우리 스스로 자멸하는 것에서부터 지구를 파괴할 수 있는 소행성 충돌, 태양이 지구를 삼키는 것과 같이 우주는 인류를 파멸로 이끌 수 있는 위험으로 가득 차 있다. 인류가 종말까지 살아남는다는 것은 이런 위험 요소 중 어느 **하나**로부터 살아남는 것이 아니라, 이 **모든** 위협으로부터 살아남아야 한다는 뜻이다.

좋은 소식은 아직 우리에게 기회가 있다는 것이다. 그 기회는 두 가지 요인에 달려 있다. 하나는 인류의 종말을 가져오는 사건이 일어날 확률이고, 다른 하나는 언제 그런 사건이 일어나느냐이다. **지금 당장** 우리를 끝장낼 수 있을 법한 총알과 같은 위험은 어떻게든 피할 수 있을지 모르지만, 우주 깊은 곳 어딘가로부터 우리를 향해 날아오는 총알이 있을 수도 있다. 심지어 어느 날 우리가 살고 있는 현실 자체가 그런 총알로 변할 수도 있다.

그러니 인류 종말을 예언한 마야 달력 같은 구시대적 종말론은 지워버

리자. 지금부터 우리가 인류 종말이라는 주제를 제대로 다룰 것이기 때문이다. 그것도 끝까지 말이다.

즉각적인 위협

수십억 년 뒤 우주가 종말을 향해 가고 있을 때도, 인류는 여전히 누텔라 샌드위치*를 먹으며 하루하루를 잘 살아갈 것이라고 상상하면 위안이 되기도 한다. 하지만 요즘은 언제라도 세상이 끝날 것 같다. 어느 날 아침이든 인터넷을 열면 전 세계적인 팬데믹, 미친 독재자, 샤워하다 미끄러져 다친 많은 사람들 등의 뉴스가 넘쳐난다. 마치 인류의 종말이 코앞에 닥친 것처럼 느껴진다.

이런 많은 사건이 재앙처럼 들리지만, 그것이 정말 인류를 멸망시킬까?

---

* 또는 누텔라 타코Nutella tacos. 여기에 대해서는 토론이 필요할 수도 있겠다.

인류는 이전에도 팬데믹으로부터 어떻게든 살아남았다. 독재자도 영원히 살지는 않는다. 또한 세계보건기구WHO에서 모든 어린이, 남성, 여성에게 미끄러지지 않도록 목욕 매트를 사줄 수도 있지 않을까.

이제는 물리학적 관점에서 실제로 인류를 멸종시킬 수 있는 것들에 대해 한번 생각해 보자. 현재 인류의 생존에 가장 **즉각적인** 위협은 무엇일까?

핵전쟁

모든 사람이 핵무기에 대해 크게 걱정하던 1980년대를 기억하는가? 그리고 알고 있는가? 핵무기는 여전히 존재한다는 사실을! 우리 모두가 트위터나 틱톡 피드에 정신이 팔려 있지만, 여전히 인류 문명의 종말이 버튼 하나만 누르면 된다는 사실을 잊지 말기를 바란다. 핵폭탄은 너무도 **강력하다.** 처음 개발된 핵폭탄은 60테라줄terajoules(에너지 단위)의 에너지를 방출할 정도의 위력을 가지고 있었다. 그 이후로 핵폭탄은 수천 배나 더 강력해졌고, 우리는 과거보다 **훨씬 더 많은** 핵폭탄을 보유하고 있다.

그러면 전면적인 핵전쟁이 일어날 가능성은 얼마나 될까? 여러분이 생각하는 것보다는 훨씬 더 높을 수 있다. 역사적으로 볼 때 미국이나 러시아 지도자들이 핵전쟁을 일으키기 일보 직전까지 간 적이 여러 번 있었다.

과거 사례를 보면 다음과 같은 끔찍한 일들이 있었다.

- 1956년, 당시 몇몇 무관한 사건들이 겹쳐 일어나 예민해 있던 미국 정부는 한 무리의 백조 떼를 러시아 전투기 편대로 오인하여 핵미사일을 발사할 뻔했다.
- 1962년, 쿠바 연안에서 소련 잠수함이 미국 함대의 경고 사격을 받았다. 이것을 공격의 시작이라고 생각한 소련 잠수함이 미국을 향해 핵무기를 발사할 뻔했다.
- 1979년, 미국의 군사 훈련 프로그램이 북미항공우주방위사령부NORAD의 메인 컴퓨터에 실수로 업로드되었다. 그러고 나서 이 프로그램은 소련 미사일 250기가 발사되었으니 3~7분 이내에 반격 결정이 필요하다는 메시지를 미국 대통령에게 전송했다.
- 2003년, 런던 교외에 거주하던 한 할머니가 생필품을 쇼핑하려다 실수로 미국 컴퓨터를 해킹하는 일이 발생했다. 그리고 할머니가 체리밤cherry bomb (체리 모양의 폭죽-옮긴이)을 만들기 위해 필요한 재료를 컴퓨터에 입력했을 때 핵 공격이 일어날 뻔했다.

말도 안 되는 얘기라고 생각하겠지만, 이 모든 일들이 실제로 있었던 사건들이다. 다행히 이 중 한 가지도 실제로 일어나지는 않았다. 만약 이 사건들 모두가 비슷비슷하다고 느꼈다면, 우리가 요점을 제대로 전달한 것 같다. 더글러스 애덤스Douglas Adams (《은하수를 여행하는 히치하이커를 위한 안내서》의 저자로 유명하다.-옮긴이)의 소설에 나오는 얘기처럼, 인류는 백조 떼를 오인하는 것과 같은 아주 어리석은 일로도 쉽게 멸망할 수 있다는 것이다. 심지어 위에 열거한 사건들은 인류가 핵전쟁 일보 직전까지 갔던 긴박한 사건들의 전체 목록도 아니다.

핵전쟁이 일어나면 상황이 얼마나 나빠질까? 한마디로 매우 심각하다. 문제는 폭발과 방사능만이 아니라는 점이다. 하늘로 올라간 연기와 먼지가 태양을 가려 핵겨울을 초래할 수 있다. 광범위한 방사능 오염은 물론이고, 기온이 수십 년 동안 수십 도씩 떨어져 새로운 빙하기가 올 수도 있다. 혹여 핵폭탄 중 하나가 물이 있는 곳에서 폭발하면 많은 증기가 상층 대기로 올라갈 것이다. 이 경우 아주 강력한 온실 가스층이 생성되어 열 폭주 현상이 발생하고, 그렇게 발동이 걸리면 지구는 그때부터 뜨거워지는 길로 쭉 향하게 될 것이다. 어느 쪽이든 지구는 인간이 살 수 없는 곳이 될 것이다.

기후 변화

우리가 어떻게든 핵폭발로 인해 산산조각이 나는 상황은 피한다 해도, 여전히 탄소 배출이 가져올 후폭풍에는 대처해야 한다. 기후 변화는 엄연한 현실이며, 이것은 인간이 만든 재앙이다.

과학자들을 **어떤 일에 동의하게** 만드는 것은 매우 어렵다. 그런데 과학자 100명 중 98명이 기후 변화가 일어나고 있다고 믿는다는 것은, 관련 데이터가 꽤 신뢰성이 있다는 것을 의미한다.

어떤 사람들은 기후 변화를 대수롭지 않게 여긴다. 그러면 지구가 몇 도 더 따뜻해지는 것이 뭐가 그리 나쁠까? 기후 변화의 결과가 얼마나 심각할지 의문스럽다면, 이에 대해 어떻게 생각하는지 금성인에게 물어보라. 뭐? 금성에 살아 있는 사람이 없다고? 바로 그게 이야기의 핵심이다.

금성은 태양계에서 환경이 가장 열악한 곳 중 하나이다. 금성의 표면 온도는 섭씨 462도(화씨 800도) 이상으로 납을 녹일 만큼 뜨겁다. 놀라운 점은, 과학자들에 따르면 금성의 환경이 한때는 지구와 매우 흡사했을 것이라고 한다. 두 행성은 태양계에서 같은 물질로 만들어졌을 가능성이 높으므로, 한때 금성에도 액체 상태의 바다와 적당한 온도의 물이 있었을 수 있다. 그러나 금성은 태양과 근접해 있기 때문에, 어느 순간 바다가 증발하면서 발생된 수증기가 온실효과의 폭주를 야기했을 가능성이 크다. 그 수증기는 태양 광선을 더 많이 가둬 행성을 더 뜨겁게 만들고, 그로 인해 더 많은 양의 물이 증발하여 행성이 더 뜨거워지는 악순환이 계속해서 반복되었을 것이다.

만약 우리가 조심하지 않는다면, 지구에도 금성과 비슷한 일이 일어날 수 있다.

폭주하는 기술

어떻게든 우리 스스로를 멸종시키거나 지구를 파괴하는 일을 피할 수 있을 정도로 인간이 똑똑해진다고 가정해 보자. 그런데 우리가 지나치게 똑똑해지면 어떻게 될까? 결국 우리 모두를 죽게 할 그런 기술을 발명하게 될까? 우리의 기술이 점점 더 강력해지고 발전되면 일부 과학자들은 진짜 위험한 상황이 올 수 있다고 생각한다. 예를 들면 우리가 만든 인공지능이 인간은 더 이상 쓸모없는 존재이므로 은퇴시켜야 한다고 결정할 수도 있다. 또 자기 복제 나노봇 무리의 일종인 그레이 구gray goo를 만들었는데, 이것이 통제 불능 상태에 빠져 지구상의 모든 유기물을 다 먹어치울 수도 있다.* 우리가 만든 기술이 가까운 미래에 우리를 멸종시킬지 누가 알 수 있을까?

---

* 실제 이 같은 시나리오가 존재한다. 구글Google에서 찾아보라.

덜 즉각적인 위협

인류가 핵무기를 없애는 데 성공하고 다행히 환경 변화로 인한 파국도 피할 수 있었으며, 우리가 만든 모든 첨단 기술에 정지 스위치 기능이 있을 정도로 똑똑해진다고 희망적으로 상상해 보자. 우리가 나이가 들어가면서 현명한 문명을 이룰지도 모르기 때문이다. 그런 성숙된 문명에서는 위험한 기술은 사용하지 않고, 공동의 생존을 위해 함께 일하는 법을 배울 수 있지 않을까. 우리는 그렇게 되기를 바라야 한다. 왜냐하면 곧 또 다른 차원의 위험이 우리에게 닥쳐올 것이기 때문이다.

우리가 지구상에서 벌어지는 온갖 위험으로부터 살아남는다면, 수천 년 안에 우리에게 또 다른 위험이 현실화될 것이다. 그것은 바로 우주로부터 찾아오는 죽음이다.

만약 우주 깊은 곳에서 큰 소행성이 날아와 지구를 강타하여 엄청난 파괴를 일으킨다면 어떻게 될까? 그것은 이전에도 일어난 일이었고(공룡을 기억하는가?), 다시 일어날 수도 있는 일이다. 소행성 중에는 지구를 둘로 쪼개버릴 만큼 거대한 암석 덩어리가 있을 수도 있다. 맨해튼 크기의 소행성도 있을 수 있다. 이런 소행성과 충돌하면 엄청난 먼지가 대기 중으로 비산하여 지구에 급격한 환경 변화가 일어날 것이다. 이 책의 뒷부분(소행성이 지구를 덮쳐 우리를 끝장낼까?)에서 살펴보겠지만, 이 같은 사건은 향후 수백 년 내에는 일어날 것으로 예상되지는 않는다(현재 태양계 내에서 지구를 파괴할 수 있는 크기의 소행성은 대부분 추적하고 있다). 하지만 향후 수천 년 내에 어떤 일이 일어날지 누가 알겠는가? 더 먼 미래로 갈수록 예측은 더 어려워지기 마련이다.

더욱 두려운 것은 소행성과는 다른 무언가가 우리에게 다가올지도 모른다는 것이다. 그것은 바로 혜성이다. 혜성은 궤도가 너무 커서 추적하기가 매우 어렵다. 그리고 우리 태양계에는 아직 우리가 파악하지 못한 혜성들도 많다. 이 혜성들 중 하나가 엄청나게 큰 궤도를 돌고 있다가 천년 후에 갑자기 나타나 지구를 강타할 수도 있다.

소행성이든 혜성이든 지구와 부딪히는 일이 생긴다면 그때까지 브루스 윌리스가 살아 있기를 기대해 보자(그는 소행성의 지구 충돌을 다룬 영화 〈아마겟돈Armageddon〉에서 영웅적 희생으로 지구를 구하는 역할로 등장한다.-옮긴이). 우리가 그다음 수천 년을 더 살아남으려면 이번 소행성이나 혜성이 지구를 비켜가게 궤도를 수정하거나, 아예 파괴해 버릴 방법이 필요하기 때문이다.

수백만 년 내의 위협

수백만 년에 걸친 단위로 보면 어떨까? 인류가 그렇게 오래 살아남을 수 있다면 우리에게 또 어떤 위협이 다가올까?

아무튼 우주는 위험한 곳이다. 우리가 브루스 윌리스를 복제하는 법을 알고 있고 소행성과 혜성에 대비할 계획을 아마겟돈 스타일로 잘 준비한다고 해도 우주 어딘가에는 우리를 멸종시킬 수 있는 무언가가 늘 존재한다. 한 가지 예를 들자면 깊은 우주에서 날아온 어떤 물체에 의해 우리 태양계 전체가 혼란에 빠지는 상황이 실제로 벌어질 수 있다.

현재 우리 태양계의 행성들은 태양 주위로 멋지고 아늑하게 형성된 궤도를 잘 돌고 있다. 행성의 궤도는 중요함과 동시에 매우 취약한 것이기도 하다. 각 행성의 궤도를 손가락 끝에서 회전하는 접시와 같다고 상상해 보자. 태양계에는 이런 접시 8개가 동시에 회전하고 있는 셈이다. 하지만 갑자기 크고 무거운 물체가 태양계 안으로 들어와 기존에 잘 공전하고 있는 행성들과 이리저리 부딪친다면 어떻게 될까? 그것은 태양계 규모의 대재앙이 될 것이다.

성간 혜성 오우무아무아 'Oumuamua 와 같은 작은 천체는 실제로 큰 혼란을 일으키지는 않는다. 하지만 멀리서 온 아주 큰 소행성이 마치 악당처럼 불쑥 우리 태양계로 들어온다고 가정해 보자.

나쁜 소식을 전하자면, 그런 악당 같은 행성이 우리를 죽이려면 굳이 어떤 것과 부딪칠 필요도 없다. 그런 행성은 가까이 다가오는 것만으로도 태양계를 충분히 교란시킬 수 있다. 그 행성의 중력만으로도 태양계 행성들을 궤도에서 이탈시키기에 충분하고, 이런 일이 생기면 조용했던 태양계는 극도의 혼란과 무질서에 빠질 것이다.

지구에서의 상황을 악화시키기 위해 많은 것이 필요한 것은 아니다. 태양 주위를 도는 지구의 공전 궤도가 매우 취약하기 때문이다. 예상치 못한 외계 방문객이 조금만 지구를 잡아당겨도 지구 궤도는 쉽게 변할 수 있다. 그런 일이 일어나면 지구는 태양에 너무 가까워지거나(지구상의 모든 것이 타버린다) 너무 멀어진다(지구상의 모든 것이 얼어붙는다). 더 극단적인 상황도 벌어질 수 있다. 즉 외계 행성이 너무 가깝게 접근하면 지구가 태양계 바깥으로 쫓겨나는 일도 일어날 수 있다. 이 경우 지구는 영원히 우주 공간을 떠도는 신세가 될 수도 있다.

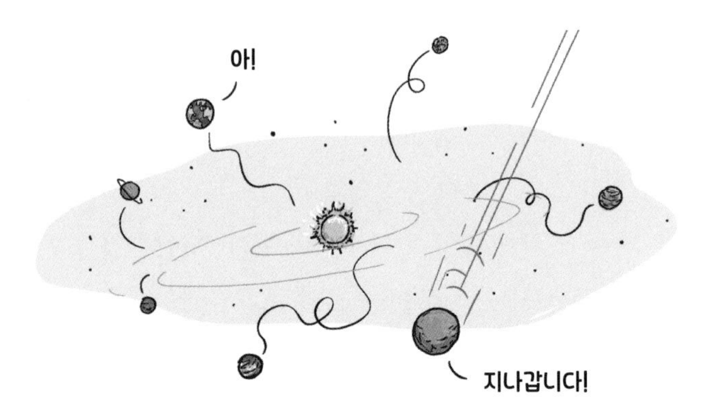

이번에는 수백만 년이라는 시간 단위로 상상력을 더욱더 발휘해 보자. 태양계를 교란하기 위해 오는 것이 소행성이 아니라 다른 별이라면 어떨까? 또는 **블랙홀**이라면?

우리는 별과 블랙홀을 떠올릴 때 먼 우주에 가만히 정지해 있는 것으로 생각하곤 한다. 하지만 별과 블랙홀도 우주에 있는 천체 중 하나이다. 그것들 역시 움직인다. 우리 은하계의 모든 것이 은하계의 중심을 축으로 회전하고 있기 때문이다. 그리고 그 움직임은 회전목마처럼 조용하고 고요하지는 않다. 지금부터 수백만 년 사이에 정상적이지 않은 움직임을 보이는 별이나 블랙홀이 우리에게 날아올 수도 있다.

이런 경우 지구에는 대재앙이 일어날 것이다.

모의실험으로 태양계와 유사한 환경을 설정한 뒤, 태양 질량에 해당하는 또 다른 천체를 태양계 안으로 들여보내면 그 결과는 **거의 항상** 완전한 재앙으로 끝난다. 태양계를 구성하는 행성들이 결국 우주로 내던져지기 때문이다. 블랙홀이 우리 태양계를 지나가면 모의실험상으로는 행성 하나를 데려가는 결과가 나온다. 블랙홀이 데려가는 것이 지구라면 어떤 일이 일어날까? 지구는 블랙홀 주위를 공전하게 되고, 지구상의 생명체는 춥고 어두운 시간을 보내다 생을 마감할 것이다.

물론 지금 당장 또는 앞으로 몇천 년 안에 이런 일이 우리에게 닥칠 가능성은 없다. 하지만 수백만 년이라는 시간 단위에서는 완전히 가능하다.

이런 일이 일어나 우리 태양계가 엉망이 되는 것이 처음 있는 일도 아니다. 앞으로 우리가 수백만 년 동안 태양계를 관찰할 수 있다면, 실제로는 태양계가 매우 혼란스러운 곳이라는 걸 알 수 있을 것이다. 지금 우리에게 태양계가 평온하고 안정된 곳처럼 **보이는** 것은 지난 수백 년 동안 우리에게 큰 변화가 관찰되지 않았기 때문이다. 하지만 더 긴 시간 단위에서 보면 태양계는 실제로 매우 위험한 곳이다. 사실 태양계 곳곳에는 과거에 벌어졌던 엄청난 재앙의 증거들이 많이 남아 있다. 엄청난 충돌로 지구에서 떨어져 나간 조각이 달이 되었다든지, 이상한 중력이 작용하여 천왕성의 기묘한 기울기를 만든 것만 봐도 알 수 있다. 이렇듯 지금 우리가 보고 있는 태양계는 수십억 년 전의 태양계와는 매우 다르다.

만약 정상적이지 않은 움직임을 보이는 악당 행성과 별, 블랙홀이 태양계로 들어온다면 미래의 인류가 손쓸 방법은 거의 없을 것이다. 설사 브루스 윌리스가 이끄는 군대라 할지라도 그런 거대한 천체를 상대로 경로를 바꾸거나 파괴하는 것은 불가능하다. 그런 때가 온다면 우리가 살아남는 방법은 오로지 한 가지밖에 없다. 다른 별을 찾아 떠나는 것이다.

수십억 년 내의 위협

이번에는 미래에 대해 더욱 자세히 살펴보겠다. 만약 인류가 지금으로부터 수백만 년 또는 수천만 년 동안 생존하는 데 성공한다면, 그것은 인류가 태양계의 다른 행성에도 거주할 수 있거나 다른 별을 방문할 수 있기 때문일 가능성이 높다. 그러한 긴 시간 단위라면 인류가 지구를 떠나야만 하는 어떤 일(이상한 떠돌이 행성이나 블랙홀의 방문)이 닥쳤을 가능성이 매우 높기 때문이다.

하지만 그런 일이 일어나지 않더라도, 우리는 미래의 인류가 언젠가는 지구를 **떠나야 한다**는 것을 알고 있다.

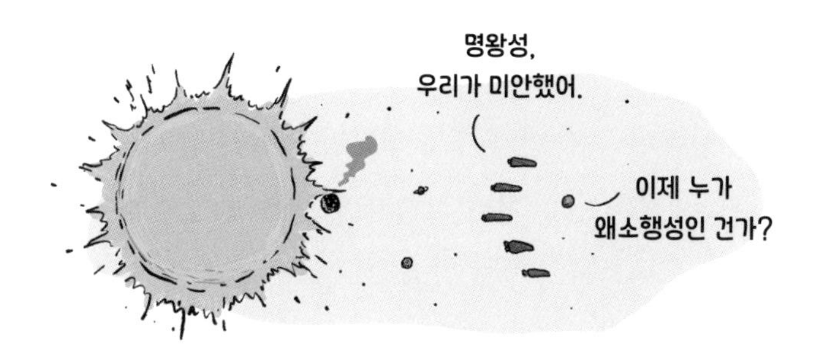

우리 지구를 밝혀 주는 별로서, 40억 년 이상 잘 타오르고 있던 태양은 점점 달라질 것이다. 약 10억 년 후면 태양은 지금보다 훨씬 더 뜨거워지고, **더 커질** 것이다. 태양의 표면은 10억 년 후에는 지금 지구가 있는 위치에 이를 만큼 커질 것이다. 그러면 정말 놀라운 자외선 차단 로션 기술을 개발하지 않는 한 우리는 이사를 가야만 한다. 어쩌면 태양계 외곽 행성이나 소행성 벨트대로 이주해야 할지도 모른다. 명왕성을 기억하는가? 태양계 행성 명단에서 왜소행성이라는 이유로 퇴출된 명왕성이 우리에게 원한을 품지 않기를 바란다.

어떻게든 인류가 아늑한 소행성을 발견하거나 명왕성에 정착했다고 하더라도, 그 후로 시간은 계속 흘러갈 것이다. 그로부터 10억 년이 더 지나면, 태양은 대부분의 가스를 태워버리고 더 이상 타지 않는 백색왜성white dwarf이 되어 별의 역할을 하지 못하고 은퇴하게 될 것이다. 태양이 식어서 우리에게 필요한 온기를 더 이상 공급하지 못하면 어떻게 될까? 그야말로 모든 것이 얼어붙는다. 인류가 그다음 수십억 년을 더 살아남으려면 태양계를 벗어나 다른 별로 여행해야만 한다는 것은 분명하다.

그다음 넘어

수십억 년, 심지어 수조 년 후에도 인류가 여전히 살아남았다면, 우리는 지구나 이 태양계에는 없을 것이 확실하다. 인류가 그토록 오래 살아남았다는 것은 우리가 광활한 우주를 가로지르는 법을 배워 은하계의 다른 지역에 정착했을 가능성이 높다. 만약 우리가 다른 별을 여행하고 다른 행성을 식민지화하는 방법을 배웠다면, 아마도 은하계 전역에는 많은 인간 정착지가 있을 것이다.

은하계 전역에 인류 문명이 퍼져 있다고 상상해 보라. 그렇게 멀리까지 갈 수 있다면 인류는 영원히 살 수 있는 기회가 있다는 뜻일까?

인류가 여러 항성계에 걸쳐 살 수 있다면 인류로서는 안전한 보험에 가입한 셈이다. 어느 항성계가 갑자기 초신성이 되거나, 인간 정착지 중 하나가 스스로 잘못된 길로 들어서 끝장나더라도 인류 생존의 횃불을 옮길 또 다른 인류가 은하계 어딘가에 존재하기 때문이다. 박멸하기 어려운 바퀴벌레처럼 이 정도에 이르면 우주에서 인류 **모두**를 완전히 쓸어내기란 꽤 힘들지 않을까?

게다가 인류가 우리 은하계의 별들 사이를 여행하는 것보다 한층 진보된 일을 할 수 있다고 가정해 보자. 예를 들면 미래의 인류가 웜홀이나 고속 우주선 등으로 은하계 사이의 엄청난 거리를 극복하는 방법을 알아냈다고 해보자. 그렇다면 갑자기 우리 은하계가 다른 은하계와 충돌하여 산산조각이 나더라도 어떤 형태로든 인류는 살아남지 않을까? 인류가 그런 위험을 뚫고 나왔다면 우리는 그 후로도 무사할 수 있을까?

꼭 그렇지는 않다. 그 시점에도 여전히 인류의 존재를 위협하는 두 가지 큰 위협이 상존하기 때문이다. 바로 물리 법칙과 무한대의 법칙이다.

힉스 입자 붕괴

일부 물리학자들은 우주의 기초가 우리가 생각하는 것만큼 견고하지 않다고 믿는다.

예를 들면 모든 물질 입자의 질량이 갑자기 변할 수 있는데, 그러면 입자들의 움직임과 상호작용 방식에 큰 영향을 미칠 수 있다는 것이다. 물리학적으로 볼 때 입자의 이런 기본 속성은 고정되어 있지 않다. 우주를 채우고 있는 양자장Quantum field 중 하나인 힉스장Higgs field에 저장된 에너지와 입자의 상호작용에 의해 결정된다. 문제는 물리학자들도 힉스장이 얼마나 안정적인지 확신하지 못한다는 점이다. 언젠가는 자연적으로 또는 어떤 사건에 의해 힉스장이 붕괴되고 에너지를 잃을 수도 있기 때문이다. 힉스장이 붕괴되면 그 후유증이 우주 전체로 확산되고, 모든 물리 법칙은 뒤죽박죽될 것이다. 이런 사건이 일어나면 우리가 현재 우주에서 보고 있는 모든 것이 파괴되어 우주는 완전히 다른 무언가로 재편될 것이다.

과학자들은 이런 일이 일어날 가능성이 얼마나 되는지, 또는 실제 일어날 수 있는 일인지에 대해서도 전혀 알지 못한다. 수조 년 혹은 그 이상의

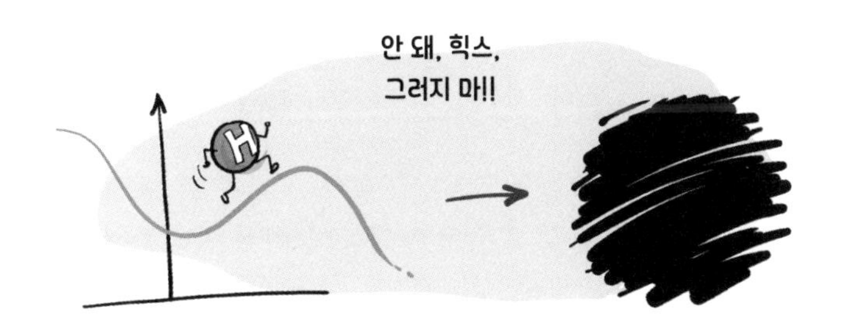

시간 안에 **어떤 일이 일어날지**를 예측하기는 매우 어렵다. 그리고 그런 일이 발생한다면, 인간이 여러 별에 흩어져 살고 있다고 해도 그 재앙에서 살아남을 가능성은 없다.

무한한 시간의 무게

무한대의 힘은 강하다. 인류를 멸종시킬 수 있는 모든 사건을 운 좋게 피한다고 해도 결국 영원한 시간의 무게가 우리를 덮칠 것이다. 무한대는 이해하기 어려운 개념이지만, 분명한 것은 우주가 무한히 오래 지속되면 **일어날 수 있는** 어떤 일이든 결국에는 **일어날 것**이라는 점이다.

많은 별에 흩어져 살면 인류의 생존 확률을 99.9999999999999퍼센트로 높일 수는 있겠지만, 무한대의 시간이 지나면 결국 인류에게도 마지막 순간이 다가올 것이다. 우리가 예측하거나 상상할 수 없는 사건이 우연히 발생하여 존재하는 모든 인간을 멸종시킬 것이다.

결국 인류는 끝장날까?

피할 수 없는 인류의 종말 때문에 여러분이 너무 안타까워하기 전에, 우리는 시간의 끝까지 인류가 살 수 있는 한 가지 방법이 있다는 점을 언급해야 할 것 같다. 이것은 약간 기술적인 이야기이기는 하다. 하지만 우주를 가로질러 여행하는 인류가 '다른' 은하계에서 누텔라를 먹는 것을 상상하고 있다면, 지금은 그런 상상을 주저할 때가 아니다.

인간이 수십억 년, 심지어 수조 년 동안 생존하는 방법을 알아냈다고 상상해 보자. 게다가 시간의 무게나 힉스장의 붕괴가 아직 우리를 멸종시키지 않았다고 가정해 보자. 만약 그 시점에 우리가 예상치 못한 일이 일어난다면 어떻게 될까? 예를 들면 우주가 팽창을 멈추고 갑자기 수축하기 시작한다면 어떨까? 빅뱅과는 정반대로 우주가 수축하여 극도로 밀도 높은 무언가로 응축된다면 어떨까? 물리학자들은 이런 현상을 '빅 크런치 Big Crunch'라고 부른다(그 명칭은 공교롭게도 누텔라가 가득한 맛있는 캔디바처럼 들린다).

만약 빅 크런치가 일어난다면, 우리는 모두… 으스러질 것이다. 우리가 빅 크런치가 다가오는 것을 미리 알게 되었더라도, 우주 공간 자체가 수축할 것이기 때문에 어디로 피하거나 도망갈 수도 없다. 빅 크런치가 계속되면 공간은 무한한 밀도로 수축할 것이고, 그러면 아주 이상한 일이 일어날 것이다. 시간이 끝나는 것이다. 북극점에 도착하면 북쪽으로 향하는 여정이 끝나는 것과 마찬가지로, 시간도 끝날 것이다. 북극점에 도착하면 더 이상 북쪽이란 없다. 마찬가지로 공간과 시간이 함께 쪼그라들면 결국 둘 다 사라질 것이다.*

하지만 그 지점까지도 우리가 살아 있고, 우주의 마지막 숨이 끊어질 때

* 적어도 이 우주는 종말을 맞은 것이다. 일부 물리학자들은 우주가 빅뱅과 빅 크런치의 주기를 반복한다고 믿는다.

까지 인류가 버텼다고 상상해 보자. 그러면 기술적으로는 인간이 시간의 종점에 **도달했다**고 말할 수 있다. 인류가 갈 수 있는 마지막까지 간 것이다.

그것 자체가 승리라고 할 수 있지 않을까? 살 수 있는 최대한의 시간까지 인류가 생존했다는 것과 우리에게 허용된 시간을 마지막 순간까지 모두 사용했다는 점에서 승리했다고 볼 수 있지 않을까?

우리가 이렇게 마지막 순간까지 생존할 수 있으려면 정말 운이 좋아야 한다.

5 블랙홀로 빨려 들어가면 어떤 일이 일어날까?

많은 사람들이 이런 의문을 가지고 있는 것 같다. 수많은 과학 서적에서 다루는 수수께끼이자, 우리가 진행하는 팟캐스트의 청취자와 독자들이 자주 묻는 질문이기도 하다. 왜 그럴까? 미국 전역의 뒷마당에 블랙홀이 나타나고 있기 때문일까? 또는 블랙홀 근처에서 피크닉을 할 계획인데 아이

들이 블랙홀 주변을 뛰어다닐까 봐 걱정돼서 그럴까?

물론 그렇지는 않을 것이다. 블랙홀에 빠지면 어떻게 될지에 대한 의문은 실제로 그런 일이 일어날 가능성보다는 이 흥미로운 우주 현상에 관한 기본적인 호기심과 더 관련이 있을 것이다. 우리는 알고 있다. 블랙홀은 **신비롭다**는 것을 말이다. 블랙홀은 아무것도 빠져나올 수 없는 이상한 공간 영역이다. 시간과 공간이 직물처럼 짜인 시공간에 만들어진 일종의 구멍으로, 현실의 나머지 부분과 완전히 단절된 공간이다.

블랙홀에 빠지면 어떻게 될까? 반드시 죽게 될까? 일반적인 구멍에 빠지는 것과는 다른 느낌일까? 우리는 블랙홀의 내부에서 우주의 깊은 비밀을 발견할 수 있을까? 또는 눈앞에서 시간과 공간이 분리되는 것을 볼 수 있을까? 블랙홀 안에서도 우리의 눈(또는 뇌)이 작동할 수 있을까?

이를 알아볼 수 있는 방법은 단 한 가지뿐이다. 블랙홀로 뛰어드는 것이다. 그러니 피크닉 담요를 챙기고, 아이들과 작별 인사를 하고(어쩌면 영원히), 잠시 기다리자.

이제 곧 우리는 뒷마당에 있는 블랙홀이라는 궁극의 위험 속으로 뛰어들 테니.

블랙홀에 접근하기

블랙홀에 접근하면 가장 먼저 당신의 눈에 들어오는 것은 블랙홀이 실제로도 검은 구멍처럼 보인다는 것이다. 완전히 깜깜해 보인다. 블랙홀에 닿는 모든 빛이 블랙홀의 내부에 갇히고 어떤 빛도 방출되지 않기 때문이다. 블랙홀을 볼 때 우리 눈에는 블랙홀에서 방출되는 어떤 광자도 보이지 않는데, 그로 인해 우리의 뇌는 블랙홀을 검다고 해석한다.*

블랙홀은 구멍임이 분명하다. 그 안으로 들어가는 모든 것이 빠져나오지 못하고 영원히 머무르는 구형의 공간이라고 생각하면 된다. 블랙홀 내부는 질량이 대단히 높은 밀도로 압축되어 있어서 엄청난 중력을 가지고 있다. 블랙홀에서 아무것도 빠져나오지 못하는 이유는 블랙홀의 강한 중력 때문이다. 왜 그럴까? 중력은 질량을 가진 물체에 가까워질수록 강해지는 속성이 있다. 따라서 엄청난 질량이 압축된 블랙홀에서는 물체들과 블랙홀의 거리가 **극도로 가까워진다.**

일반적으로 질량이 큰 물체는 그 질량이 공간에 골고루 퍼져 있다. 지구를 예로 들어 보자. 지구가 약 1.3센티미터 너비(즉 구슬 크기 정도)인 블랙홀과 비슷한 질량을 가지고 있다고 가정해 보자. 이때 지구 중심에서 지구 반경(반지름)만큼의 거리에 위치한 지구 표면에 서 있을 때의 중력과, 구슬 크기의 블랙홀에서 지구 반경만큼 떨어진 곳에 서 있을 때 느껴지는 중력

---

* 사실, 블랙홀은 **완전한** 검은색이 아니다. 블랙홀은 '호킹 방사선Hawking radiation('호킹 복사'라고도 한다. 스티븐 호킹Stephen Hawking의 이름을 따서 지어졌다)'이라는 아주 미세한 방사선을 방출하지만, 너무 희미해서 우리의 눈으로는 인식하지 못한다.

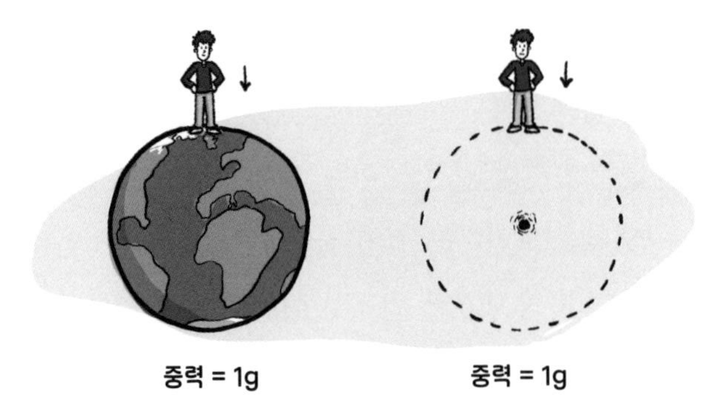

은 동일하다.

하지만 이 두 가지 물체에 가까워질수록 일어나는 일은 매우 다르다. 지구의 경우 중심에 가까워질수록 우리는 중력을 **느끼지 못하게** 된다. 그 위치에서는 지구가 당신의 주위를 둘러싸고 모든 방향에서 똑같은 힘으로 당기고 있기 때문이다. 반면 작은 블랙홀의 중심에 다가가면 **엄청난** 중력을 느낄 것이다. 지구 질량 전체에 해당하는 중량을 **매우 가까운** 거리에서 느끼기 때문이다. 그것이 바로 블랙홀의 특징이다. 블랙홀은 매우 압축된 형태의 질량이기 때문에 바로 주변에 있는 물체에 더 강력한 힘을 발휘한다.

극도로 압축된 질량은 주변에 극한의 중력을 미친다. 따라서 어느 정도의 거리 안으로 들어오면 공간이 너무 휘어져(중력은 사물을 끌어당기는 것이 아

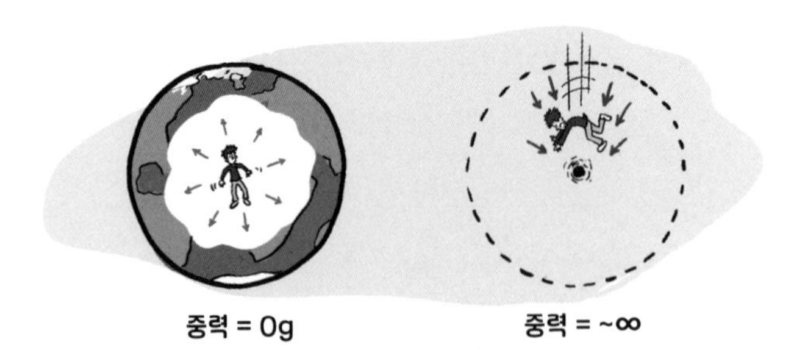

니라, 공간을 왜곡한다는 점을 기억하라) 빛조차 빠져나갈 수 없다. 이때 빛이 더 이상 빠져나갈 수 없는 지점을 '사건의 지평선event horizon'이라고 부른다. 이 사건의 지평선이 대략* 블랙홀이 시작되는 지점이라고 보면 된다. 사건의 지평선은 우리가 블랙홀이라고 부르는 검은 구체의 반지름에 해당하는 지점에 위치한다.

블랙홀의 크기는 내부에 얼마나 많은 질량을 압축하느냐에 따라 달라진다. 지구를 충분히 압축하여 구슬만 한 크기의 블랙홀로 만들면, 약 1센티미터 거리에서는 빛이 더 이상 빠져나갈 수 없게 된다. 만약 여기에 질량을 더 추가하면 빛이 빠져나갈 수 없는 범위는 더 커진다. 예를 들어 태양을 압축하여 블랙홀로 만들면 공간의 왜곡이 더 커져서 사건의 지평선이 중심으로부터 3킬로미터 밖에서부터 만들어진다. 이 경우 폭 6킬로미터인 블랙홀이 생긴다. 이런 식으로 질량이 커질수록 블랙홀은 더 커진다.

사실, 블랙홀의 크기는 이론적으로 제한이 없다. 우주에서 발견한 가장

* "대략"이라고 표현한 이유는 블랙홀이 회전하는 경우에는 약간 달라지고, 또 나중에 살펴보겠지만 블랙홀의 검은 부분이 실제로 사건의 지평선보다 약간 더 크기 때문이다.

작은 블랙홀은 폭이 약 20킬로미터이고, 가장 큰 블랙홀은 폭이 수백억 킬로미터에 달한다. 실제로 블랙홀의 크기를 제한하는 요인은 블랙홀이 만들어지기 위해 주변에 얼마나 많은 물질이 있는지, 그리고 블랙홀이 형성되는 데 얼마나 많은 시간이 걸리는지에 달려 있다.

당신이 블랙홀에 접근하면 알 수 있는 두 번째 사실은, 블랙홀은 혼자가 아니라는 점이다. 블랙홀에 가까이 가면 블랙홀을 둘러싼 물체들이 때때로 블랙홀 안으로 빨려 들어가는 것을 볼 수 있다. 더 정확하게 표현하자면, 물체들이 순차적으로 블랙홀 속으로 떨어지기를 기다리면서 주위를 돌고 있는 것처럼 보인다.

그것을 '응축 원반accretion disk'이라고 한다. 응축 원반은 블랙홀로 바로 빨려 들어가지 않고, 궤도를 돌면서 블랙홀 속으로 빨려 들어갈 차례를 기다리는 가스, 먼지 및 기타 물질로 구성되어 있다. 작은 블랙홀에서는 응축 원반이 그다지 인상적이지 않을 수도 있지만, 초거대 블랙홀에서는 아주 볼 만한 장관일 것이다.

응축 원반 내에서 초고속으로 소용돌이치는 가스와 먼지들은 서로 간에 마찰이 너무 강해 산산조각으로 찢어진다. 그 과정에서 엄청난 에너지가 방출되어, 이것이 우주에서 가장 강력한 광원이 되기도 한다. 이것을 유사 항성quasi-star 또는 퀘이사quasar라고 부른다. 이것들은 때로 하나의 은하에 속한 모든 별을 합친 것보다 수천 배나 더 밝다.

다행히도 초질량 블랙홀을 포함한 모든 블랙홀이 퀘이사(또는 스테로이드를 복용한 퀘이사라고 표현할 수 있는 블레이자blazar)를 형성하는 것은 아니다. 대부분의 경우 응축 원반에는 그런 극적인 장면을 연출하기에 충분한 양의 물질이나 조건이 갖춰지지 않기 때문이다. 이것은 좋은 일이다. 당신이 퀘이사에 가까이 가면 블랙홀을 잠깐 보기도 전에 순식간에 증발해 버릴 것이기 때문이다. 다행히 당신이 빠지기로 한 블랙홀 주변에는 비교적 평화로운 응축 원반이 있어서 블랙홀에 다가갈 수 있는 기회가 있기를 바란다.

평온한 블랙홀

블랙홀에 더 가까이 다가가기

당신이 빨려 들어갈 블랙홀이 수십억 개의 별을 합친 것보다 더 많은 에너지를 뿜어내는, 불타는 가스와 먼지가 소용돌이치는 변기가 아니라는 것을 확인했다고 치자. 그러면 다음으로 걱정해야 할 것은 중력 자체에 의한 죽음이다.

사람들은 대개 '중력에 의한 죽음'이라는 말을 들으면 건물이나 비행기처럼 높은 곳에서 떨어져 죽는 것을 생각한다. 하지만 이런 경우의 죽음은 중력 탓이 아니다. 사람을 죽이는 것은 추락이 아니라 착륙을 어떻게 하느냐에 달려 있다. 그런데 블랙홀 근처의 공간에서는 실제로 추락하는 동안에 죽을 수 있다.

추락하는 동안 블랙홀의 중력은 당신을 잡아당기는 것에서 그치지 않고 찢어버리려 할 것이기 때문이다. 중력의 크기는 질량을 가진 물체와의 거리에 따라 달라진다는 점을 기억할 것이다. 지구 위에 서 있을 때는 발이 머리보다 지구에 더 가깝기 때문에, 발이 느끼는 중력은 머리보다 더 강하다. 예를 들어 고무줄의 끝을 잡고 같은 방향으로 잡아당길 때에도, 한쪽 끝을 다른 쪽 끝보다 더 세게 잡아당기면 고무줄은 늘어나게 되어 있다. 지금 지구 위에 서 있는 당신에게도 일어나고 있는 일이다. 지면에 가까운 발이 머리 부분보다 더 많은 중력을 느끼는 것은, 결국 지구가 당신을 고무줄처럼 늘리려고 하는 것과 마찬가지이다.*

그렇다고 해서 우리 몸이 늘어나는 것을 느낄 정도는 아니다. 그 이유는 (a) 우리 몸이 말랑거리기는 하지만 **그렇게 약하지는 않고**(즉 우리 몸은 상당

히 잘 붙어 있는 편이다), (b) 머리와 발 사이의 중력 차이가 몸이 늘어날 정도로 크지 않기 때문이다. 지구에서 느끼는 중력은 상당히 약한 편이다. 따라서 머리와 발이 느끼는 중력도 거의 같은 양이라고 보면 된다.

하지만 중력이 훨씬 더 강하면 상황은 달라진다. 만약 당신이 정말 거대하고 무거운 물체를 향해 자유낙하를 하고 있다면, 머리와 발에서 중력의 차이를 느낄 수 있다. 그것은 마치 놀이터의 미끄럼틀과 비슷하다. 미끄럼틀이 높을수록 내려가는 길은 더 가파르다. 중력이 일정 수준 이상을 넘어서면 머리와 발에서의 중력 차이가 **실제로** 당신을 찢어놓을 수 있을 정도로 충분히 크다.

이것이 많은 과학 서적에서 블랙홀에 살아 있는 상태로 들어가는 것이 불가능하다고 말하는 이유이다. 일반적으로 책에서는 블랙홀 주위의 중력이 너무 강해서 들어가기도 전에 '스파게티화spaghettified (즉 찢어짐)'될 것이라고 말한다. 하지만 이런 주장이 반드시 사실은 아니다! 블랙홀에 살아 있는 상태로 들어가는 것은 충분히 가능하다.

중력이 당신을 찢어버리는 지점(일명 '스파게티화 지점'이라고 불린다)과 빛이 블랙홀을 빠져나갈 수 없는 지점(블랙홀의 가장자리)은 같지 않으며, 실제로 두 지점이 블랙홀의 질량에 따라 서로 다른 위치에 있다는 것이 밝혀졌다. 스파게티화 지점은 블랙홀 질량의 세제곱근에 비례하여 변하는 반면, 블랙홀의 가장자리는 질량에 따라 선형적으로 변하기 때문이다.

---

* 이러한 상황은 공중으로 뛰어오르거나 자유낙하를 하는 경우와 더 유사하다. 땅 위에 서 있을 때는 발이 어디에도 갈 수 없기 때문에, 실제로 중력이 몸을 늘리는 방향으로 작용하기보다는 몸을 납작하게 짓누르는 쪽으로 작용한다.

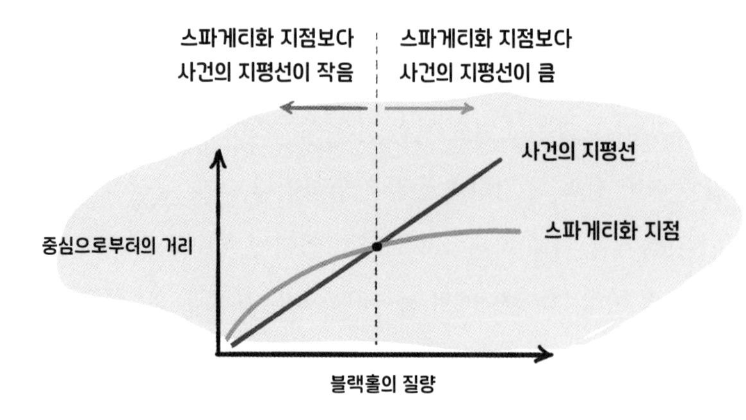

이것이 의미하는 바는 작은 블랙홀에서는 스파게티화 지점이 사건의 지평선보다 크기 때문에, 블랙홀의 가장자리 **바깥에** 위치한다는 뜻이다. 그러나 큰 블랙홀의 경우 스파게티화 지점이 블랙홀 **내부에** 위치한다. 예를 들어 태양의 질량 100만 개에 달하는 블랙홀의 반경은 300만 킬로미터에 달하지만, 중심에서 2만 4,000킬로미터 떨어진 내부로 깊게 들어가지 않는 한 중력이 당신을 찢어버리는 일은 일어나지 않는다. 반면에 반경 30킬로미터인 작은 블랙홀의 경우 가장자리에 도달하기 훨씬 전인 440킬로미터 거리에서부터 당신을 찢어놓을 수 있다.

작은 블랙홀이 큰 블랙홀보다 접근하기가 더 위험하다는 것이 이상하다고 생각되겠지만, 이것이 블랙홀의 수학이 작동하는 방식이다. 큰 블랙홀은 너무도 거대한 영역에 걸쳐 있어서, 물체를 빨아들여 내부에 가두기 위해 가장자리를 그렇게 강력하게 유지할 필요가 없다.

블랙홀에 도달하기

주변부가 평온하고 안으로 깊게 들어가기 전까지는 찢어지지 않을 만큼 큰 블랙홀을 골랐다면, 이제 당신은 블랙홀에 들어갈 준비가 된 것이다. 하지만 조심하라. 지금부터 정신을 차리기 힘들 정도로 기묘한 일들이 시작될 테니 말이다.

블랙홀에 가까이 다가갈수록 당신은 두 가지 흥미로운 점을 발견할 수 있다.

첫째, 사건의 지평선 반경의 약 세 배에 이르는 지점에서 응축 원반이 끝나면, 그곳에서 블랙홀 주변까지는 거의 아무것도 없는 텅 빈 상태인 것을 알 수 있다. 응축 원반이 끝나는 지점보다 안쪽에 있는 모든 물질은 이미 블랙홀 안으로 빠르게 빨려 들어갔기 때문이다. 이 지점에 이르면 대부분의 물질은 더 이상 블랙홀 밖으로 빠져나갈 수 없다. 다시 말해 블랙홀 안으로 빨려 들어가는 일만 남은 셈이다. 블랙홀 탐험에 대해 다시 생각해 보고 싶다면, 당신은 이 단락을 읽기 전에 결정했어야 했다. 지금은 너무 늦었다.

둘째, 블랙홀에 가까워지면 당신의 주변 공간이 엄청나게 휘어지는 것을 볼 수 있다. 이제 당신은 중력이 너무 강해서 빛의 움직임조차 뚜렷하게 왜곡되는 지점에 와 있다. 그곳에서는 마치 렌즈 내부에서 수영하는 것처럼 느껴진다. 블랙홀 주변의 공간이 너무 휘어져 있어서 빛이 더 이상 직선으로 움직이는 것처럼 보이지 않기 때문이다.

이제는 당신이 블랙홀로 더 깊이 들어가면서 경험하게 될 몇 가지 기묘한 일들을 살펴보겠다.

블랙홀의 그림자*

블랙홀 반경의 약 2.5배 지점에 이르면, 당신은 블랙홀의 '그림자'로 알려진 영역으로 들어가게 된다. 블랙홀을 관찰하는 사람이라면 누구나 보게 되는 검은색 원에 해당하는 영역이다.

블랙홀은 자신의 실제 크기보다 더 큰 그림자를 드리운다. 블랙홀이 사건의 지평선 내부에 있는 광자만 빨아들이는 것이 아니라, 그보다 더 먼 곳의 블랙홀 근처를 날아가는 광자들까지 굴절시키기 때문이다. 당신을 향해 날아가던 빛 중 블랙홀로부터 일정 거리 내에 있는 모든 빛은 (블랙홀로 인해 만들어진) 중력 우물 안으로 떨어진 후, 결국 블랙홀 내부로 빨려 들어간다. 이 지점에서 당신은 그 빛을 볼 수 없으므로 실제보다 블랙홀이 더 크게 보인다.

당신이 블랙홀을 향해 안쪽으로 이동할수록 블랙홀의 그림자는 더 크

---

* 이것은 '당신이 쓰고 싶었던 공상과학 소설의 완벽한 제목'이 될 것이다.

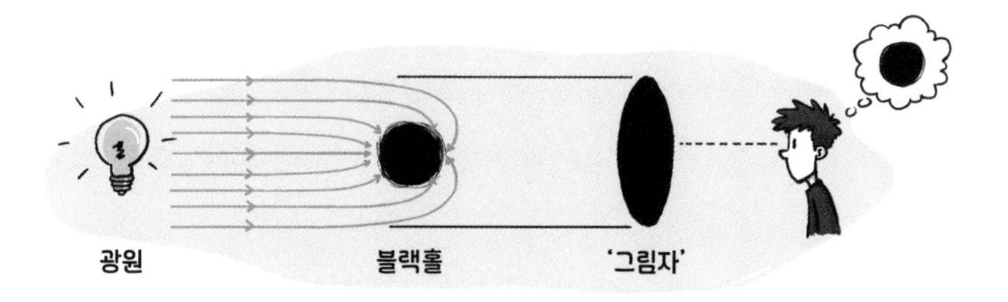

게 보인다. 가까이 다가갈수록 당신의 안구에 닿았을 빛을 블랙홀이 더 많이 굴절시키므로 시야의 거의 전부가 암흑으로 채워진다.

친구에게 사진을 찍어달라고 부탁한다면 바로 이 지점이 포토 스팟이다. 당신이 완벽하게 검은색으로 둘러싸인 것처럼 보일 것이기 때문이다. 아직도 블랙홀까지 가려면 멀었지만, 사진상으로는 이미 블랙홀 안에 들어와 있는 것처럼 **보일** 것이다.

무한한 빛의 원*

블랙홀 반경의 약 1.5배 지점에 이르면, 당신은 블랙홀 주변의 또 다른 흥미로운 이정표에 도착한 것이다. 이곳은 빛이 블랙홀 주위를 완벽한 원으로 공전하는 지점이다. 행성과 위성이 더 무거운 물체 주위를 공전하는 것처럼 빛도 블랙홀 주위를 공전한다. 블랙홀 주위를 공전하는 빛에서 발견할 수 있는 놀라운 점이 있다. 빛에는 질량이 없다는 것이다! 이는 블랙홀의 주위를 돌고 있는 빛은 중력에 끌리는 것이 아니라, 순전히 공간의

---

* 이것은 '당신이 시작하고 싶었던 뉴에이지 컬트를 위한 완벽한 제목'이 될 것이다.

휘어짐으로 인해 돌고 있다는 의미이다. 공전 궤도를 도는 광자는 블랙홀 주위를 영원히 돌 수도 있지만, 조금만 그 경로를 벗어나면 블랙홀 안으로 빨려 들어가거나, 또는 나선형으로 돌면서 우주를 향해 바깥쪽으로 튀어 나가게 된다.

블랙홀로 가는 길에 이 지점을 지나면 당신은 한 가지 멋진 현상을 경험하게 된다. 이 지점에서는 빛이 블랙홀 주위로 완벽한 원을 그리며 돌기 때문에, 블랙홀에 수직인 방향으로 시선을 돌리면 그곳에서 **당신의 뒤통수를 볼 수 있다.** 당신의 뒷머리에서 출발한 빛이 블랙홀을 돌아 당신의 눈으로 들어오기 때문이다. 자신의 뒷모습이 어떤지 궁금하다면, 지금이 바로 기회이다.

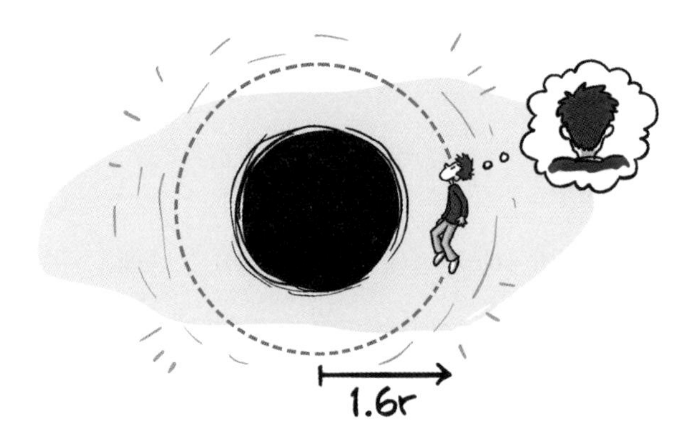

베컴처럼 휘어 차기*

블랙홀 반경의 1.5배 지점을 지나 블랙홀에 더 가까워지면, 이제는 빛조차 안전한 궤도를 돌 수 없는 영역에 도달한 것이다. 당신이 블랙홀에서 탈출할 가능성은 점점 더 줄어들고 있으며, 이제부터 보이는 모든 이정표는 문자 그대로나 비유적으로나 블랙홀로 들어가는 방향만 가리킬 것이다.

이때쯤이면 블랙홀의 그림자가 당신을 온통 감싸는 것처럼 느껴지고, 우주를 향한 당신의 시야를 차단할 것이다. 이 지점에서 뒤를 돌아보면, 우주가 점점 작아지는 것이 눈에 들어올 것이다.

이때 우주의 이미지에서 이상한 점을 한 가지 발견하게 된다. 블랙홀의 반대 방향만 보이는 것이 아니라 블랙홀 뒤편까지 우주의 **전체** 이미지를 볼 수 있기 때문이다. 이 지점에 이르면 공간이 너무 휘어져서 우주의 모든 방향에서 들어온 빛이 블랙홀 내에서 여러 번 소용돌이치다가 당신 머리의 측면과 뒷면에 부딪히게 된다. 물고기 눈과 같이 전체 우주를 바라볼 때, 당신 시야의 가장자리에서 같은 우주의 이미지가 계속 반복되는 것을 볼 수 있을 것이다.

이 지점을 지나 점점 더 블랙홀의 중심으로 가까이 다가가면 우주를 볼

---

* 사실, 누군가가 이미 〈베컴처럼 휘어 차기Bend It Like Beckham〉(한국에서는 〈슈팅 라이크 베컴〉이라는 제목으로 상영되었다.-옮긴이)라는 제목으로 영화를 만들었다.

수 있는 창은 점점 줄어들고, 결국 블랙홀이 당신이 바라보는 모든 곳을 지배할 것이다.

그리고 이제 당신은 사건의 지평선을 넘게 된다.

블랙홀 밖 관찰자의 시점

이 시점에서 당신의 친구들은 이 모든 것을 어떻게 보고 있을지 생각해 보는 것도 재미있을 것이다. 블랙홀에 뛰어드는 것을 미친 짓이라고 생각하며, 당신을 따라오지 않고 뒤에 남았던 친구들 말이다. 물론 그들은 당신이 블랙홀로 뛰어들겠다고 했을 때 지지를 보냈을 것이다. 그러면 당신이 미지의 세계로 멋지게 뛰어들 때, 그들은 무엇을 보게 될까?

놀랍게도 그들은 블랙홀로 뛰어드는 당신을 절대 보지 못하는 것으로 밝혀졌다. 블랙홀의 어둠에 가려져서가 아니라, 말 그대로 당신의 **친구들에게는 그런 일이 일어나지 않기 때문이다.**

중력은 공간만 왜곡하는 것이 아니라 **시간**도 왜곡한다는 점을 기억하자. 블랙홀은 중력이 너무 커서 시간을 매우 극단적인 방식으로 왜곡한다.

많은 사람들이 알다시피 매우 빠른 속도에서는 시간이 느려진다. 예를 들면 우주선을 타고 거의 빛의 속도에 가깝게 여행했다가 다시 돌아오면, 당신이 아는 모든 사람은 당신보다 훨씬 나이가 많이 들었을 것이다. 시간이 당신에게만 느리게 흘렀기 때문이다. 시간에 영향을 미치는 것은 속도뿐만이 아니다. 블랙홀과 같이 매우 거대한 질량을 가진 물체 근처에 가도 시간이 늦어진다. 공간이 왜곡될 뿐만 아니라 시간도 느리게 간다.

당신이 블랙홀 근처로 다가갈수록 친구들은 당신에게 시간이 느리게

가고 있다는 것을 목격하게 된다. 즉 그들의 눈에는 당신이 아주 느린 슬로모션으로 움직이는 것처럼 보이기 때문이다. 당신이 블랙홀에 점점 더 가까워질수록 그들의 눈에 당신은 점점 더 느리게 움직이는 것처럼 보일 것이다.

블랙홀에 가까워질수록 당신의 시계는 더 느려진다. 어느 순간에는 시계가 너무 느려져서 친구들의 눈에 당신의 시간은 멈춘 것처럼 보일 것이다. 그들이 당신의 좋은 친구라고 믿지만, 이쯤 되면 그들은 당신을 포기하고 자신들의 남은 인생을 살 것이다. 그리고 그들이 본 당신의 마지막 모습은 희미하고 붉은 이미지가 될 것이다. 블랙홀의 중력이 광자의 파장을 늘임으로써 당신으로부터 나온 빛이 적외선 스펙트럼 영역에 위치하기 때문이다.

당신과 멀리 떨어져 있는 친구들에게 보이는 광경은 당신이 아주 오랜 시간 동안 천천히 블랙홀로 떨어지는 것이 아니다. 그들에게는 그런 일 자체가 일어나지 않는 것처럼 보인다. 바깥 관찰자의 눈에 당신의 시간은 멈추고, 당신의 마지막 모습은 블랙홀 표면에 퍼지는 듯한 이미지로 영원히 새겨져 있을 것이다. 당신이 블랙홀에 완전히 들어가는 것을 보려면 그들에게는 무한대의 시간이 걸린다. 그 사이에 태양계와 은하계는 형성되고

소멸할 것이다. 심지어 수조 년이 지나도 당신이 블랙홀의 경계를 넘는 모습을 그들은 절대 볼 수 없다.

그런 의미에서 볼 때 멋진 모습으로 친구들에게 깊은 인상을 남기고 싶어서 블랙홀에 뛰어드는 것은 현명한 선택이 아니다.

블랙홀에 들어가기

물론 이 같은 설명은 관찰자인 친구들의 눈에 비친 모습일 뿐이다. 정작 당신 자신에게는 엄청난 롤러코스터를 타는 사건이 일어난다.

여전히 **당신에게는** 시간이 정상적으로 흐르기 때문이다. 당신의 관점에서 블랙홀로의 여행은 정상적인 속도로 진행된다. 한편 바깥 우주에서 볼 때는 당신이 블랙홀에 들어가면 무한대의 시간 지연으로 인해 사건에 대한 정보가 바깥 관찰자에게 도달되지 않기 때문에 마치 블랙홀에 들어간 적이 없는 것처럼 보이게 되는 것이다.

그렇다면 마침내 당신이 사건의 지평선을 넘으면 어떤 일이 일어날까? 물리학자들은 별다를 바 없는 광경이 펼쳐질 것이라고 본다.

블랙홀의 마지막 문턱인 사건의 지평선을 넘으면, 당신의 눈에 들어오는 바깥 우주는 점점 더 작은 점으로 줄어든다. 그 외에는 주변의 모든 것이 완전히 어두워진다. 당신이 볼 수 있는 유일한 광원은 당신의 바로 뒤에 있는 작은 점밖에 없다. 그 작은 점 안에 우주 전체 이미지가 담겨 있는 것이다. 참으로 대단한 광경이지 않은가. 이론적으로 **사건의 지평선**에는 이 점 외에는 아무것도 보이지 않을 것이다. 벽이나 울타리, 중력장, 그곳에 도착한 것을 축하하는 색종이 조각, 은하계 보안 요원이 지키는 문도 없다. 사건의 지평선은 왔던 곳으로 돌아갈 방법이 없는 우주 공간일 뿐이다.

블랙홀 내부의 공간은 너무 많이 휘어져 있기 때문에 밖으로 나가는 길이 없다. 아무리 당신이 빠른 속도로 이동하더라도 시공간은 한 방향을 가리킬 것이다. 블랙홀 바깥 우주에서는 시간만이 한 방향(앞으로)으로 흐른다. 하지만 사건의 지평선 안에서는 공간도 한 방향(블랙홀의 안쪽)을 향해 있다. 블랙홀 안의 모든 궤적은 블랙홀의 더 깊은 곳으로 향한다.

이러한 변화는 갑작스럽게 일어나지 않고 점진적으로 이루어질 것이다. 사건의 지평선에 가까워짐에 따라 당신이 갈 수 있는 경로는 왜곡되기 시작한다. 점점 블랙홀로부터 빠져나올 수 있는 경로가 줄어드는 것이다. 그

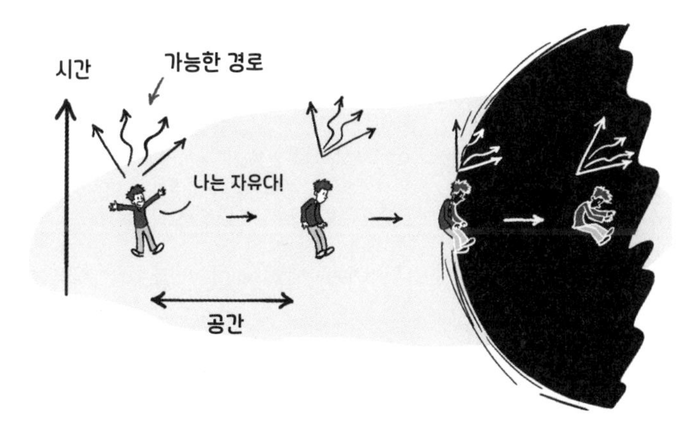

렇게 사건의 지평선에 이르면 당신이 갈 수 있는 경로는 블랙홀의 안쪽을 향하는 경로밖에는 남지 않게 된다.

이 지점에서 한 가지는 분명해진다. 당신은 확실히 블랙홀에 갇혔다는 사실이다. 이 지점에 이르면 탈출하려는 모든 노력은 헛수고이다. 발버둥치며 도망가려 할수록 당신은 블랙홀의 중심을 향해 더 빠르게 빨려 들어갈 뿐이다.

블랙홀 안에는 무엇이 있을까?

블랙홀 안에 들어가면 어떤 느낌일까?

진실은 아직 아무도 모른다는 것이다. 사실, **결코 알 수 없을지도 모른다.**

심지어 블랙홀 안에서 **생각하는** 것이 가능한지도 알 수 없다. 우리 몸에서는 혈액, 정보, 이온이 모든 방향으로 이동하고 있다. 그런데 신경세포의 신호나 혈액조차 블랙홀의 중심을 향해서만 흐른다면 의식은 차치하고 살 수나 있을까?

더 근본적인 문제가 있다. 사건의 지평선 너머 블랙홀 내부에서는 공간과 시간이 어떻게 될지 우리로서는 알지 못한다는 것이다. 그렇지만 어떤 일이 일어날지에 대해 상상하는 바는 있다. 일반 상대성이론은 지금까지 블랙홀 밖에서 일어나는 모든 일(심지어 블랙홀의 존재를 예측하는 것까지)에 대해서는 옳았다. 하지만 우주의 작동 원리는 설명하지 못하고 있다. 예를 들어 우리는 양자역학이 지배하는 미시 세계에서는 일반 상대성이론이 무너진다는 사실을 알고 있다. 그렇다면 블랙홀 내부에서는 일반 상대성이론이 작동하지 않는 것일까? 거의 확실히 설명되지 않는다고 보지만, 그 이론이 얼마나 많이 틀리는지, 또는 블랙홀의 중심부에서만 틀리고 다른 부분에서는 맞는지조차 확실하지 않다.

만약 일반 상대성이론이 대부분의 블랙홀 내부에서 적용된다면, 그다음에 일어나는 일은 그렇게 흥미롭지는 않을 것이다. 일반 상대성이론에 따라 블랙홀의 중심으로 갈수록 중력은 더 강해지고 당신은 중심을 향해 점점 더 빠르게 떨어질 것이기 때문이다. 실제로 우리 은하의 중심에 있는 블랙홀의 경우 사건의 지평선에서 블랙홀의 중심까지 떨어지는 데 걸리는 시간은 20초면 충분하다. 물론 당신은 중간에 스파게티화 지점(어떤 곳인지 기억나는가?)을 지나면서 산산조각이 날 것이므로 당신이 중심까지 도달하는 일은 절대 일어나지 않을 것이다.

그러나 사건의 지평선을 지난 지점부터 일반 상대성이론이 **적용되지 않는다면,** 어떤 일이 일어날 수 있는지 우리는 자유롭게 추측해 볼 수 있다. 혹시 다음과 같은 재미있는 일들이 당신을 기다리고 있을지도 모른다.

- **또 다른 우주.** 일부 물리학자들은 블랙홀 내부에 완전히 다른 우주가 존재할 수 있다고 생각한다(심지어 가능성이 높다고 말한다). 어쩌면 블랙홀에 들어가면 새로운 우주의 시작과 마주하게 될지도 모른다.

- **웜홀.** 또 다른 이론은 블랙홀의 내부가 웜홀(일종의 시공간에서의 터널)과 연결되어 있어서 우주의 다른 장소(및 시간)로 이동할 수 있다고 본다. 웜홀의 반대편에는 무엇이 있을까? 과학자들은 블랙홀의 반대편에 우리를 뱉어낼 수 있는 **화이트홀**이 있을지도 모른다고 추측한다. 물질이 들어갈 수는 있지만 절대 빠져나갈 수 없는 공간이 블랙

홀이라면, 이론적으로 화이트홀은 물질이 빠져나갈 수는 있지만 절대 들어갈 수 없는 곳이다. 화이트홀은 블랙홀과 정반대로 모든 운동 방향이 화이트홀 밖으로 향하도록 공간이 휘어진 영역이라고 생각하면 된다. 그럼 당신은 이런 의문을 가질 수 있을 것이다. **화이트홀이 뱉어내는 물체는 어디에서 온 것일까?** 그 물체들은 블랙홀로 빨려 들어온 것이다. 그런 다음 물체들은 웜홀을 통해 화이트홀로 빠져나오는 것이다!

블랙홀 안에서 발견하게 될지도 모를 것들

어느 쪽이 되었든 적어도 우리 우주의 관점에서 볼 때, 이것이 당신이 경험하는 블랙홀 여행의 끝이 될 것이다. 블랙홀에 들어가면 다시는 나올

가능성이 없기 때문이다. 당신이 끔찍한 죽음을 맞이하든, 양자역학과 일반 상대성이론의 비밀을 발견하든, 완전히 새로운 우주를 발견하든, 이 놀라운 비밀은 오직 당신만 알 수 있는 일이다.

아무에게도 말할 수 없다는 것이 유일한 문제점이지만 말이다.

6 왜 우리는 순간이동을 할 수 없는가?

솔직히 인정할 건 인정하자. 이동하는 것을 좋아하는 사람은 없다.

휴가를 위해 이국적인 곳으로 여행을 떠나든, 매일 출퇴근을 하든 이동하는 것을 좋아하는 사람은 아무도 없다. 여행을 좋아한다고 말하는 사람들은 아마 **도착하는** 것을 좋아한다는 뜻일 것이다. 어딘가에 가 있는 경험

은 정말 즐거운 일이다. 새로운 것을 보고, 새로운 사람들을 만나고, 일찍 일을 마친 후에는 집에 귀가해서 물리학책도 읽을 수 있기 때문이다.

그렇지만 실제 **여행**(즉 이동)은 대개 지루한 과정의 연속이다. 준비하고, 서두르고, 기다리고, 또 서두르는 일이 이어진다. "여행은 목적지가 아니라 과정이다"라고 말하는 사람은 분명 매일 교통 체증에 시달린 적도 없고, 대서양 횡단 비행기의 중간 좌석에 꼼짝없이 끼여 가본 적도 없었던 사람일 것이다.

목적지에 도착하는 더 좋은 방법이 있다면 어떨까? 목적지 중간에 있는 모든 장소를 거치지 않고 가고 싶은 곳에 **바로 도착**할 수 있다면 어떨까?

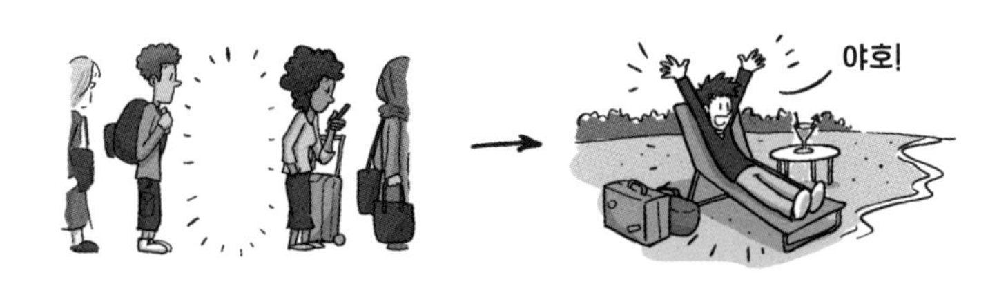

순간이동Teleportation은 100년이 훨씬 넘는 기간 동안 공상과학 소설의 단골 소재였다. 눈을 감거나 기계 안에 들어가는 것만으로 빠르게 자신이 원하는 곳으로 이동하는 상상을 해보지 않은 사람이 있을까? 이것이 가능하다면 절약할 수 있는 시간이 얼마나 될지 생각해 보라! 당신의 휴가가 14시간을 비행한 후가 아니라 **지금 당장** 시작될 수 있을 것이다. 그리고 다른 행성에도 더 쉽게 갈 수 있을 것이다. 이동하는 데 수십 년을 들이지 않고도 가장 가까운 거주 가능한 행성(예를 들면 4광년 떨어진 프록시마 센타우리 b)으로 식민지 주민을 보내는 것을 상상해 보라.

하지만 순간이동이 실제로 가능한 일일까? 만약 가능하다면 과학자들이 순간이동을 실현하는 데 왜 이렇게 오랜 시간이 걸리는 것일까? 이 기술을 개발하는 데 수백 년이 걸릴까, 아니면 조만간 내 휴대폰에 앱으로 등장할 것이라고 기대해도 될까? 이제 순간이동의 물리학에 대해 알아볼 테니 놀랄 준비를 하시라.

순간이동 옵션

당신이 꿈꾸는 순간이동이 한순간 여기에 있다가 다음 순간 완전히 다른 장소에 있는 것이라면, 단도직입적으로 그런 일은 불가능하다고 말할 수 있다. 안타깝게도 물리학은 갑자기 발생하는 모든 일에 매우 엄격한 규칙을 적용한다. 어떤 일이 일어나려면(결과) 반드시 원인이 있어야 하고, 그 중간에는 정보가 전달되는 과정이 필요하다. 생각해 보라. 두 가지 사건이 서로 인과적으로 연관성을 가지려면(예를 들어 내가 여기서 사라지고 다른 곳에 나타나려면), 두 사건이 어떻게든 서로 정보를 주고받아야 한다. 그뿐만 아니라 이 우주에 존재하는 모든 것에는 속도 제한이 있고, 여기에는 정보도 포함된다.

우주에서의 모든 것과 마찬가지로 정보도 이동해야 한다. 이 우주에서 **가장 빠르게 이동할 수 있는 것**은 빛이다. 빛의 속도는 '정보의 속도' 또는 '우주의 제한 속도'라고 불러도 무방할 것이다. 이러한 사실은 상대성이론과 물리학의 핵심 개념인 원인과 결과 법칙에 내포되어 있다.

심지어 중력조차도 빛보다 빠르게 움직일 수 없다. 즉, 지구는 **지금** 태양이 있는 곳에서 중력을 느끼는 것이 아니라, 8분 전 태양이 **있던** 곳에서 중력을 느낀다는 뜻이다. 중력이라는 정보가 지구와 태양 사이의 거리인 9,300만 마일(약 1억 5,000만 킬로미터)을 이동하는 데 걸리는 시간이 8분이다. 만약 태양이 사라진다면(예컨대 태양이 휴가를 위해 순간이동 한다면), 지구는 태양이 사라진 것을 깨닫기까지 8분 동안은 정상 궤도를 계속 돌게 될 것이다.

따라서 한 장소에서 사라졌다가 즉시 다른 장소에 나타난다는 생각은 말도 안 된다. 두 사건 사이에는 무언가 일어나야 하고, 그 무언가는 빛보다 빠르게 움직일 수 없기 때문이다.

다행히도 사람들 대부분은 '순간이동'의 정의에 관해서는 그렇게 까다롭지 않다. 우리는 대개 순간이동을 '거의 즉시', '눈 깜짝할 사이에', 심지어 '물리 법칙이 허용하는 한 빨리'라는 뜻으로 받아들인다. 그런 정의에 따라 순간이동 기계를 만든다면, 두 가지 옵션을 설정할 수 있다.

1. 순간이동 기계가 당신을 빛의 속도로 목적지까지 전송한다.
2. 순간이동 기계가 당신의 현재 위치와 가고자 하는 곳 사이의 거리를 어떻게든 단축한다.

옵션 2.는 이른바 '포털portal' 유형의 순간이동이라고 할 수 있다. 일반적으로 영화에서는 웜홀이나 일종의 초차원적 공간을 통해 문이 열리고, 이 문에서 다른 곳으로 이동하는 종류의 순간이동을 보여준다. 웜홀은 공간적으로 멀리 떨어진 두 지점을 연결해 주는 이론적 터널이다. 물리학자들은 그동안 우리가 익히 알고 있는 3차원을 넘어서는 다차원이 존재한다고 주장해 왔다.

하지만 안타깝게도 이 두 가지 개념은 아직 이론에 불과하다. 우리는 실제로 웜홀을 본 적도 없고, 웜홀을 어떻게 열고 어디로 연결할지와 같은

제어 방법도 모른다. 초차원이란 실제로 우리가 들어갈 수 있는 어떤 공간이 아니다. 단지 입자가 움직일 수 있는 다른 방법에 대한 개념일 뿐이다.

이 장에서는 훨씬 더 흥미로운 옵션 1.에 대해 살펴보려 한다. 이것은 머지않은 미래에 실제로 우리가 해야 할 일이 될 수도 있다.

광속으로 이동하기

우리가 즉시 다른 장소에 순간이동으로 나타날 수 없거나, 공간을 가로지르는 지름길을 이용할 수 없다면, 적어도 목적지에 가능한 한 빨리 도착할 수는 없을까?

우주에서 낼 수 있는 최고 속도인 초속 3억 미터는 당신의 출퇴근 시간을 1초도 안 걸리게 단축해 주고, 항성 간의 여행을 수십 년 또는 수천 년이 아닌 몇 년 안에 가능하게 해줄 정도로 빠른 속도이다. 이처럼 광속으로 순간이동을 할 수 있다면 그 또한 멋진 일일 것이다.

그런 일이 가능하려면, 어떻게든 우리의 몸을 가속시켜 빛의 속도로 목적지까지 보내는 기계를 만들어야 한다. 안타깝게도 이 아이디어에는 큰 문제가 있는데, 인간의 몸이 너무 무겁다는 것이다. 인간이 빛의 속도로 여행하기에 너무 무겁다는 것은 엄연한 사실이다. 첫째, 우리 몸의 모든 입자(어떻게든 조립 또는 분해할 수 있다고 하더라도)를 빛에 가까운 속도로 가속하려면 엄청난 시간과 에너지가 필요하다. 둘째, 우리는 절대 빛의 속도에 도달할 수 없다. 우리가 얼마나 다이어트를 많이 하거나 크로스핏 운동을 열심히 해도, 질량을 가진 물체는 어떤 것도 빛의 속도로 이동할 수 없기 때문이다.

우리 몸에 있는 원자의 기본 구성 요소인 전자electron와 쿼크quark 같은 입자는 질량을 가지고 있다. 따라서 그것들을 움직이려면 에너지가 필요하고, 빠른 속도로 움직이려면 많은 에너지가 필요하다. 더욱이 빛의 속도까지 도달하려면 거의 **무한한** 에너지가 필요하다. 이런 이유로 질량을 가진 입자는 빠른 속도로 이동할 수는 있겠지만, 결코 빛의 속도에 도달할 수는 없다.

그것은 당신은 물론이고 지금 당신을 구성하고 있는 분자와 입자도 순간이동을 할 수 없다는 의미이다. 다시 말해 순간적으로 이동하는 것은 물론이거니와 빛의 속도로 이동하는 것도 불가능하다. 당신의 몸을 그렇게 빨리 다른 곳으로 옮기는 일은 결코 일어나지 않을 것이다. 우리의 몸을 구성하는 입자들을 그렇게 빠른 속도로 이동시키는 것이 불가능하기 때문이다.

그럼 순간이동은 불가능하다는 뜻일까? 꼭 그렇지는 않다!

여전히 순간이동을 실현시킬 수 있는 한 가지 방법이 있기는 하다. 그것은 인간인 '당신'의 의미를 약간 다른 관점으로 바라보면 된다. 만약 우리가 당신 또는 당신을 구성하는 분자나 입자를 직접 이동시키지 않는다면 어떨까? 단지 당신의 **개념**idea만 전송한다면 어떨까?

당신은 정보이다

빛의 속도로 순간이동을 할 수 있는 한 가지 방법은, 당신을 스캔하여 그 정보만 광자 빔으로 보내는 것이다. 광자는 질량이 없으므로 우주가 허용하는 최대 속도인 빛의 속도로 이동할 수 있다. 사실, 광자는 **빛의 속도로만** 이동할 수 있다. 진공에서 느리게 움직이는 광자라는 것은 없다.

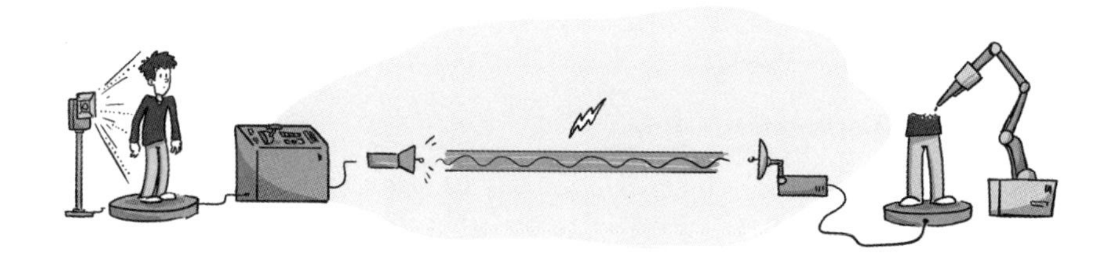

당신이 빛의 속도로 순간이동을 하는 기본적인 방법은 다음과 같다.

1단계: 몸을 스캔하여 모든 분자와 입자가 어디에 있는지 기록한다.
2단계: 이 정보를 광자 빔을 통해 목적지로 전송한다.
3단계: 이 정보를 수신한 다음 새로운 입자를 사용하여 신체를 재구성한다.

이런 일이 가능할까? 인간은 스캐닝과 3D 프린팅 기술 모두에서 놀라운 발전을 이루었다. 오늘날 자기공명영상MRI은 신체를 뇌세포 크기 정도인 0.1밀리미터 해상도까지 스캔할 수 있다. 또한 과학자들은 3D 프린터를 사용하여 점점 더 복잡한 구조의 살아 있는 세포 클러스터('오가노이드

organoid'라고 한다)를 인쇄한 후, 이를 활용해 항암제 테스트를 하고 있다. 심지어 우리는 스캐닝 터널링 현미경Scanning Tunneling Microscope이라는 기기를 만들어 개별 원자를 잡아 움직일 수 있는 수준까지 도달했다. 따라서 언젠가 우리가 사람의 전신을 스캔한 후 인쇄할 수 있을 것이라고 상상하는 것은 어렵지 않다.

오히려 진정한 한계는 기술적 문제가 아니라 철학적 문제일 수 있다. 누군가 당신의 복제본을 만든다면 실제로 그것이 당신일까?

우리 몸을 구성하는 입자들은 특별하지 않다는 점을 기억하자. 우주를 이루고 있는 기본 입자는 모두 동일하기 때문이다. 모든 전자는 다른 전자와 완벽하게 동일하며, 쿼크도 마찬가지로 모든 쿼크와 동일하다. 우주라는 공장에서 입자가 생산될 때 각 입자는 어떤 구별되는 개성이나 특징을 지니지 않는다. 임의의 두 개의 전자 또는 두 개의 쿼크 사이에 유일한 차이점은, 각 입자들이 어디에 위치하고 있고 다른 어떤 입자와 함께 있느냐이다.*

그렇다면 당신의 복제본은 얼마나 당신과 동일할까? 그것은 두 가지에 따라 달라질 것이다. 첫 번째는 당신을 스캔하고 인쇄하는 기술의 해상도이다. 당신을 구성하는 모든 세포를 읽고 동일하게 인쇄할 수 있을까? 당신의 분자, 원자, 심지어 개별 입자까지?

더 큰 문제는 '나'다움이란 것이 얼마나 사소하고 세부적인 것에 의존하는가이다. 당신의 복제본이 여전히 **당신**으로 여겨지려면 어느 정도의 상세함이 필요할까? 그것은 열린 질문이지만, 답해 보자면 당신의 자기 감각sense of self(자신이 어떤 사람인지 스스로 느끼고 이해하는 감각-옮긴이)이 얼마나 양자역학적인지에 따라 달라질 수 있다.

당신의 양자 복제본

당신의 충실한 복제본을 만들려면 얼마나 많은 정보를 기록해야 할까? 당신 몸의 모든 세포와 각 세포의 연결 위치와 종류를 아는 것으로 충분할까? 아니면 우리 몸을 구성하는 모든 분자의 위치와 움직임의 방향도 알아야 할까? 아니면 더 깊이 들어가 모든 입자의 양자 상태까지 기록해야 할까?

우리 몸의 모든 입자는 각각 양자 상태를 가지고 있다. 양자 상태는 입자가 어디에 있을 가능성이 높은지, 어떤 행동을 할 가능성이 높은지, 그리고 다른 입자와 얼마나 연결되어 있는지를 알려준다. 그렇지만 각 입자

---

* 실제로 전자는 양자장에 존재하는 작은 자립적 에너지 다발이 일정한 공간을 채우고 있는 것에 불과하다. 전자가 움직인다는 것은, 이전 위치에서 양자장의 웡웡거림이 멈추고 새로운 위치에서 양자장의 웡웡거림이 시작된다는 것을 의미한다. 따라서 양자 수준에서는 소립자의 모든 움직임을 순간이동으로 간주할 수 있다!

의 행동에 대해서는 단지 **확률적**으로만 말할 수 있기 때문에 항상 불확실성이 존재한다. 이런 양자적 불확실성이 당신을 **당신답게** 만드는 데 있어 중요한 부분일까? 아니면 미시적인 수준에서 일어나는 이런 일들은 기억이나 사물에 반응하는 방식과 같이 당신을 결정하는 중요한 요소에는 큰 영향을 미치지 않을까?

언뜻 보기에는 각각의 입자에 담긴 양자 정보가 당신이 누구인지를 결정하는 데 큰 영향을 미칠 것 같지는 않다. 예를 들어 우리의 기억과 반사 반응은 뉴런과 그것들이 연결되면서 저장되는데, 뉴런은 기본 소립자에 비해 크기가 매우 크다. 그 정도 크기에서는 양자 요동quantum fluctuation과 불확실성이 평균적으로 서로를 상쇄시키는 경향이 있다. 만약 우리 몸을 구성하는 입자 몇 개의 양자 값을 미묘하게 바꿔놓는다면 그 차이를 알 수 있을까?

이 질문의 답은 물리학책이 아니라 철학책에서 토론하는 것이 더 나을 수도 있다. 여기서 우리는 그 가능성만을 살펴보려 한다.

당신은 양자적이지 않다

입자의 양자 상태가 당신을 만드는 데 그다지 중요한 역할을 하는 것은 아니고, 세포나 분자의 배열 방식을 복제하는 것만으로도 당신처럼 생각하고 행동하는 복제본을 만들 수 있다는 것이 밝혀진다면, 당신이 순간이동을 하기는 **훨씬 쉬워질** 것이다. 당신의 다음 휴가에 좋은 소식이 될 것이다. 이것이 사실이라면 당신을 구성하는 모든 작은 조각들의 위치만 기록한 후, 다른 곳에서 똑같은 방식으로 다시 조립하면 되기 때문이다. 레고로 만든 집을 분해하더라도 집을 짓는 설명서를 다른 사람에게 보내 집을 다시 조립하면 되는 것과 같은 원리이다. 언젠가는 이런 일이 가능하도록 해줄 현대 기술은 착착 발전되고 있는 것 같다.

물론 이 과정이 당신의 모든 것을 매우 **정확하게** 복제하는 것은 아니다. 따라서 이런 복제 과정에서 무언가가 빠지는 것은 아닌지 궁금해할 수 있다. 이런 과정이 전체 사진을 JPEG 형태로 압축하여 이미지를 보내는 것과 유사할까? 다른 쪽에서 복제된 당신의 가장자리가 약간 선명하지 않게 나올 수도 있고, 당신과는 조금 다른 것처럼 느껴질 수도 있을 것이다. 복제의 충실도 면에서 얼마큼의 손실을 감내할 수 있을지는 당신이 얼마나 빨리 다른 항성계에 도달하고 싶은지에 달려 있다.

당신은 완전히 양자적이다

하지만 **당신다움**이 당신의 양자 정보에 달려 있다면 어떨까? 만약 당신이라는 마법, 즉 유일무이한 당신이라는 존재가 우리 몸에 있는 모든 입자의 양자적 불확실성으로부터 나온다면 어떨까? 약간 새로운 종류의 헛소리처럼 들리겠지만, 이런 경우는 철저하게 양자 단계까지 내려가야 한다. 그래야 순간이동 기계의 반대편에서 나오는 복제본이 당신과 **정확히** 동일하다는 것을 정말로 확신할 수 있을 것이다.

나쁜 소식은 이것이 순간이동 문제를 훨씬 더 어렵게 만든다는 것이다. 사실 양자역학과 관련된 것은 모든 것이 어렵지만, 양자 정보를 복사하겠다는 시도는 두 배로 **더 어렵다**.

물리학의 관점에서 볼 때, 입자의 모든 것을 한꺼번에 다 안다는 것은 기술적으로 불가능하다. 불확정성 원리에 따르면, 입자의 위치를 매우 정확하게 측정하면 속도를 알 수 없고, 속도를 정확히 측정하면 위치를 알 수 없기 때문이다. 이것은 단순히 알 수 없음의 문제가 아니라, 훨씬 더 복잡한 문제가 내포되어 있다. 진짜 문제는 위치와 속도에 대한 정보가 **동시에 존재하지 않는다**는 것이다! 모든 입자에는 불확실성이 내재하기 때문이다.

우리가 입자에 대해 알 수 있는 것은, 입자가 어느 곳에 있을지를 말해주는 **확률**뿐이다. 그러면 어떻게 원본과 동일한 확률을 지닌 양자 복제본을 만들 수 있을까?

양자 복제본 만들기

단일 입자의 양자 복제본을 만드는 문제에 대해 생각해 보자. 당신이 광속 순간이동 기계를 통해 지금의 자신과 완전히 동일한 복제본을 만들기를 원한다면, 이것이 거의 유일한 방법이기 때문이다.

입자를 양자 수준까지 복사한다는 것은 달리 말하면 입자의 양자 상태를 복제한다는 것과 같은 의미이다. 입자의 양자 상태에는 입자의 위치와 속도에 내포된 불확실성, 양자 스핀spin 또는 기타 양자역학과 관련된 속성이 포함된다. 이러한 양자 상태는 숫자라기보다는 확률의 집합에 가깝다.

하지만 문제는 단일 입자에서 양자 정보를 추출하려면 입자를 어떤 식으로든 조사해야 한다는 것이다. 그런 정보를 얻어내려면 어떤 식으로든 입자를 흔들어야 하기 때문이다. 단지 무언가를 **쳐다보는** 것에도 입자로부터 광자가 튕겨 나오는 과정이 포함되어 있다. 전자에 광자를 쏘면 전자의 양자 상태를 알아낼 수는 있겠지만, 동시에 전자를 뒤흔들어 놓게 된다. 이러한 현상은 우리가 똑똑하지 않거나 충분히 섬세한 조사 방법이 개발되지 않아서 일어나는 것이 아니다. 이른바 양자 '복제 불가 원리No-cloning theorem'는 원본을 파괴하지 않고는 양자 정보를 읽어내는 것이 **불가능하다**는 것을 우리에게 말해 준다.

그렇다면 보거나 만질 수도 없는 것을 어떻게 복사할 수 있을까? 쉽지는 않지만 한 가지 방법이 있기는 하다. 그것은 '양자 얽힘quantum entanglement'이라는 현상을 이용하는 것이다. 양자 얽힘은 두 입자의 상태함수 확률이 서로 연결되어 있다(즉 두 입자들이 멀리 떨어져 있어도 서로 영향을 주고받는다는 뜻-

옮긴이)는 일종의 기이한 양자 효과이다. 예를 들어 두 입자들이 서로 상호작용을 하고 서로의 스핀 방향이 무엇인지 모르지만, 한쪽의 스핀이 정해지면 다른 쪽의 스핀 방향이 반대로 정해지는 현상을 말한다. 이때 두 입자들은 서로 얽혀 있다고 말할 수 있다. 마찬가지로 이런 경우 한 입자의 스핀이 위쪽up이라는 것을 알아내면, 다른 입자의 스핀은 보지 않고도 아래쪽down임을 알 수 있다.

이 원리를 이용하여 두 입자들을 가져다 서로 얽히게 한 다음, 이 입자들을 마치 전화 팩스 선의 양쪽 끝처럼 사용하면 양자 순간이동이 가능하게 된다. 예를 들어 두 개의 전자들을 가져다 서로 얽히게 만든 다음, 그중 하나를 프록시마 센타우리로 보내는 것이다. 이 두 전자들은 당신이 복제 프로세스를 시작할 준비가 될 때까지는 각자의 위치에서 서로 얽힌 상태를 유지하고 있을 것이다.

여기서부터가 조금 복잡한데, 우선 이곳에 남아 있는 전자를 사용하여 당신이 복제하고 싶은 입자를 조사한다. 그리고 입자와 전자의 상호작용을 통해 얻은 정보를 프록시마 센타우리로 보낸다. 이후 그곳에 도착한 정보를 이용하면 여기 있는 입자의 정확한 양자 복제본을 만들 수 있게 된다.

놀랍게도, 단일 입자는 물론이고 소규모 입자 그룹도 이 같은 복제 작업을 진행한 바 있다.* 지금까지의 기록은 1,400킬로미터 떨어진 두 지점 사이에서 양자 복제를 한 것이다. 이 작업만으로는 아직 당신을 프록시마 센

---

* 양자 순간이동이 멋지기는 하지만, 이 역시 빛보다 빠른 속도로 이동할 수 없다. 당신이 관찰한 것을 빛의 속도로 전달되는 일반 통신을 사용하여 공유해야 하기 때문이다.

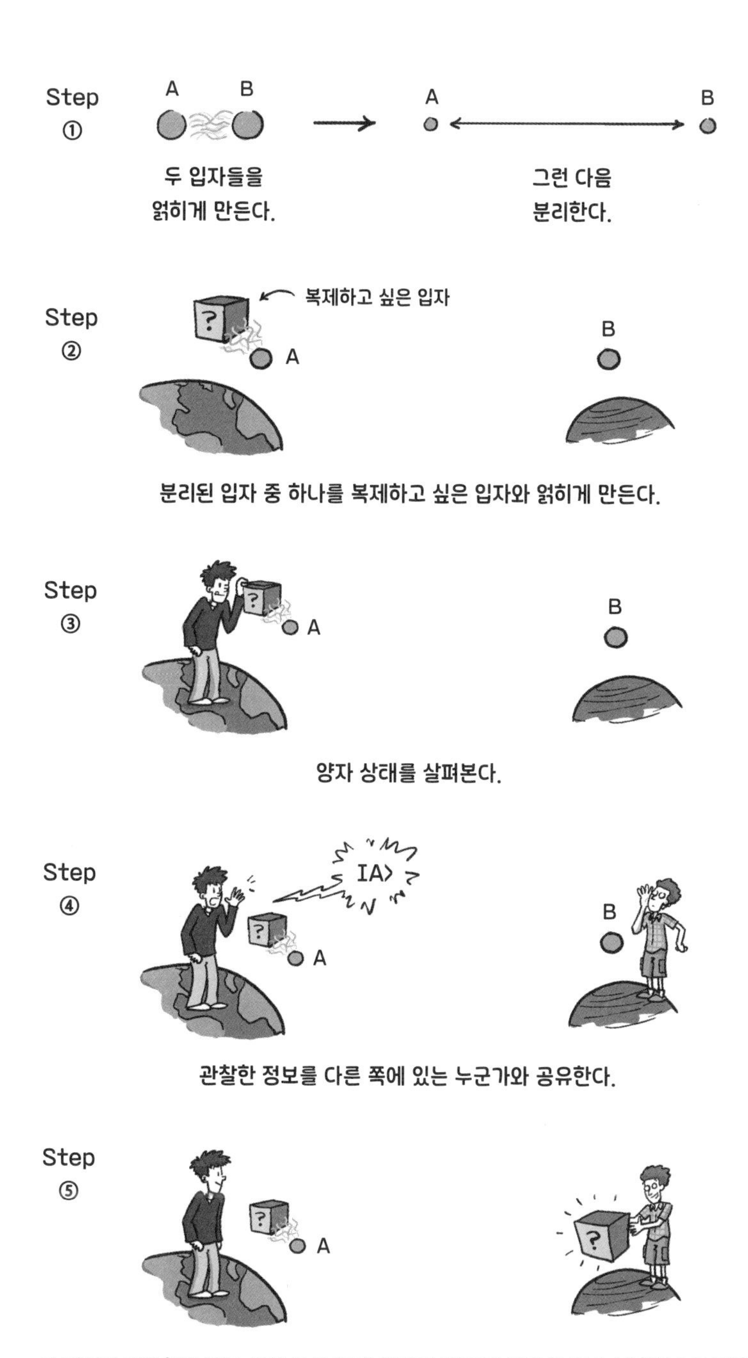

그 정보를 이용하여 다른 쪽에서 두 번째 입자를 첫 번째 입자의 양자 복제본으로 만든다.

타우리로 순간이동 시켜주지 못하겠지만, 어쨌든 우리는 이런 종류의 일을 이제 막 시작한 단계이다.

이 양자 복사기를 몇 개 입자 단위 이상의 규모로 확장하는 일은 쉽지 않다. 우리 몸에는 10^{26}개의 입자가 있어서, 우리 몸을 복제하려면 이 과정이 매우 빨라져야 한다. 어쨌든 여기서 중요한 점은 이런 복제 과정이 실제로도 **가능하다**는 것이다.

이와 같이 양자 재조립으로 만들어진 당신은 **정말** 당신일까? 아마도 가능한 수준에서 가장 충실하게 당신을 재현했다고는 말할 수 있을 것이다. 그것이 당신이 아니라면 누가 당신일까?

너무 많은 당신

순간이동 개념에서 잠재적으로 골치 아픈 문제가 될 수 있는 부분은 당신이 여러 명 만들어질 수 있다는 점이다. 완벽한 양자 정보를 복사하지 않고 낮은 정확도의 순간이동 기계로 당신을 복제하는 상황을 상상해 보자. 먼저, 당신의 신체를 스캔하여 그 정보를 프록시마 센타우리 행성으로 전송한다. 이때 동일한 정보를 그 근처의 또 다른 거주할 수 있는 행성인 로스Ross 128 b로 전송할 뿐만 아니라 계속해서 다른 여러 행성으로도 정보를 전송할 수 있다. 한편 멀리까지 보낼 필요 없이 여기에서도 당신의 복제본을 만들 수 있다. 그들이 원본의 정확한 양자 복제본은 아닐 수도 있지만, 온갖 종류의 도덕적, 윤리적 문제를 야기할 만큼 충분한 유사성을 갖고는 있을 것이다.

다행히도, 양자 복사 원리를 이용하는 순간이동 기계는 한 가지 장점이

있다. 양자역학 원리에 의해 복사하는 과정에서 필연적으로 원본 정보가 파괴된다는 점이다. 기술이 어떤 방식으로 작동하든 스캔 과정에서 원본의 모든 양자 정보는 필연적으로 뒤죽박죽되고 파괴될 수밖에 없다. 당신이 전송한 사본은 뒤죽박죽되어 남아 있는 원본의 유일한 사본이 되는 것이다.

빔으로 전송, 완료

요약하자면, 눈 깜짝할 사이에 어딘가로 이동한다는 아이디어는 분명히 가능하다. 당신이 빛의 속도 정도의 전송 지연쯤은 견딜 수 있고, 스캔하고 재조립한 당신의 모습을 진짜 자신으로 받아들일 수만 있다면 순간이동은 머지않은 미래에 실현될 수 있을 것이다.

여기서 우리는 한 가지 중요한 주의 사항을 잊었다. 이 장에서 설명한

대로 다른 행성으로 순간이동을 하려면 반대편 행성에서 신호를 수신하고 나를 재구성할 기계가 있어야 한다. 다시 말해 당신을 순간이동 시키려면 누군가는 먼저 구식 방법으로 그 행성에 가 있어야 한다. 그것도 지루한 여행을 통해서 말이다.

반대편 행성에 갈 지원자 있는가?

7

우주 어딘가에 또 다른 지구가 있을까?

여분을 가지고 있는 것은 언제든 좋은 일이다.

직장에서 바지에 커피를 흘렸는가? 그러면 책상 서랍에 넣어둔 여분의 바지 한 벌을 꺼내 입으면 된다. 잠자리에 들기 직전에 아이가 특별히 좋아하는 동물 인형을 잃어버렸는가? 하지만 지난번 이케아IKEA에 갔을 때 똑같은 인형을 다섯 개나 구입해 두었으니 다행이라고 생각할 것이다.

이 미친 무작위적 우주에서의 삶은 전혀 예측할 수 없으므로 중요한 것은 항상 여분을 가지고 있는 것이 좋다. 그리고 중요한 것일수록 백업에 더 많은 노력을 기울여야 한다. 그렇지 않은가? 그런 의미에서 많은 청취자들이 우주 어딘가에 지구를 백업할 또 다른 행성이 있는지 묻는 편지를 보내는 것은 그리 놀라운 일도 아니다. 혹시 무슨 일이 생길지 모르니까 말이다.

청취자 밥으로부터

프로그램 너무 잘 듣고 있어요. 제가 땅에 커피를 쏟았는데요. 우리에게 여분의 지구가 또 있을까요?

물론 커피를 흘렸다고 해서 인류 문명 전체를 다른 행성으로 옮길 필요는 없다. 하지만 여전히 일리 있는 지적이다. 우리에게는 새로운 행성이 필요한 많은 현실적인 이유가 있기 때문이다.

예를 들어 지구를 멸망시킬 만큼 거대한 소행성이 지구로 향하고 있는 것을 알게 된다면 어떨까? 아니면 우리를 쫓아다니며 청소하는 데 지친 로봇 청소기가 인간을 지배한 후, 인간을 쫓아내기로 결정한다면 어떨까? 또는 지구 근처에서 초신성이 폭발하고 거기서 나온 치명적인 방사능이 지구의 모든 것을 파괴하고 인류도 멸종시킨다면 어떻게 될까? 분명히 우리가 집이라고 부를 수 있는 또 다른 행성을 갖는 것은 좋은 생각임에 틀림없다. 그렇지 않으면 우리는 말 그대로 모든 계란을 한 바구니에 넣고 있는 셈이 된다.

하지만 제2의 지구를 찾는 것은 쉬운 일일까? 우리가 아주 운이 좋은 지구를 만난 것일까, 아니면 우주에는 지구 외에도 아늑하고 살기 좋은 행성이 많이 있을까? 우리에게 새집을 찾을 돈이 있다고 가정하고 궁극의 집 찾기 미션을 수행해 보자.

우리의 우주 이웃

책상 서랍에 여분의 바지를 보관하는 사람(그렇지 않은 사람이 있는가?)은 자신이 그런 행동을 할 만한 이유가 있다는 것을 알고 있다. 바지가 필요한 일이 생기면 바로 입을 수 있도록 가까이에 여분의 바지를 두고 싶기 때문이다. 마찬가지로 우리가 살 수 있는 행성도 우리 태양계 내에서 찾을 수 있다면 가장 좋을 것이다. 지구에 무슨 일이 생기려 할 때 바로 근처에 있는 새집으로 이사를 갈 수 있다면 수백 년이나 걸리는 우주여행을 위해 짐을 꾸리는 수고를 할 필요가 없기 때문이다.

하지만 불행히도 우리 태양계에는 좋은 선택지가 별로 없다.

가장 가까운 이웃인 금성부터 시작해 보겠다. 금성은 거의 희망이 없는

행성이다. 금성의 표면 온도는 섭씨 462도 이상이며, 대기압은 지구보다 90배나 높다. 결론적으로, 지구에 재난이 발생했을 때 금성은 좋은 대비책이 아니다.

우리의 또 다른 가까운 이웃은 화성이다. 화성은 아름다운 행성이다. 화성은 흐린 날의 애리조나 사막과 비슷해 보인다. 하지만 화성 역시 우리가 살기에 그리 좋은 환경은 아니다. 과학자들은 화성에도 한때 지구처럼 행성 전체에 자기장이 있었지만 어느 순간 사라졌다고 본다. 그 이유는 확실하지 않지만 아마도 용융 상태이던 화성의 핵이 식었기 때문이라고 생각한다. 행성의 자기장이 얼마나 중요한지 아는 사람은 많지 않다. 자기장은 기본적으로 태양의 치명적인 태양풍으로부터 우리를 보호하는 힘의 장force field 역할을 한다. 자기장이 없으면 치명적인 방사선에 피폭될 뿐만 아니라 행성의 대기가 날아가 버리는 매우 심각한 문제가 발생한다. 행성에 대기가 없으면 태양열을 유지할 수 없으므로 행성은 **매우 추워진다**. 지구에 일어날 수 있는 최악의 시나리오 중 하나가 바로 화성처럼 되는 것이다.

이 두 행성을 제외하더라도 상황은 더 나아지지 않는다. 금성 앞에 있는 수성의 경우 상황이 더 나쁘기 때문이다. 수성은 태양에서 불과 5,700만 킬로미터 떨어져 있고 자전도 거의 하지 않는다. 따라서 한쪽 면은 항상

바삭하게 튀겨져 있는 상태이고, 다른 한쪽 면은 항상 꽁꽁 얼어붙어 있다고 보면 된다. 비유하자면 알래스카를 구운 것과 비슷한 행성이라고 할 수 있다. 디저트로는 좋을지 모르겠지만 수십억 명의 우주 난민을 수용하기에는 좋지 않다.

그렇다면 태양으로부터 멀리 떨어진 곳에서 대체 행성을 찾으면 어떨까? 그래도 우리의 선택지는 크게 나아지지 않는다.

화성 너머의 행성들은 너무 어둡거나 가스가 많거나, 또는 얼어붙어 있기 때문이다.

목성과 토성은 기본적으로 거대한 가스 덩어리이다. 수소와 헬륨이 대부분인 이 행성들의 대기에서 살아남을 수 있다고 해도 그곳에는 당신이 서 있을 땅이 없다. 이들 행성의 핵은 행성 내부 깊숙한 곳에서 엄청난 압력을 받고 있으며, 대부분 금속 상태의 수소로 핵이 이루어져 있다.

태양에서 가장 먼 행성인 해왕성과 천왕성으로 이주하는 것 역시 간단한 일이 아니다. 이 행성들은 '얼음 거인ice giants'이라고 불리는데, 한마디로 거대한 얼음덩어리 행성이다. 이 두 행성 중 한 곳으로 이사하는 것은 마치 남극에 여름 별장을 짓는 것과 같다.

해왕성과 천왕성을 지나가는 작은 천체들의 궤도를 관찰하던 일부 과학자들은 그곳에서 이상한 패턴을 발견했다. 그 후로 과학자들은 그곳에 또 다른 행성이 숨겨져 있을지도 모른다고 생각하고 있다. 과학자들은 그것을 '행성 X'라고 부른다. 하지만 그것이 행성이라 하더라도(다른 과학자들은 암흑 물질 덩어리 또는 빅뱅 때 생겨난 블랙홀일 수도 있다고 생각한다), 결론적으로 우리가 살기에는 너무 추울 것이다.

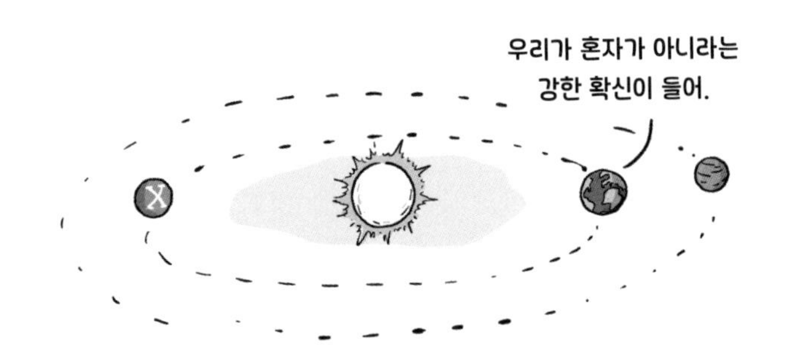

그렇다면 태양계에 있는 **많은 달** 가운데 하나로 이주하는 것은 어떨까? 우리가 살 수 있을 정도의 알맞은 크기의 달이 있을까? 목성과 토성은 워낙 커서 이 행성들이 거느리고 있는 위성들 중 일부는 다른 행성만큼이나 크다. 하지만 안타깝게도 이 위성들 대부분 역시 얼어붙어 있는 상태이다. 목성에는 뜨거운 화산이 있는 위성인 이오[10]가 있다. 하지만 이오에 간다면 우리는 얼어붙은 지표면(섭씨 -130도, 즉 화씨 -202도)과 불타는 화산(섭씨 1,650도, 즉 화씨 3,000도) 중 어디에서 살 것인지 선택해야 한다. 이오에서 행복한 중간이란 없다.

이렇듯 우리가 우주에서 두 번째 집을 찾고자 한다면 이곳 태양계에는 좋은 선택지가 없어 보인다. 부동산을 구매하는 상황에 비유하자면, 지구는 그다지 바람직하지 않은 상황에 처해 있다. 이 우주 근처에서 이미 지구라는 가장 좋은 집에 살고 있기 때문이다. 따라서 지구의 이웃 행성이 아니라 저 멀리 우주에 있는 다른 행성에서 제2의 집을 찾아봐야 할 때다.

태양계 너머의 행성

오랫동안 우리는 태양계 밖에 행성이 많은지, 또는 태양만이 행성을 가진 유일한 별인지 알지 못했다. 플라톤으로부터 시작하여 뉴턴, 갈릴레오, 아인슈타인, 파인만Richard Feynman 등 역사상 위대한 사상가들은 모두 이 질문의 답을 구하기 위해 하늘을 올려다봤다. 하지만 안타깝게도 그들 모두 해답을 알지 못한 채 세상을 떠났고, 우리도 확실히 그 답을 알게 된 것은 약 20년밖에 되지 않았다.

잠시 당신이 얼마나 운이 좋은지 생각해 보기 바란다. 당신은 우주 바깥에 무엇이 있는지 확실하게 알아가고 있는 지금 이 시대에 살고 있기 때문이다. 오늘날 인간은 다른 별 주위에 행성이 있는지를 탐지하고, 심지어 그 행성을 눈으로 **볼 수도 있다**. 그 결과 오래도록 우리가 묻던 질문의 답을 찾게 되었다. 우주 바깥에는 **많은 행성**이, 그것도 수많은 행성이 있다는 사실이다.

수천 년 동안 우리 인간은 지구가 우주에서 유일한 행성이라고 생각해 왔다. 지구 외에 다른 행성이 존재할 수 있다고 생각하기까지 아주 오랜 시간이 걸렸다. 이런 생각을 최초로 언급한 것은 고대 바빌로니아인들이었다. 그들은 당시 우주에 목성을 포함하여 여섯 개의 행성이 존재한다는 것을 알고 있었다. 바빌로니아인들은 이미 3000년 전에 이 행성들의 움직임을 기록한 점토판을 남기기도 했다. 하지만 그로부터 망원경이 발명될 때까지 오랜 세월 동안 천체 연구에 대한 발전은 매우 더뎠다.

망원경을 통해 별을 연구할 수 있게 된 초기 과학자들은 별들이 우리 태양과 얼마나 비슷한지 더 명확하게 알 수 있었다. 그리고 우리 태양 주위로 행성이 그렇게 많다면 다른 별들 역시 같은 행성을 가지고 있을 것이라고 생각했다. 우리 은하계의 거대한 크기와 그 안에 엄청난 수의 별이 있다는 사실을 알기 시작하면서, 이곳 은하계에 존재할 수 있는 행성의 수는 폭발적으로 증가했다. 천문학자들은 우리 은하계에만 수천억 개에 달하는 행성이 존재할 수 있다는 사실을 알게 되었다.

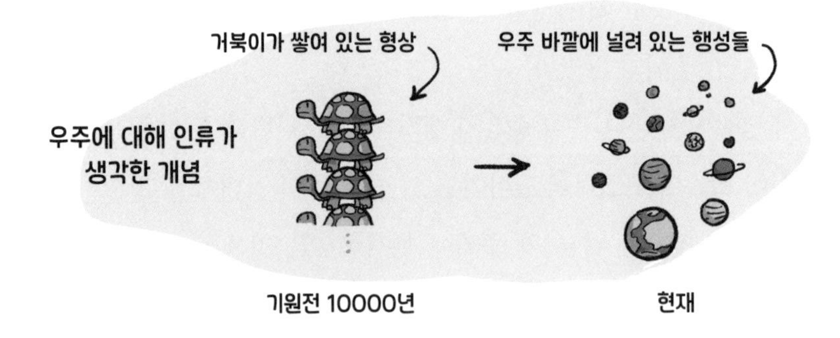

그러던 중 1995년에 이르러 과학자들은 마침내 이 행성들의 존재를 확인할 수 있었다. 별에서 나오는 빛의 주파수가 어떻게 변하는지 관찰함으로써, 그 별이 주위를 공전하는 행성에 끌려다니는지 혹은 그렇지 않은지를 알아낸 것이다. 이것은 그야말로 기념비적 성과였다. 실제로 행성을 직접 보지 않고도 별 주위에 행성이 존재하는지 여부를 확인할 수 있게 되었기 때문이다. 그 어려운 것을 과학자들이 해낸 것이다.

2002년에는 행성을 탐지하는 또 다른 영리한 방법이 발견되었다. 별 주위를 공전하는 행성이 있다면, 그 행성이 우리와 별 사이를 지나갈 때

행성 탐지 기술

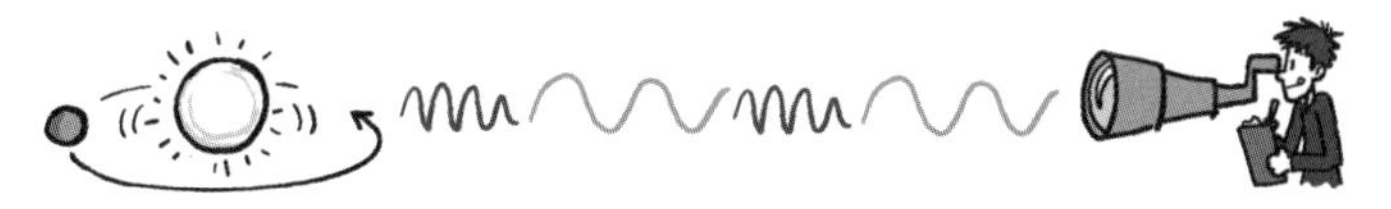

별의 꿈틀대는 움직임을 측정한다.

별의 밝기가 살짝 어두워지는 것을 측정한다.

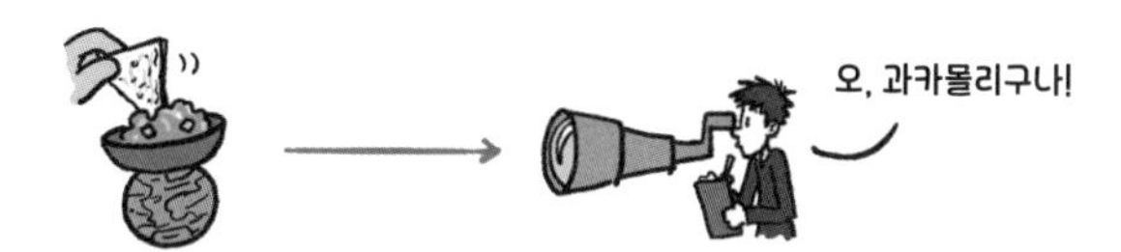

나초를 소스에 찍은 다음 좌우로 흔들어본다.

별빛이 살짝 어두워지는 것을 알게 된 것이다. 그때 행성이 순간적으로 우리의 시야를 가리기 때문이다. 이것이 실제로 케플러 망원경이 지난 몇 년 동안 해온 일이다. 즉 수천 개의 별 사진을 찍어서 별빛이 어두워지는지 여부를 관찰함으로써 어떤 별에 행성이 있는지 찾는 것이 케플러 망원경의 일이었다.

다른 별 주위를 돌고 있는 행성의 모습을 직접 눈으로 볼 수 있는 기술도 발전했다. 별은 너무도 멀리 떨어져 있는 데다, 그 주위를 공전하는 행성에 비해 별이 너무 밝기 때문에 지금까지 그 광경을 눈으로 본다는 것은 불가능한 일이었다. 멀리 떨어진 별 주위를 도는 행성의 모습을 본다는 것은, 마치 로스앤젤레스 정도의 거리에서 뉴욕의 거대한 등대 옆에 있는 작은 촛불을 관찰하는 것과 비슷한 일이기 때문이다. 이런 일을 우리 천문학자들이 해냈다. 흐릿하기는 하지만 별 주위를 도는 행성의 실제 사진을 손에 넣을 수 있게 된 것이다.

이 모든 기술 덕분에 다른 행성을 탐지하는 우리의 능력은 폭발적으로 발전했다. 우리 태양계에 아홉 개의 행성이 있다는 것을 알던 수준에서 현재는 수천 개의 다른 은하계 행성에 대한 데이터를 갖게 되었다.

그것으로부터 우리가 배운 것은 실제로 우주는 행성으로 **바글바글하다**는 것이다. 우리 은하계에만 수천억 개의 행성이 있는 것으로 여겨지고 있다. 밤하늘에 보이는 모든 별을 상상한 다음, 그 별들 각각의 주위를 돌고 있는 여러 개의 행성을 생각해 보라.

이 모든 것은 우리가 제2의 지구를 찾을 때 많은 선택지가 있을 것이라고 생각하게 할 수 있다. 하지만 실제로 우리가 살 수 있는 행성이 몇 개나 될까? 그중 현재 우리가 사는 지구만큼이나 아늑하고 편안한 행성이 있을 가능성은 얼마나 될까?

살기 좋은 행성 찾기

자, 이제 당신이 이삿짐을 싸서 다른 행성에 정착하는 수고를 감수할 각오가 되었다면 이사 업체에 전화하기 전에 먼저 확인해야 할 몇 가지 사항이 있다. 이주할 행성에 도착했는데, 모든 사람이 사용할 수 있을 만큼 충분한 화장실이 없다는 사실을 알고 싶지는 않을 것이기 때문이다. 다음은 이사 갈 행성을 고를 때 확인해야 할 사항을 정리한 목록이다.

근접성

하나의 별은 평균적으로 약 10개의 행성을 가지고 있다고 알려져 있다. 이 경우 우주에는 수조 개의 수조 배에 이르는 수만큼의 행성이 존재하게 된다. 만약 우주가 무한하다면 **무한대**의 행성이 우주에 존재할 것이다. 하지만 현실적으로 생각해서 우리가 그중 얼마나 많은 행성에 갈 수 있을까? 지구와 가장 가까운 은하(안드로메다)는 약 250만 광년 떨어져 있다. 예컨대 당신의 아이들과 함께 250만 년 동안 차 안에 앉아 있고 싶지 않다면, 10만 광년 너비인 우리 은하계에 있는 행성들로만 선택의 폭을 좁히는 것이 좋을 것이다.

암석

만약 당신이 많은 행성을 공개하는 오픈 하우스에 간다면, 기본적으로 암석이 있는 행성과 암석이 없는 행성의 두 가지 모델로 나누어진다는 것을 알게 될 것이다. 암석 행성은 당연히 대부분 암석으로 구성되어 있으며, 서서 걸어 다닐 수 있는 점 등의 여러 가지 장점이 있다. 또 다른 종류의 행성은 가스 행성으로, 나이가 수백 년밖에 되지 않았고 지구 정도의 크기에 격렬한 폭풍우가 몰아친다는 점 등의 흥미를 끌 만한 요소들이 있다.

하지만 가스 행성에는 기본적인 편의시설이 부족하다는 단점이 있다. 우주선을 착륙시킬 장소는 물론이고, 걸어 다닐 땅이 아예 없기 때문이다.

그렇다면 암석 행성은 몇 개나 있을까? 다행스럽게도 많다! 과학자들은 은하계 별들 대부분이 평균적으로 적어도 하나의 암석 행성을 가지고 있다는 것을 알아냈다. 단단한 땅 위에 집을 짓는 것을 좋아하는 사람들에게는 희소식이다. 이는 우리 은하계에만 적어도 약 1,000억 개의 암석 행성이 있음을 의미하기 때문이다. 암석 행성의 크기는 지구만 한 크기부터 슈퍼지구 크기(지구의 최대 15배)까지 다양하다.

골디락스 존(생명체 거주 가능 영역)

제2의 고향이 될 행성들이 갖춰야 할 모든 조건을 놓고 고민하기 전에, 우주 밖 암석 행성을 무작위로 골랐을 때 그곳에서 사는 생활이 어떨지 좀 더 깊이 생각해 보자. 어떤 행성은 그것이 속한 항성과 너무 가까워서 작렬하는 복사열에 의해 수성처럼 바삭하게 튀겨질 수도 있다. 반면 항성으로부터 너무 먼 궤도를 돌고 있는 행성은 어떤가? 만약 그 행성에서 태양을 올려다보면, 태양은 생명 없이 얼어붙은 그 바위 행성을 멀리서 비추는 여느 별처럼 보일 것이다.

따라서 당신이 살 행성을 고르려면 태양과 너무 가깝지도 않고 너무 멀지도 않아야 한다. 그래야 행성이 너무 뜨거워지거나 추워지는 것을 피할 수 있다. 과학자들은 이 최고의 부동산 지역을 이른바 '골디락스 존Goldilocks zone'이라고 부른다. 흥미로운 사실은, 골디락스 존이 모든 별에서 동일하지 않다는 것이다. 매우 뜨거운 거대한 항성의 경우 생명이 사는 데 안락한 거리는 항성으로부터 매우 멀어야 할 것이다. 반면 차갑고 희미한 항성의 경우 얼어붙지 않으려면 항성에 훨씬 가깝게 다가가야 할 것이다. 일반적으로 은하계 별의 대부분(약 70퍼센트)은 태양보다 작고 훨씬 어두운 종류('M 왜소항성dwarf star'이라고 한다)의 항성계에 속한다.

놀랍게도, 골디락스 존에 있는 행성만으로 선택의 폭을 줄인다 해도 우리가 식민지화할 수 있는 행성의 수는 반 정도밖에 줄지 않는다. 암석 행성들 대부분은 어쨌든 별에서 가깝게 돌고 있기 때문이다.

대기

이제 어떤 행성을 골라야 하는지 쉬워 보이지 않는가? 이번에는 새로 이사 간 행성에서 기분 좋게 수영장에 누워 심호흡하는 장면을 상상해 보자.

잠깐만, 그러고 보니 행성에 대기가 있는지 확인하는 것을 깜빡했다.

우리는 이곳 지구에서 공기를 마시며 살고 있다는 것에 익숙한 나머지 종종 우리가 얼마나 운이 좋은지 잊어버리곤 한다. 우리 같은 생명체가 살 수 있게 해주는 초박막 대기층이 모든 행성에 있는 것은 아니기 때문이다. 대기는 만들어지기도 어렵지만, 일단 만들어지더라도 너무 쉽게 사라진다. 지구 대기의 대부분은 지구 탄생 초기에 화산 폭발로 인해 만들어진 것이다. 비유하자면 우리가 숨 쉬는 공기는 지구의 지질학적 소화불량에 따른 결과물이라고 생각하면 된다. 하지만 모든 행성이 이런 과정을 거쳐 대기가 형성되는 것은 아니다. 설령 행성이 지질학적 트림을 내뿜는다 해도 그대로 우주로 날아가 버리는 경우가 많기 때문이다. 값싼 천막을 날려버리는 바람처럼 우주로부터 날아온 방사선(대개 태양으로부터 온다)이 끊임없이 행성의 대기를 날려버리려 하기 때문이다.

그렇다면 우리는 어떻게 멀리 떨어진 골디락스 존의 암석 행성에 대기가 있는지 알 수 있을까? 엄청난 거리를 이동하여 행성에 도착했는데 숨을 쉴 수 없음을 알게 된다면 매우 실망스러울 것이다. 다행히 과학자들은 멀리 떨어진 행성에 대기가 있는지 확인하는 방법을 알아냈다. 대기라는 것이 눈으로 볼 때는 매우 희미한 데다가 픽셀 단위 정도로만 식별할 수 있기 때문에 멀리 있는 행성에 대기가 있는지 알아내는 것은 거의 불가능한 일이었다. 하지만 다시 한번 그 비밀은 빛에 있었다.

행성이 별의 앞을 지날 때는 별이 내는 빛의 일부를 가린다. 이때 빛의 아주 일부가 행성의 대기를 통과하게 되는데, 이 경우 빛의 색이 변하는 현상이 발생한다. 지구의 일몰이나 일출이 태양 빛을 더 붉게 보이게 하는 것과 같은 원리이다. 마찬가지로 다른 별 주변을 도는 행성에서의 일몰과

일출 때 관찰되는 빛의 색으로 그 행성의 대기가 신선한지, 아니면 산acid으로 가득 차 있어서 우리 폐를 녹일지에 관한 단서도 얻을 수 있다.

놀라운 것은, 이런 빛의 색을 통해 멀리 있는 일부 행성의 날씨도 알 수 있다는 점이다. 행성이 별을 돌 때 대기가 어떻게 변화하는지를 살펴봄으로써 그 행성에서의 기류와 온도 같은 것을 유추할 수 있다. 이런 방법은 실제로 효과가 있다! 이 방식으로 우리는 대기가 있는 원거리 행성들을 발견해 왔다. 최근 천문학자들은 약 120광년 떨어진 곳에서 수증기가 보여주는 특징적 빛 신호를 가진 미니 해왕성('넵투니토Neptunito'라고 불러도 될까?)을 발견했다. 대기 중에 물이 있다는 것은 지표면에 물이 있을 수 있고, 심지어 바다도 있을지 모른다는 뜻이다. 그러니 이 행성에 갈 때는 꼭 수영복을 챙기기 바란다!

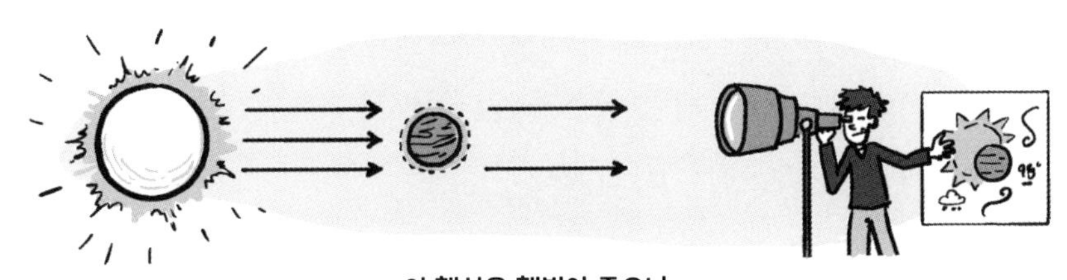

이 행성은 햇빛이 좋으니,
인간들이 들이닥칠 것으로 보입니다.

물론 우리가 원하는 것은 따뜻한 담요 역할만 하는 대기가 아니라 숨쉬면서 살 수 있는 대기이기를 원한다. 새집에서의 대기가 지구 대기처럼 신선한 공기 성분을 모두 가지고 있다면 정말 좋을 것이다. 하지만 안타깝게도 산소가 호흡할 수 있는 형태(O_2)로 존재하는 것은 우주에서 매우 드문 일이다. 지구에 산소가 존재하게 된 것은 그동안 수많은 미생물이 광합

성을 할 수 있게 진화했고, 그 부산물로 산소를 생산했기 때문이다. 지구에서 이런 과정이 일어나기까지는 수십억 년이 걸렸다. 하지만 우리가 새 집으로 이사하면서 그 정도의 기나긴 시간을 기다릴 수는 없다. 이는 우리가 새로운 보금자리를 찾으려면 10억 년 전에 이미 이런 과정이 시작된 행성을 찾아야 한다는 뜻이다. 그렇기 때문에 생명체(즉 미생물)가 이미 존재하는 행성을 찾아야만 한다. 이것은 우리가 지구에서 집을 찾을 때와는 정반대이다. 지구에서는 아무도 박테리아로 가득 찬 집을 사고 싶어 하지 않기 때문이다. 그러나 우리가 이주할 두 번째 행성은 박테리아가 점령한 곳으로 찾게 되기를 희망해 본다!

인류의 이주는 가능할까?

요약하자면, 우리가 살기 위한 좋은 대체 행성을 찾으려면 단순하게 골디락스 존만 고려해서는 안 된다는 것이다. 더 까다롭게 골라야 한다. 우리 은하계에는 아늑한 골디락스 존에 속한 암석 행성이 수십억 개는 된다고 알려져 있다. 하지만 그중에서 우리를 보호해 줄 대기와 숨 쉴 수 있는 산소를 만들 수 있는 박테리아가 있는 행성은 몇 개나 될까? 외계 우주에서 대기와 생명체를 찾는 과학은 매우 새로운 학문이기 때문에, 아직은 이런 조건을 갖춘 행성의 수를 제대로 추정해서 말할 수 있는 단계는 아니다. 하지만 대기가 있는 행성 몇 개는 발견되었고, 심지어 생명체의 흔적이 있는 행성도 발견되었다는 사실은 이런 일이 전혀 불가능한 것은 아니라는 점을 시사한다.

아늑하고 지구와 유사한 환경을 갖춘 행성이 우주 어딘가에는 존재할 수도 있을 것이다. 하지만 여전히 남는 의문은 우리가 과연 그곳까지 갈 수 있을까 하는 것이다. 우리 은하계의 반대편에서 완벽한 또 다른 지구를 발견했다 하더라도, 우리는 10만 광년이라는 엄청난 거리를 여행해야 한다. 우리가 그렇게 멀리까지 여행할 수 있을지, 또 우주에서 그렇게 오래 살아남을 수 있을지도 미지수이다.

따라서 워프 드라이브warp drive (워프 엔진을 이용하여 우주에서 빛보다 빠르게 이동하는 방법-옮긴이)나 웜홀이 현실화될 때까지는 당신의 로봇 청소기를 잘 감시하고, 제발 커피는 흘리지 말기를 바란다.

8 우리의 성간 여행을 방해하는 것은 무엇인가?

별을 여행하는 것은 **정말 신나는** 일일 것이다. 우리는 "별을 향해!"라는 문구를 쓰는 것만으로도 흥분이 된다. 마침내 지구라는 작은 행성 감옥에서 벗어나 우주를 탐험하는 것은 인류에게는 커다란 이정표가 될 것이다.

인류의 버킷 리스트

스마트폰 발명하기

11편의 스타워즈 영화 만들기

다른 별로 여행하기

인류 역사 내내 우리는 우주의 한구석에 갇혀 있었다. 지구에 태어나 현재 땅을 밟고 사는 수십억 명의 인류는 달을 밟았던 12명의 우주비행사들을 제외하고는 모두 이 작은 바위로 된 집에 갇혀 있다.* 지구의 중력을 벗어났던 이 12명의 우주비행사들도 이웃 우주를 탐험하는 것이 쉬운 일은 아니었다. 그렇지만 달로 가는 이 짧은 여행은 넓은 은하계적 관점에서 볼 때 집에서 차고로 가는 정도로 비유할 수 있을 것이다.

우리는 아직 우주 저편에 탐험하고 경험해야 할 것이 훨씬 더 많다는 것을 알고 있다.

망원경은 우리에게 우주를 넓고 멀리 바라볼 수 있는 기회를 주었다. 이 망원경 덕분에 멀리 떨어진 별과 은하를 볼 수 있게 되었으며, 더불어 그것들의 수가 무수히 많다는 것도 알았다. 심지어 별을 공전하는 **다른 행성**의 이미지와 함께 그곳에서의 삶은 어떤 모습일지에 대한 힌트도 얻을 수 있었다. 그로 인해 우리 모두의 내면에 숨어 있던 모험심은 호기심으로 활

* 이 글을 쓰는 현재 12명의 달 탐사자 중 4명만이 살아 있다. 따라서 독자 여러분이 지구를 벗어날 확률은 약 1,000억분의 4이다.

활 불타게 되었다. 저 행성들은 실제로는 어떨까? 인류의 잠재적인 미래 거주지가 될 수 있을까? 우주의 깊은 비밀을 우리와 공유할 수 있는 외계인이 그곳에 살고 있을까? 만약 우리가 별을 여행할 수 있게 된다면, 이 모든 질문은 물론이고 그 이상의 질문에 대해서도 답할 수 있을 것이다.

하지만 엄연한 사실은 아직 우리가 태양계도 벗어나지 못했다는 것이다.* 정확히 어떤 것이 우리가 우주를 탐험하지 못하게 막는 것일까? 우리의 탐험을 막는 물리 법칙이 실제로 있는 것일까, 아니면 탐험에 필요한 기술을 아직 개발하지 못했기 때문일까? 이제부터 우리의 우주여행을 어려운 과제로 만드는 걸림돌이 무엇인지 살펴보자.

거대한 우주

이전 장에서 다루었듯이, 우주는 정말 정말 넓다. 그리고 우주 안에 있는 것들은 정말 서로 멀리 떨어져 있다. 우리와 가장 가까운 별인 프록시

* 보이저 1호 탐사선은 2012년에 태양계(더 정확한 용어로는 헬리오스피어Heliosphere이다)를 떠났다.

마 센타우리에 가려면 40조 킬로미터를 이동해야 한다. 이것은 대략적으로 우리 은하계에 속한 별들 사이의 평균 거리인 48조 킬로미터와 비슷한 수준이다. 이를 현실 세계에서의 비유로 말해 보자면, 지구는 상상할 수 없을 정도로 광활하고 텅 빈 바다 위에 떠 있는 작은 섬과 같고, 우리는 이 작은 섬에 갇혀 있는 것과 같다.

이렇게 먼 거리와 관련된 문제는 가로질러 가는 과정에서 어떤 어려움을 겪는 데 있지 않다. 오히려 우주 공간은 대부분 비어 있기 때문에 길을 가로막는 장애물은 많지 않다. 게다가 당신의 이동 속도를 떨어뜨릴 공기도 없다. 진짜 문제는 그 거리를 이동하는 데 걸리는 **시간**이다.

지금까지 인류가 만든 우주선이 도달했던 가장 빠른 속도(시속 4만 킬로미터)로 프록시마 센타우리까지 여행한다면, 10만 년이 넘는 시간이 걸린다. 적어도 이 속도보다는 빨라야 한다는 것은 분명해 보인다.

우리가 우주선의 속도를 광속의 10분의 1(시속 1억 킬로미터)까지만이라도 끌어올릴 수 있다면, 40년이 조금 넘는 시간이면 프록시마 센타우리까지 도달할 수 있을 것이다. 물론 휴가 여행으로 가기에는 너무 긴 시간이다. 하지만 영구적으로 그곳에 이주할 계획이라면 그만한 가치가 있을 수도 있다. 만약 우주선의 속도를 빛의 절반 속도까지 끌어올릴 수 있다면,

그곳에 도달하는 데 10년도 채 걸리지 않을 것이다.

하지만 프록시마 센타우리보다 **먼** 곳은 어떨까? 우리 은하계의 반대쪽을 방문하고 싶다면? 은하수의 너비는 1,000,000,000,000,000,000킬로미터이다. 따라서 광속의 절반으로 가면 약 20만 년이 걸리고, 광속의 4분의 3으로 가더라도 13만 3333년이 걸린다.

다행히도, 광속의 4분의 3에 도달하면 당신은 우주선 안에서 시간을 보내는 데 물리학의 도움을 조금 받을 수 있을 것이다. 이 속도에서는 상대성 효과가 눈에 띄게 나타나기 시작하기 때문이다. 그 정도로 빠른 속도로 이동할 수 있다면, 시간이 당신에게 조금 다르게 흐를 것이다. 우주선 앞의 공간이 압축됨에 따라 목적지까지 도착하는 데 더 적은 시간이 걸리는 것처럼 느껴지는 것이다. 광속의 99.999999퍼센트까지 속도가 올라가면 당신의 시계로 은하계 반대편까지 가는 데에는 30년밖에 걸리지 않는다. 이 정도만 해도 나쁘지 않다!*

---

* 물론 당신이 그곳에 도착할 때쯤이면, 지구에 남겨진 모든 사람은 이미 죽은 지 수만 년은 되었을 것이다.

여기서 가장 어려운 부분은 우주선을 그 놀라운 속도까지 끌어올리는 것이다. 그 과정은 엄청난 양의 에너지가 필요하다. 물리학 공식에 따르면 운동에너지는 mv^2에 비례하는데, 이때 m은 질량이고 v는 속도이다. 여기서 문제가 되는 것은 속도이다. 속도를 두 배(v^2)로 늘리려면 에너지가 네 배로 필요하기 때문이다. 식민지 개척에 충분한 승객과 장비를 실으려면 우주선의 무게가 수백만 킬로그램 정도는 될 것이다. 그 정도의 질량을 광속의 절반까지 가속하려면 **상상을 초월하는** 엄청난 에너지가 소요된다. 여기에 필요한 에너지는 대략 5경 메가줄megajoule(에너지 단위, 100만 줄)로 계산된다. 이것은 지구상의 모든 사람이 1년 동안 소비하는 에너지의 100배에 달할 정도로 엄청난 에너지이다.

그렇다면 이 에너지는 어디서 얻을 수 있으며, 더 중요한 것은 이 연료를 어떻게 가져갈 수 있을까?

이쑤시개 문제

우주여행에서 생기는 문제에 접근하는 한 가지 방법은 이른바 '이쑤시개 문제'를 생각해 보는 것이다. 여기서 이쑤시개 문제는 지구에서 프록시마 센타우리까지 이쑤시개로 다리를 만드는 방법을 말하는 것은 아니다. 한마디로 '어떻게 이쑤시개를 빛의 속도에 가깝게 가속할 수 있을까?' 하는 문제이다. 얼핏 듣기에는 그리 어려운 문제 같지는 않다. 이쑤시개는 아주 작은 물건에 불과한데 어렵다고 해봤자 얼마나 어려울까? 하지만 우주 공간에서 **이쑤시개를 가속하는 방법**은 당신이 생각하는 것보다 훨씬 까다롭다.

이쑤시개 문제

우주에서 물건을 밀기 위해 고려할 수 있는 가장 일반적인 해법은 로켓을 사용하는 것이다. 따라서 당신 역시 로켓으로 이쑤시개를 밀면 된다고 생각할 수도 있다. 하지만 이 방법은 더 큰 문제를 만든다. 로켓이 이쑤시개만 밀면 되는 것이 아니라, 로켓을 움직이는 데 필요한 모든 연료도 함께 끌고 가야 하기 때문이다. 연료를 많이 넣을수록 우주선은 더 무거워진다. 무거운 우주선에 추진력을 얻으려면 **더 많은** 연료가 필요하게 된다. 이런 악순환은 연료 자체를 밀기 위해 대부분의 연료가 사용될 때까지 계속된다. 계산상으로 이쑤시개 하나를 빛의 속도의 약 10퍼센트까지 가속시키려면 목성보다 큰 연료 탱크를 가진 로켓이 필요하다!

이쑤시개 문제 가운데 하나는, 로켓이 에너지 사용 측면에서 정말 비효율적이라는 점이다. 로켓 자체만 보면 재미있고 흥미진진한 물건이다(게다가 쉭쉭거리는 소리도 난다). 그렇지만 한 별에서 다른 별까지 이동하는 데는 좋은 방법이 아니다. 로켓 연료를 태운다는 것은 연료로 쓰인 물질의 화학 결합을 끊어내면서 에너지를 방출하는 것이다. 하지만 이렇게 우리가 이용하는 에너지는 연료 자체의 질량에 저장된 에너지의 극히 일부분이다.

우리는 $E=mc^2$이라는 공식으로 어떤 연료로부터 이론적으로 얼마나 많은 에너지를 추출할 수 있는지 알 수 있다. 연료를 태우는 것과 같은 화학적 연소로는 그중 약 0.0001퍼센트의 에너지만 사용할 수 있다. 로켓 연료를 태워 1줄의 에너지를 생성하려면 약 100만 줄의 질량이 필요한 셈이다.

더욱 효율적인 연료

기본적으로 19세기 기술이라고 할 수 있는 로켓 연료를 태우는 것보다 더 나은 방법은 없을까?

더 효율적인 연료를 찾을 수 있다면 이쑤시개 문제를 풀기는 더 쉬워질 것이다. 예를 들어 같은 무게에 더 많은 에너지를 제공하는 연료를 찾을 수 있다면, 이쑤시개를 가속하기 위해 그토록 큰 연료 탱크가 필요하지는 않을 것이다.

하지만 더 많은 에너지를 내는 연료는 다루기에 까다롭고, 잠재적으로 더 위험할 수 있다는 점을 기억해야 한다. 다음은 우리의 우주여행을 더 쉽게 만들어줄 수 있는 몇 가지 흥미로운 조건들이다.

핵

원자력은 원자 간 결합에 의해 저장된 에너지를 이용하는 것에서 더 나아가 원자핵 내부에 저장된 에너지까지 방출시키는 방법이다. 따라서 로켓 연료를 태우는 것보다 물질의 더 깊은 곳에 있는 에너지를 이용하는 방법이라고 할 수 있다. 하지만 우리가 말하고자 하는 것은 우주선에 원자로를 만들자는 얘기는 아니다. 그것보다는 우주선 뒤쪽에 **핵폭탄**을 장착한 다음, 이것을 터뜨리는 방식으로 우주여행을 하자는 것이다. 핵폭탄은 물질에 잠재된 에너지를 방출하는 데 훨씬 더 효율적인 방법이기 때문이다. 우주선 질량의 4분의 3이 핵폭탄으로 구성된 우주선을 만들어 핵폭탄을 하나씩 터뜨리면 광속의 10퍼센트까지는 쉽게 가속할 수 있을 것이다.

이 접근 방식은 가능성이 있어 보이지만, 몇 가지 난제가 있다. 첫째, 현재 우주에서 핵폭탄을 사용하는 것을 금지하는 국제 조약이 있다. 둘째, **많은 핵폭탄**이 필요하다. 장거리 성간 여행을 위해 필요한 물건을 가득 실

은 우주선에 요구되는 추진력을 얻으려면, 현재 지구에 있는 핵폭탄을 모두 합친 것의 약 200배에 해당하는 핵폭탄이 필요하다.

이온 드라이브

핵폭발의 충격파에 올라탄 채 우주를 횡단하는 것이 어려울 것 같다면, 더 깨끗하고 효율적인 선택지인 입자가속기(이른바 '이온 드라이브ion drive')를 생각해 볼 수 있다.

일반적으로 입자가속기는 과학적인 목적을 위해 사용된다. 그것은 입자를 가속시킨 뒤, 가속된 입자가 사물에 부딪힐 때 일어나는 일을 관찰하는 목적으로 사용되는 과학 설비이다.

하지만 입자가속기는 우주에서 추진력을 얻는 목적으로도 사용할 수 있다. 총에서 총알을 발사할 때와 마찬가지로 입자를 쏠 때 발생하는 약간의 반동을 이용하는 것이다. 이것을 우리는 운동량 보존의 법칙이라고 한다. 한쪽에서 운동량을 만들면 이것과 균형을 맞추기 위해 다른 방향으로도 운동량을 만들어야 한다는 것이다. 즉 총알(또는 입자)을 발사하는 것은 얼어붙어 미끄러운 호수에서 누군가를 반대 방향으로 미는 것과 같다. 이 경우 두 사람 모두 움직이게 된다.

이온 드라이브는 대형 입자가속기를 우주선 뒤쪽에 장착하여 입자를 발사하여 추진력을 얻는 우주선이라고 보면 된다. 전기에너지를 사용하여 전하를 띤 입자를 밀어내는 원리를 이용한다. 이것 역시 에너지를 속도로 전환하는 데 매우 효율적인 방법이다. 반면 이온 드라이브의 단점은 밀어내는 힘이 매우 약하다는 것이다. 입자를 사용하는 만큼 그에 따른 반동도 입자만큼이나 작다. 따라서 지구 표면에서 우주선을 발사할 때는 이온 드

라이브를 사용할 수 없다. 하지만 일단 우주에 나가면 충분히 오랜 시간 동안 우주선을 밀어줄 수 있을 것이고, 결국에는 우주선을 꽤 빠른 속도까지 가속시킬 수 있을 것이다.

이온 드라이브에서 해결해야 할 과제는 이온을 만들기 위해 전기에너지를 어떻게 얻을 것인가이다. 장거리 우주여행을 할 수 있을 만큼 충분한 전기에너지를 얻으려면 무거운 핵융합로나 거대한 태양 전지판이 필요하다. 이것은 결국 또다시 우주선의 질량을 증가시킴으로써 에너지 효율을 떨어뜨린다. 다행히도 입자물리학은 이 문제에 대해 다른 방식으로 가능성 있는 해답을 제시하고 있다.

반물질

이온 드라이브에 동력을 공급하려면 가능한 한 효율적인 에너지원이 필요하다. 그런 면에서 볼 때 질량을 **전부** 에너지로 변환하는 것보다 더 효율적인 것은 없다. 그 점이 바로 반물질antimatter이 가진 힘이다.

반물질은 공상과학 소설에 나오는 상상의 산물이 아니며, 엄연히 실제로 존재한다. 우리가 발견한 모든 종류의 입자는 그에 상응하는 반입자가 있다. 이를테면 전자는 반전자, 쿼크는 반쿼크, 양성자는 반양성자가 있

우주 드라마가 막장 드라마로 바뀌는 순간

다.* 반물질이 왜 존재하는지 풀리지 않는 수수께끼처럼 궁금하지만, 우리에게 더 중요한 것은 물질과 반물질이 만나면 어떤 일이 일어나는가이다.

반물질이 정상적인 종류의 물질과 부딪히면 둘 다 소멸하고, 그 과정에서 질량이 모두 에너지로 변환된다. 예를 들어 전자가 반전자를 만나면 광자, 즉 빛의 소립자로 변한다. 모든 물질-반물질 쌍도 마찬가지이다. 이런 에너지 전환 과정은 매우 효율적이어서 아주 소량이어도 반물질이 물질과 만나면 엄청난 에너지를 방출한다. 건포도가 반건포도(반입자로 만들어진 건포도)와 부딪힌다면 핵폭발보다 더 큰 에너지를 방출할 수도 있다.

이 같은 아이디어는 가능성이 있을지는 모르겠지만 매우 위험한 아이디어이다. 반물질로 만들어진 연료가 일반 물질로 구성된 우주선에 닿으면 우주선이 **폭발**할 수 있기 때문이다. 일반적으로 우주선에 동력을 공급할 때 우리에게 필요한 것은 잘 제어된 에너지의 방출이다. 우주선을 산산조각 낼 갑작스러운 폭발이 아니다. 또한 반물질을 가둬놓는 것은 자체로

---

* 중성미자neutrino가 별도의 반중성미자를 가지고 있는지, 아니면 자체로 반입자인지는 아직 확실하지 않다.

도 매우 어려운 일이다. 자기장을 사용하여 반물질을 가두는 것을 상상해 볼 수 있겠으나, 우주여행을 하는 동안 자기장이 오랫동안 작동하지 않는 경우도 충분히 발생할 수 있다. 단 한 번이라도 반물질이 누출되는 일이 발생하면 그것으로 끝이다.

반물질 연료의 또 다른 문제는 어디서 반물질을 구할 것인가를 알아내는 것이다. 현재 고에너지 입자가속기에서 입자 충돌을 통해 반물질을 생성할 수 있는 기술이 있기는 하지만 엄청난 비용이 든다. 유럽입자물리연구소CERN의 입자가속기에서는 매년 피코그램picogram (1조분의 1그램) 단위의 반물질을 만들어내고 있다. 여기에 드는 비용은 1그램당 수백조 달러에 달한다. 우주선 전체에 동력을 공급할 수 있을 만큼 반물질의 생산량을 늘리려면 상상할 수 없을 정도로 엄청난 비용이 들 것이다.

블랙홀 동력

우주선의 동력 공급을 위한 또 다른 아이디어 가운데 에너지 효율이 100퍼센트인 것은 바로 블랙홀을 이용하는 것이다. 어찌 보면 블랙홀은 우주에서 가장 압축적으로 에너지를 저장할 수 있는 방법이다.

밝혀진 바에 의하면 블랙홀은 에너지를 방출한다. 블랙홀에서 발생하는 '호킹 복사'라고 불리는 현상이 그것이다. 과학자들은 블랙홀 가장자리에서 한 쌍의 입자가 생성될 때 호킹 복사가 발생한다고 본다. 이러한 입자의 생성 현상은 양자 변동 때문에 우주 공간에서 항상 발생하는 일이다. 하지만 블랙홀의 가장자리에서 그런 일이 발생하면 흥미로운 일이 일어난다. 입자들이 블랙홀의 중력으로부터 약간의 추가 에너지를 얻게 되는 것이다. 본질적으로는 블랙홀의 에너지 일부를 빌려오는 것과 마찬가지이다. 생성된 두 입자 중 하나가 블랙홀로 빨려 들어가고 다른 하나가 블랙홀을 탈출하면, 빠져나온 입자는 블랙홀의 에너지 일부를 가지고 나오는 셈이 된다. 블랙홀이 에너지를 잃는다는 것은, 달리 말하면 질량의 일부를 잃는다는 것이다. 이런 식으로 블랙홀은 가장자리 바깥쪽에서부터 입자를 분출함으로써 블랙홀이 가진 에너지의 일부를 호킹 복사로 전환한다. 어떻게든 이 입자를 포착할 수 있다면, 우주선에 동력을 공급하는 데 사용할 수 있을 것이다.

큰 블랙홀의 경우 호킹 복사는 매우 미미하다. 물리학자들은 블랙홀이 작으면 호킹 복사가 훨씬 더 강하다고 생각한다. 엠파이어 스테이트 빌딩 두 개 정도의 무게에 해당하는 '작은' 블랙홀이 있다면 이런 블랙홀은 많은 입자를 방출하면서 매우 밝게 빛날 것이다. 이런 작은 블랙홀은 저장된 모든 에너지를 천천히 호킹 복사로 전환하여 방출할 것이다.

여기서 우리가 생각해 볼 수 있는 아이디어는 블랙홀을 우주선 중앙에 배치하고, 블랙홀에서 발생되는 모든 호킹 복사를 우주선 뒤쪽으로 굴절시키도록 우주선을 설계하는 것이다. 이때 만들어지는 추진력은 당신의 우주선을 앞으로 밀고 가기에 충분한 동력을 공급해 줄 것이다. 우주선이 앞으로 나아가면서 뒤에 있는 블랙홀을 우주선의 중력으로 끌어당기는 방

식으로 이 미친 블랙홀 추진 장치를 계속 우주선에 붙어 있게 할 것이다.

물론 연료로 사용할 수 있는 작은 블랙홀을 만드는 것은 쉽지 않은 일이다. 하지만 과학자들은 우리가 그런 일을 할 수만 있다면, 블랙홀 추진 장치는 모든 에너지를 방출한 후 증발해 버릴 때까지 수년 동안은 훌륭하게 작동할 것이라고 생각한다.

돛을 달고 항해하기

핵폭발, 치명적인 반물질, 그리고 위험한 블랙홀로 움직이는 우주선을 탈 수밖에 없다면, 우리는 다른 별을 방문하는 생각에 대해 다시 한번 깊이 고민하게 될 것이다. 충분히 이해되는 일이다.

안타깝게도 여행에 필요한 모든 연료를 우리가 직접 싣고 가야 한다는 생각에 갇혀 있다면, 이 세 가지보다 더 효율적인 연료를 찾기는 어려울 것이다.

하지만 광활한 우주의 바다를 항해하는 또 다른 방법이 있다면 어떨까? 다른 별이나 행성으로 말 그대로 **돛을 달고 항해**할 수 있다면 어떨까? 그것은 인간이 처음으로 넓은 바다를 항해한 방법이다. 그때는 모든 연료를 배에 싣고 다니지 않았다. 선원들은 오로지 바람의 힘에 의존해 목적지까지 항해했다. 우주 항해에서도 이와 비슷한 방법을 적용할 수 있다면 어떨까?

태양 돛Solar sail은 다소 우스꽝스럽게 들릴 수 있지만, 실제 적용할 수 있는 대안이며 검증된 기술이다. 돛이 바람을 잡는 것처럼 태양에서 나온 입자들을 잡을 수 있는 넓고 큰 면적의 장치를 우주선에 설치한다는 아이

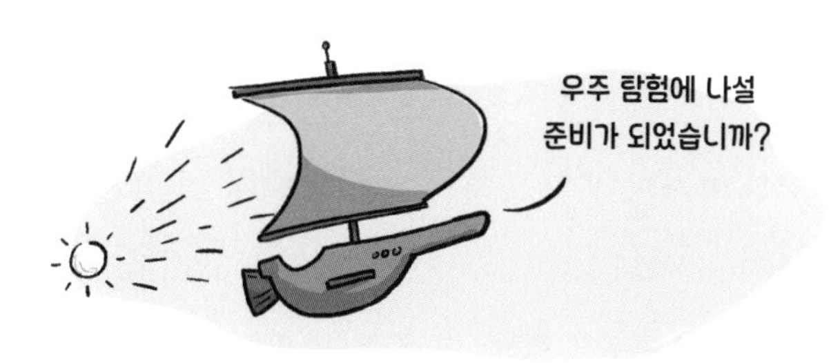

디어이다. 입자들이 돛에 맞고 튕겨나오면 그 운동량이 돛에 전달되어 우주선에 추진력을 주는 원리이다.

그렇다면 이 입자들은 어디에서 오는 것일까? 다행히도 지구는 고속으로 움직이는 입자를 생성하는 막대한 에너지원을 보유하고 있다. 그것은 다름 아닌 태양이다. 태양은 광자를 비롯한 다양한 입자들을 사방으로 끊임없이 쏘아대는 훌륭한 핵융합 반응기이다. 태양계 밖으로 항해하기 위해 당신이 해야 할 일은 단지 입자 포획기의 방향이 태양을 향하도록 돌려주는 것이다. 그러면 태양으로부터 나온 빛과 방사선이 우주를 향해 당신의 우주선을 부드럽게 밀어줄 것이다.

이때 한 가지 주의할 점은, 태양 광선만으로는 우주선을 성간 여행에 필요한 높은 속도까지 가속시키기 어렵다는 것이다. 또한 태양에서 멀어질수록 태양풍이 희미해진다는 점도 문제이다. 이에 대한 가능성 있는 해결책은 지구에 거대한 레이저 장치를 만든 다음, 출발하는 우주선에 레이저를 조준해 발사함으로써 우주선을 밀어주는 것이다. 또 다른 해결책은 태양에너지를 집중시킬 수 있는 거대한 거울을 만드는 것이다. 이 두 가지 아이디어 모두 우주선의 속도를 광속의 10분의 1, 또는 그 이상까지 끌어올리는 데 필요한 가속도를 제공할 수 있다.

무엇을 더 기다리고 있는가?

여기서 논의한 아이디어 중 일부는 다소 엉뚱해 보인다. 하지만 물리학적 관점에서 보면 모두 기술적으로 실현 가능한 것들이다! 다시 말해 우리가 다른 별을 방문하는 것을 막을 수 없다는 의미이다. 우리는 이미 어떤 방법으로 탐험해야 하는지 알고 있고, 단지 실행에 옮기기만 하면 된다. 비용이 많이 들고 복잡할 수는 있지만, 물리학적으로 우리를 가로막을 문제는 없다. 이것은 마치 우주가 우리에게 대담하게 도전해 보라고 권하는 것 같다. 블랙홀을 만들고 그것을 감싸는 것이 불가능해 보이는가? 또한 반물질을 건드리지 않고 병에 담는 것은 어떠한가? 물론 어려운 일이다! 하지만 한때는 불가능하다고 생각했지만, 결국 우리가 해냈던 수많은 일들을 떠올려 보자.

우리에게 필요한 것은 상상할 수 있는 비전과 그것을 이루고자 하는 의지이다. 우리의 시야를 지평선 너머로 더 멀리 바라보라고 우주가 부르고 있다. 우리 내면의 탐험가 정신에 불을 지피고, 별들을 올려다보자!

9

소행성이 지구를 덮쳐 우리를 끝장낼까?

우리는 종말이 다가오고 있는 것을 절대 알 수 없다.

그것은 종말을 맞이하는 방식에 대한 사람들의 일반적인 통념이기도 하다. 우리의 인생은 놀라움으로 가득 차 있고, 어떻게 끝을 맞는가도 마찬가지이다.

이는 인간 종으로서 특히 우리에게 해당되는 얘기이다. 어쨌든 우주는 위험한 곳이기 때문이다. 우리는 캄캄한 어둠 속에 공전하는 작은 행성에 필사적으로 매달려 있는 연약한 존재들이다. 우주 밖에는 폭발하는 별, 초질량 블랙홀, 어쩌면 흉악하고 적대적일 가능성 있는 외계인으로 가득 찬 광활하고 알 수 없는 공간이 있다.

다행히도 우리가 아는 한 초신성과 블랙홀(그리고 외계인)이 금방 우리 근처에 나타나는 일은 없을 것이다. 하지만 갑자기 뭔가 다가와 인류의 이른 **종말을 초래할 위험은 실재한다.** 그것은 바로 소행성이다. 우주는 끊임없이 엄청나게 빠른 속도로 공전하는 거대한 암석으로 가득 차 있다. 이 암석들은 자신의 경로에 놓인 방해물이라고 생각되는 모든 것들을 파괴해 버릴 수 있다.

이러한 우주 암석이 위험할 수 있다는 사실이 의심스럽다면 보호해 줄 대기가 없는 태양계의 달이나 행성들의 표면을 살펴보라. 수십억 개의 분화구를 관찰할 수 있을 것이다. 게다가 그중 일부는 폭이 수천 킬로미터에 달한다. 이 분화구 하나하나가 실제로 격렬한 우주 충돌의 증거이다. 예를

들면 우리 달에도 수백만 개의 분화구가 있다. 청소년들의 여드름 자국보다 더 많은 분화구가 있다.

그 사실 때문에 많은 사람들이 궁금해한다. 다음 차례는 우리일까? 큰 암석 덩어리가 지구에 부딪혀 우리 모두를 멸종시킬 확률은 얼마나 될까? 그리고 빠른 속도로 움직이는 이 모든 암석은 대체 어디에서 오는 것일까?

우주 공간의 암석

위험하고 거대한 소행성을 떠올릴 때 우리는 그것이 우리의 태양계가 아닌 우주 저 너머의 먼 곳으로부터 온다고 생각한다. 하지만 사실 우리를 노리는 킬러 암석은 바로 우리 뒷마당에 있을 가능성이 가장 높다. 우주의 성간 공간이 대부분 비어 있는 반면, 우리의 태양계는 크고 치명적인 암석으로 **가득 차** 있기 때문이다. 그렇다면 이제 우리 이웃에 있는 주요한 우주 암석 클러스터들을 둘러보도록 하자.

소행성대

지구를 위협하는 우주 암석의 첫 번째 그룹은 화성과 목성 사이에 있는 암석의 집합체인 소행성대Asteroid Belt이다. 이 소행성대에는 수백만 개의 암석이 있다. 이 암석들 대부분은 크기가 작지만 폭이 100킬로미터 이상인 것도 수백 개나 되고, 일부는 폭이 950킬로미터(몬태나주 정도 크기)에 달하는 큰 것도 있다. 이 큰 암석들 중 하나라도 지구와 충돌하게 된다면 아마도 우리 인류는 멸종하고 말 것이다.

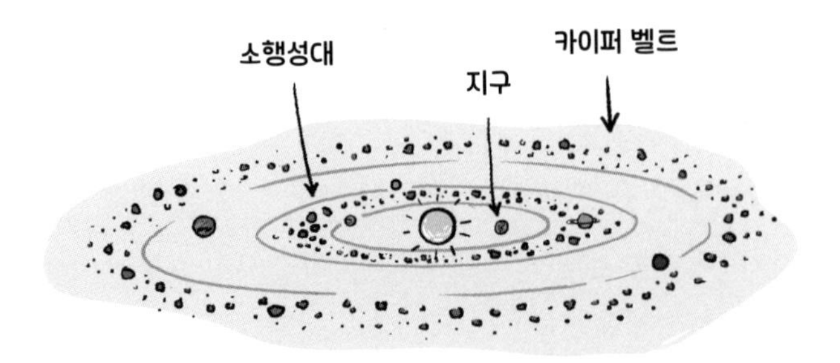

카이퍼 벨트

지구 근처에서 두 번째로 많은 소행성이 밀집한 곳은 카이퍼 벨트Kuiper Belt이다. 이곳은 해왕성 너머에 위치하며, 얼음 공들이 모여 거대한 원반 모양을 이루고 있다. 카이퍼 벨트에는 지름이 80킬로미터가 넘는 약 10만 개의 얼음 암석이 있는데, 이것들 역시 매우 위험한 존재이다.

오르트 구름대

마지막으로, 명왕성 너머에는 광대한 얼음과 먼지구름으로 만들어진 오르트 구름대Oort Cloud가 있다. 우리가 보는 대부분의 혜성은 이 오르트 구름대로부터 온 것이다.

천문학자들의 이론에 따르면 1킬로미터보다 큰 오르트 구름대에는 얼음 소행성이 수조 개, 20킬로미터보다 큰 오르트 구름대에는 얼음 소행성이 수십억 개가 있다고 한다.

이렇듯 우리의 이웃 우주는 우리가 생각했던 것만큼 깔끔하고 정돈된 곳은 아니라는 것이 분명해졌다. 오히려 쓰레기로 가득 차 있는 곳이라고 말할 수 있다!

우리의 이웃 우주가 왜 이렇게 바위로 가득 차게 되었을까? 모든 것은

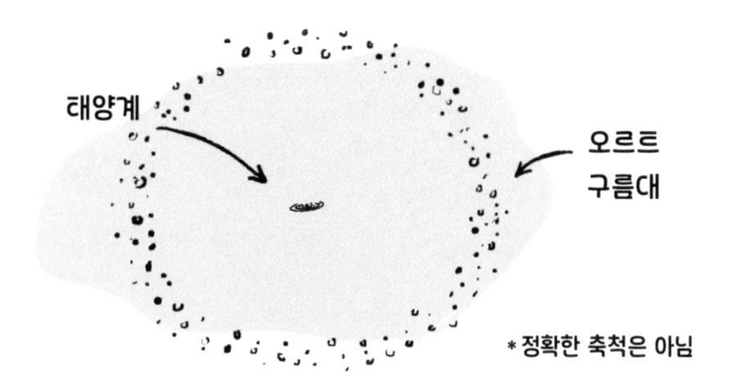

태초로 거슬러 올라간다. 애초에 우리 태양계는 가스, 먼지, 작은 자갈들로 이루어져 있었다. 이러한 물질 중 일부는 빅뱅 과정에서 생성된 것이고, 다른 물질은 스스로를 다 태운 별들이 폭발한 후 남은 잔해들이다. 대부분의 가스는 가볍기 때문에 서로 끌어당기는 힘에 의해 모여서 가스 구체를 형성하고, 이것이 중력에 의해 가스의 밀도가 높아지면서 스스로 발화하여 별이 된다. 이런 과정을 거쳐 우리 태양도 만들어졌다. 그 외에 남은 물질은 서로 뭉쳐 태양의 주위를 도는 행성이 된다. 스스로 발화하여 별이 되기에는 중력이 충분하지 않기 때문에 중심부만 뜨겁게 용융된 것들이 행성이 된다. 한편 남은 잔해 조각들은 태양이나 행성으로 뭉쳐지지 않은 것들이다. 이 남은 잔해들 중 많은 양은 그것들끼리 함께 작은 무리로 뭉쳐 지금도 태양계 주변을 돌고 있다.

애초에 태양계는 매우 혼란스러운 곳이었다. 모든 것이 새롭게 생성된 상태에서 어린 행성들과 암석 덩어리들이 자신들만의 궤도에 정착하기 위해 서로 싸우던 곳이었다. 어느 시점에 한 행성이 잘 공전하고 있는 것처럼 보이다가도, 갑자기 같은 의도를 가진 다른 거대한 암석과 **충돌하는** 일이 비일비재했다. 과학자들은 이런 과정에서 우리 달이 형성되었다고 생각한다. 갓 태어난 지구에 큰 소행성이 부딪히면서 지구의 일부가 큰 덩어

리로 떨어져 나와 지구 궤도 근처를 도는 달이 된 것이다.

다행히도, 지금의 태양계는 생성된 지 오랜 시간이 흘렀다. 초창기에 일어났던 격렬한 충돌의 시대는 지나갔고, 현재는 태양계 대부분의 천체가 안정된 궤도를 돌고 있다. 아마 안정적인 궤도를 돌고 있지 않았던 것들은 벌써 충돌이 일어났거나, 다른 행성과 소행성의 흐름에 순응하여 따라가는 법을 배웠을 것이다. 그것은 비유하자면 자동차들이 아주 가까이 붙어서 속도를 내는 유럽의 미친 로터리(환상 교차로)와 비슷하다고 할 수 있다. 유럽 사람들은 오랫동안 그런 식으로 자동차를 몰며 로터리를 돌았기 때문에 자신들이 무엇을 하고 있는지 잘 알고 있다.

하지만 그렇다고 해서 우리가 위험에서 벗어났다는 의미는 아니다. 현재 이런 소행성이나 얼음덩어리 중 일부는 미래에 지구와 충돌할 수 있는

궤도를 돌고 있을 수도 있다. 또는 알 수 없는 이유로 그것들의 궤도가 바뀌어 지구의 공전 궤도와 교차하게 될 수도 있다. 이러한 암석은 때로 자체 궤도에서 튕겨 나와 문제를 일으킬 수도 있다. 예를 들어 멀리 떨어져 있는 태양이 소행성의 한쪽 면을 더 뜨겁게 비추면 소행성의 궤도는 쉽게 바뀐다. 이렇게 궤도가 바뀐 소행성은 다른 암석과 충돌할 수 있으며, 그 충돌로 인해 궤도가 바뀐 암석이 또 다른 암석과 충돌하는 등의 일이 연쇄적으로 발생할 수 있다. 그리고 그중 하나라도 목성의 중력에 끌리면 그것들은 태양계 내부로 들어오게 되는 것이다. 이런 일이 일어날 때마다 우리도 모르는 사이에 태양계의 내부 고속도로에는 수천 개의 암석이 쌓인다. 아마 우리는 앞으로 10억 년 동안은 계속 그 사고 처리를 위한 보험 서류를 작성하는 작업을 해야 할 것이다.

소행성이 충돌하면 얼마나 큰 재앙이 일어날까?

소행성이 지구에 충돌하면 어떤 일이 생길까? 답하자면, 경우에 따라 다르다. 암석이 실제로 지구에 부딪히려면 대기를 통과해야 하는데, 우리는 이 과정에서 약간의 보호를 받는다. 진입하는 암석에 지구 대기의 공기 입자가 부딪히며 암석의 속도를 늦춰 주기 때문이다. 대기가 충격을 흡수하는 쿠션과 같은 역할을 하는 것이다. 이를테면 물웅덩이에 총알을 발사하는 모습이나, 거대한 젤리 통에 볼링공을 떨어뜨린다고 생각해 보라.*

---

* 정말로 한번 생각해 보라. 재미있는 이미지가 머릿속에 펼쳐지지 않는가.

공기 입자는 암석의 진행 경로로부터 충분히 빨리 비켜날 수 없기 때문에 우주로부터 들어온 암석의 에너지는 공기 입자를 압축하게 되고 그로부터 충격파가 발생한다. 공기를 비롯하여 어떤 것이든 압축되면 뜨거워진다. 이런 경우 충격파 전면부의 온도는 최대 섭씨 1,650도(화씨 3,000도)까지 올라갈 수 있다. 바로 이런 원리로 우주 왕복선과 착륙 모듈이 지구 궤도에서 대기권으로 재진입할 때 뜨거워지는 것이다. 우주 왕복선에는 이 같은 공기 저항으로 인해 발생하는 열을 반사하거나 흡수하기 위해 선체 앞부분에 첨단 세라믹과 냉각 시스템을 장착한다.

우주에서 온 암석은 차가운 상태를 유지하기 위한 멋진 보호막이 장착되어 있지 않으므로 대기권에 진입할 때 뜨거워질 수밖에 없다. 그것도 **아주 뜨겁게** 말이다. 이때 얼마나 뜨거워지느냐에 따라 대기 중에서 폭발하여 더 작은 파편으로 산산조각이 나서 지표면에 파편을 뿌리기도 하고, 쪼개지지 않고 지표면에 충돌하면서 에너지의 대부분을 지구에 직접 전달하기도 한다.

실제로 작은 암석들(최대 약 1미터 폭)은 지금도 늘 지구에 부딪히고 있다. 그 암석들이 대기권 진입 중에 타버리면서 별똥별이 된다. 맑은 날 밤에

별똥별이 떨어지는 광경은 정말 아름답기 그지없다.

하지만 암석이 커질수록 더 위험해진다. 암석이 일정 크기 이상이 되면 대기권조차 그것을 막을 수 없기 때문이다. 다음 표는 크기가 각기 다른 소행성이 가진 에너지와 제2차 세계대전 당시 히로시마에 투하된 핵폭탄의 폭발력을 비교한 것이다. 이 표를 보면 소행성이 어느 정도의 위력을 가졌는지 이해할 수 있을 것이다.

폭이 5미터인 암석은 히로시마에 투하된 핵폭탄과 거의 같은 에너지를 가진다. 이는 심각하게 들리지만, 실제로 과학자들은 이 크기의 암석은 크

소행성의 크기	폭발력
5m	히로시마 핵폭탄 1개
20m	히로시마 핵폭탄 30개
100m	히로시마 핵폭탄 3,000개
1km	히로시마 핵폭탄 3,000,000개
5km	히로시마 핵폭탄 100,000,000개

게 걱정하지는 않는다. 폭이 5미터 크기인 암석들은 대개 인구 밀집 지역에서 멀리 떨어진 바다 어딘가에 떨어지거나, 대기권 상층에서 폭발하는 경우가 많기 때문이다.

하지만 암석의 크기가 20미터 정도(코끼리 다섯 마리의 폭) 되면 히로시마 **핵폭탄 30개**와 맞먹는 에너지를 가진다. 이는 엄청난 폭발력이다. 만약 운이 나빠서 그만 한 크기의 암석이 대기권을 뚫고 맨해튼 같은 곳에 떨어지면 엄청난 재앙이 뒤따를 것이다. 이 경우 수백만 명이 목숨을 잃을 수도 있다. 하지만 그런 상황이 꼭 인류의 종말을 의미하지는 않는다. 실제로 최근에 20미터 크기의 운석이 대기권에서 폭발하는 일이 있었다.

또한 2013년에 소행성대에서 떨어져 나온 폭 20미터의 소행성이 러시아 첼랴빈스크 상공에서 시속 6만 킬로미터의 속도로 대기권에 충돌했다. 당시 시간은 한낮이었지만 이 폭발로 인한 빛이 태양보다 밝아 최대 100킬로미터 떨어진 곳에서까지 볼 수 있었다고 한다. 이 소행성 충돌로 약 1,000명에 이르는 사람들이 부상을 입었다. 사람들이 공포에 사로잡히고, 이를 종교적으로 재해석하는 소동이 벌어질 정도의 사건이었다. 그럼에도 이 같은 사건이 여전히 지구상에서 인류의 시간을 끝낼 만큼의 거대한 재앙은 아니었다.

우리 종의 위험이 실제로 시작되는 암석의 크기는 그보다 큰 킬로미터 규모부터이다. 과학자들은 수 킬로미터 크기의 암석이 가장 최근 지구에 도착한 시기는 6500만 년 전이며, 이 충돌로 인해 공룡이 멸종했을 것으로 추정하고 있다.*

이 시점에서 당신은 스스로에게 이렇게 묻고 있을지도 모르겠다. 폭이 수천 킬로미터(정확히 1만 2,742킬로미터)에 달할 만큼 지구 행성이 큰데, 어

떻게 몇 킬로미터밖에 안 되는 작은 바위에 부딪혔다고 큰 재앙이 올 수 있을까? 그렇다면 먼저 폭 5킬로미터의 작은 바위가 지구로 떨어지는 경우를 생각해 보자.

폭 5킬로미터의 바위가 지구로 떨어지면 10^{23}줄 정도의 에너지가 지구에 전달된다. 이 에너지가 얼마나 큰지 이해를 돕기 위해 다음과 같은 예를 들어 생각해 보자. 미국인들이 1년에 평균적으로 사용하는 에너지는 약 3×10^{11}줄이다. 인류 전체는 약 4×10^{20}줄을 사용한다. 이렇게 본다면 폭 5킬로미터의 바위는 인류 전체가 1000년 동안 사용할 수 있는 에너지를 한 번의 충돌에 전달하는 셈이다. 그것도 빠르게 한곳에 집중적으로 전달한다. 이것을 핵무기로 환산하면 20억 킬로톤kiloton, 즉 히로시마 핵폭탄의 약 1억 배에 달하는 에너지이다.

이렇게 어마어마한 에너지가 소행성 충돌로 인해 방출되면 충돌 지점에서부터 빠르게 이동하는 폭발성 충격파가 만들어진다. 이 충격파는 충

---

* 우스갯소리로, 과학자들은 공룡을 멸종시킨 암석(폭 약 10킬로미터)은 실제로 지구와 충돌하기 오래전부터 우리를 스쳐 지나가고 있었을 것이기 때문에, 암석의 입장에서는 과학자 공룡들에게 충분한 시간 경고를 준 셈이라고 말한다.

돌 지점 반경 수천 킬로미터 이내의 모든 것을 송두리째 파괴할 수 있을 정도의 엄청난 열과 바람을 동반한다. 곧이어 충돌 지점 주변의 모든 땅을 산산조각 낼 수 있을 정도의 대규모 지진이 일어나고, 그로 인한 화산 폭발 때문에 주위는 온통 뜨거운 용암으로 뒤덮인다.

만약 당신이 그 충돌 지점 근처에 있었다면, 당신의 운명은 간단하다. 한마디로 새까맣게 타버렸을 것이다. 아무리 버터를 발라도 나아지지 않을 정도로 검게 타버린 토스트가 되는 것이다. 그렇다면 당신은 얼마나 떨어져 있어야 할까? 이 시나리오대로라면 아마 뉴욕에서 충돌이 일어나면 로스앤젤레스 정도의 거리에 있어도 충분히 멀리 떨어져 있다고 할 수 없을 것이다.

설사 당신이 충돌 지점에서 멀리 떨어져 있다 하더라도(예를 들어 지구 반대편에 있다고 해도) 그리 오래 살아남지 못할 수도 있다. 폭발로 인한 직접적인 피해는 피할 수 있겠지만, 충돌로 인한 지진과 화산 분출로 인해 야기되는 고통으로부터 벗어날 수 없기 때문이다. 충돌 자체의 충격보다는 충돌로 인해 대기 중으로 날아오른 과열된 먼지와 화산재, 암석 파편의 구름이 더 큰 문제가 될 것이다. 이 과열된 먼지는 전 지구를 떠돌아다니며 지표면을 태우고 숲을 불태울 것이다. 그리고 **아주 오랫동안** 하늘에 머물러 있을 것이다. 이 먼지구름은 수년, 수십 년 또는 그 이상 지구를 어둠으로

뒤덮을 것이다. 아마 공룡을 죽인 것은 충돌에 의한 충격 자체가 아니라, 바로 이 구름이었을 수도 있다.

그럼 소행성이 육지가 아닌 바다에 부딪히면 어떻게 될지 궁금할 수도 있겠다. 불행히도, 상황은 그리 나아지지 않는다. 첫째, 초기 충돌 에너지의 많은 부분이 물에 흡수되어 **수 킬로미터** 높이의 파도를 동반한 메가 쓰나미가 발생할 것이다. 엠파이어 스테이트 빌딩보다 4~5배 높은 파도가 밀려오는 것을 바라본다고 상상해 보라. 그 정도 규모의 파도가 온다면 콜로라도주 **덴버**는 순식간에 바닷가 도시가 되고, 호주와 일본은 지도에서 완전히 사라질 것이다.

이것은 충돌 이후 즉각적으로 겪게 될 후유증에 불과하다. 충돌로 발생할 거대한 먼지구름은 우리의 생태계 대부분을 멸종시킬 것이며, 우리가 알고 있는 삶은 더 이상 지속되지 못할 것이다. 또한 소행성이 물과 충돌하면 그 충격으로 인해 대기 중에 엄청난 수증기가 유입됨으로써 온실효과가 가속화될 것이다. 이 온실효과는 지구 내에 태양에너지를 가둠으로써 생명체가 살 수 없는 온도까지 지구의 온도를 높일 것이다.

이 모든 것이 고작 5킬로미터 크기의 암석과 부딪혔을 때 일어날 일들이다. **더 큰 소행성**과 충돌하면 어떻게 될지 상상해 보라!

소행성 충돌 확률은 얼마나 될까?

엄청나게 큰 소행성이 지구를 강타할 가능성이 얼마나 되는지, 그리고 소행성이 다가오는 것을 인류가 알 수 있을지 살펴보고자 우리는 캘리포니아 패서디나의 제트추진연구소에 본사를 둔 NASA의 지구근접물체연구센터Center for Near-Earth Object Studies, CNEOS에서 일하는 연구원들과 이야기를 나누었다. 우리는 그들을 '소행성 방위군'으로 부르는 것이 마땅하다. 거대한 소행성이 지구와 충돌하여 인류를 완전히 멸종시키는 것을 막는 임무를 이 그룹이 맡고 있기 때문이다(물론 누구든 자신들의 일이 중요하다고 생각하겠지만 말이다).

CNEOS의 주요 활동은 국제적인 협력자들과 함께 태양계의 모든 암석을 찾아 추적하고, 암석이 지구와 충돌할 경로에 있다면 미리 경고해 주는 것이다. 망원경을 사용하여 수십 년에 걸쳐 노력한 끝에 CNEOS 팀은 우리 주변에 존재하는 가장 큰 암석들을 대상으로 그것들의 현재 위치와 가까운 미래 그리고 먼 훗날 그것들이 어디에 있을지에 대한 꽤 훌륭한 데이터베이스를 만들었다.

CNEOS 팀은 암석의 크기와 우리 태양계에 있는 암석의 수 사이에는

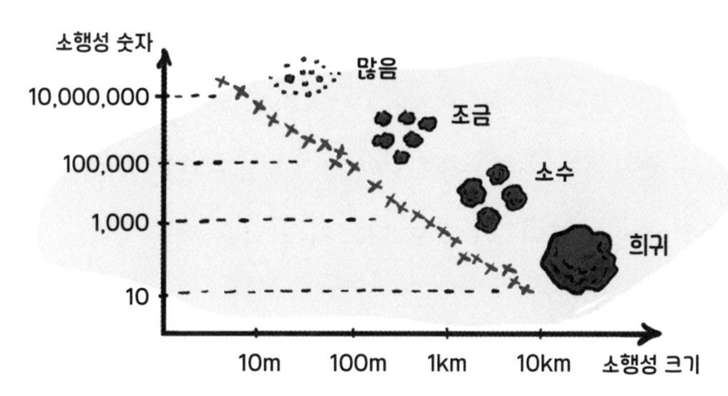

반비례 관계가 있다는 것을 발견했다. 우리 주변에서도 작은 암석은 많지만 정말 큰 암석은 찾기 어렵다. 다시 말해 암석이 클수록 더 희귀하다는 뜻이다. 이것은 우리에게는 좋은 소식이다. 큰 암석의 숫자가 적을수록 지구와 충돌할 가능성은 낮아지기 때문이다.

CNEOS에서는 지구 주위에 크기가 약 1미터인 암석이 수억 개가 있다고 추정한다. 그야말로 엄청나게 많은 수의 암석이다. 사실 이 정도 크기의 암석은 늘 지구에 충돌하고 있다고 보면 된다. 그 빈도는 1년에 약 500회이다. 다시 말하자면 거의 매일 이런 암석 가운데 하나가 지구 어딘가에 떨어지고 있는 셈이다. 다행히도, 그만한 크기의 암석으로 인한 피해는

거의 없다.

암석이 커질수록 그 숫자는 적어진다. 예를 들어 폭이 5미터인 암석은 태양계에 수천만 개가 존재하며, 대략 5년에 한 번 정도 지구와 충돌하고 있다. 러시아 첼랴빈스크 상공에서 폭발한 암석과 같은 20미터 크기의 암석은 수백만 개에 달한다. 이 정도 크기의 암석은 평균적으로 50년에 한 번 정도 지구와 충돌한다.

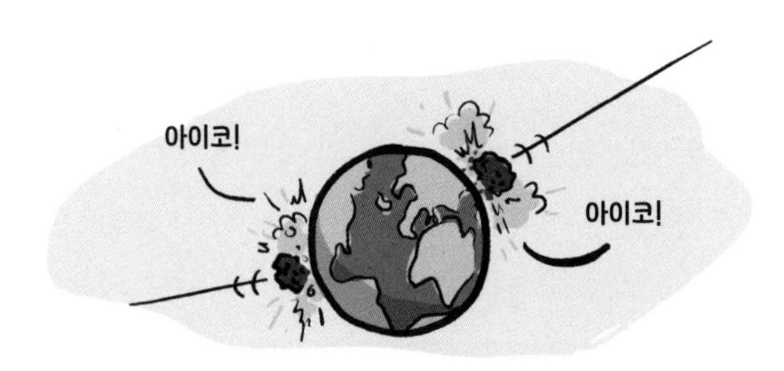

하지만 그것보다 크기가 더 큰 암석은 어떨까? 비록 이런 암석들의 숫자는 적더라도(폭 1킬로미터인 암석은 1,000개에 불과하고, 폭 10킬로미터가 넘는 암석은 단지 수십 개 정도이다), 그중 **하나만** 지구를 강타하더라도 인류는 멸종할 것이다.

다행스럽게도, 이런 큰 암석은 드물고 비교적 눈에도 잘 띈다. 그렇게 큰 암석이 공전 궤도를 규칙적으로 돌고 있다면 태양 빛을 반사하는 모습을 우리가 볼 수 있을 가능성이 높다. 이런 경우 대부분의 암석이 어디에 있는지 CNEOS 팀이 그 위치를 정확히 알고 있다. 그들이 암석의 숫자를 세고 궤도를 매핑해 온 결과에 의하면, 다행히 지금까지는 그 암석들 중 어느 것도 지구와 충돌할 것 같지는 않다.

어쨌든 우리는 그렇게 생각하고 있지 않다. 우선 좋은 소식은 우리가 태양계 내에 있는 큰 소행성의 90퍼센트는 그 위치를 파악하고 있다는 것이다. 나쁜 소식은 큰 소행성의 나머지 10퍼센트는 어디에 있는지 여전히 모른다는 것이다.

물론 우리가 알지 못하는 큰 암석이 우주 저편에 존재할 수 있다. 그것들은 숨겨져 있을 수도 있고, 우리가 관찰할 수 있을 만큼 아직 충분히 다가오지 않았을 수도 있다. 소행성은 스스로 빛을 내지 않으며, 몇 킬로미터 크기의 소행성은 우리 태양계의 크기에 비하면 그리 크지 않다는 것을 기억하기를 바란다. 따라서 이 정도 크기의 소행성이 우주의 어둠 속에 가려진 채 우리를 향해 몰래 다가오고 있을 가능성은 여전히 존재한다.

치명적인 눈덩이

지구를 덮칠 수 있는 또 다른 유형의 우주 암석들 중에서 CNEOS의 과학자들이 훨씬 더 걱정하는 것은 일종의 거대한 눈덩이인 혜성이다. 태양계 내에서 우리를 멸종시킬 수 있는 소행성의 대부분은 NASA에서 잘 관리하고 있지만, 혜성은 발견하기가 훨씬 더 어렵기 때문이다.

우리가 보는 대부분의 혜성은 오르트 구름대를 출발하여 태양을 향해 매우 긴 공전 궤도를 따라 움직이는 거대한 암석과 얼음으로 된 구체이다. 이런 혜성이 공전 궤도를 따라 태양을 한 바퀴 도는 데는 수백 년 또는 수천 년이 걸릴 수 있다. 이 혜성이 태양계 안쪽(지구 근처)까지 들어온다면, 우리는 그때 이 혜성을 처음 관찰하게 될 것이다.

더 나쁜 소식은, 차가운 우주 밖에서 긴 여행을 한 다음 돌아오는 혜성은 소행성보다 훨씬 빠르게 움직인다는 점이다. 따라서 (a) 우리가 반응할 시간이 없고(기껏해야 1년), (b) 지구를 강타할 경우 더 치명적인 재앙이 된다.

과학자들은 혜성이 실제로 지구와 충돌할 가능성은 아주 낮다고 주장하지만, 그 확률을 정확하게 추정하기는 어렵다. 아주 최근에는 우리 이웃 행성에서도 이 같은 일이 일어났다. 1994년에 슈메이커-레비Shoemaker-

Levy 9 혜성은 태양을 향해 가던 도중에 21개의 조각으로 부서졌고, 그 파편들이 목성과 충돌하는 사건이 일어났다. 그때 조각들 중 하나가 목성에 충돌하면서 일으킨 폭발의 크기는 지구 크기만 했다. 실제로 이 사건 때문에 지구에 근접한 모든 천체를 분류하고 추적하는 지구 근접 천체 프로그램을 NASA에서 만들게 되었다. 결국 한 번 일어난 일은 다시 일어날 수 있다는 말이며, 어쩌면 우리에게도 일어날 수 있는 일이기 때문이다.

우리가 할 수 있는 일은 무엇일까?

갑자기 어딘가에서 혜성이 나타났고, 지구와 부딪히는 경로에 있다고 가정해 보자. 또는 이전에 본 적 없는 새로운 큰 소행성을 발견했는데, 그 공전 궤도가 지구의 공전 궤도와 교차한다는 사실을 알게 되었다고 가정해 보자. 또는 태양계에서 일어난 어떤 현상 때문에 큰 암석 덩어리가 궤도를 바꾸어 우리를 향해 곧장 돌진하게 되었다고 생각해 보자. 이런 상황에서 과연 우리가 할 수 있는 일이 있기는 한 걸까?

영화에서는 음악이 깔리며 실험복을 입은 과학자들의 모습과 커피, 그리고 해결책을 찾기 위해 낙서로 가득한 화이트보드만 있으면 충분했다

(여기에 브루스 윌리스가 있다면 더 좋을 것이다). 하지만 이런 대응이 현실적일까?

놀랍게도, CNEOS와 같은 조직에서는 이런 긴박한 상황이 발생할 때 우리의 대비책에 관해 현실적으로 심각하게 고민하고 있다. 그들에 따르면, 우리가 다가오는 소행성 충돌에서 살아남기 위한 전략은 다음 두 가지 범주 중 어느 하나에 해당할 것이다.

전략 #1: 굴절

첫 번째 전략은 소행성이나 혜성을 굴절시키는 것이다. 즉 소행성이나 혜성이 우리와 충돌하지 않도록 그것들의 궤도를 약간 조정하는 것이다. 과학자들은 이를 위해 몇 가지 아이디어를 제시하고 있다.

로켓: 이 계획은 로켓을 발사하여 돌진하는 소행성에 충돌시키거나 폭발시킴으로써 궤도를 바꾸는 것이다. 또한 가능성은 낮지만, 소행성에 착륙한 후 부스터 엔진을 가동시켜 암석의 궤도를 수정하는 것이다.

굴착기: 또 다른 아이디어는 거대한 크레인이나 로봇을 암석에 착륙시킨 후 땅을 파고 그 잔해물을 우주로 밀어내는 것이다. 잔해물을 우주로 밀어내면서 나오는 추진력으로 암석의 진로를 바꿀 수 있다는 생각이다.

레이저: 또 다른 재미있는 아이디어는 지구에 엄청나게 큰 레이저를 설치한 후 소행성이나 혜성에 쏘는 것이다. 암석의 한쪽 면만을 가열하여 녹은 얼음이나 기화된 암석이 지구와 충돌하는 궤도에서 벗어나도록 한다는 목적이다.

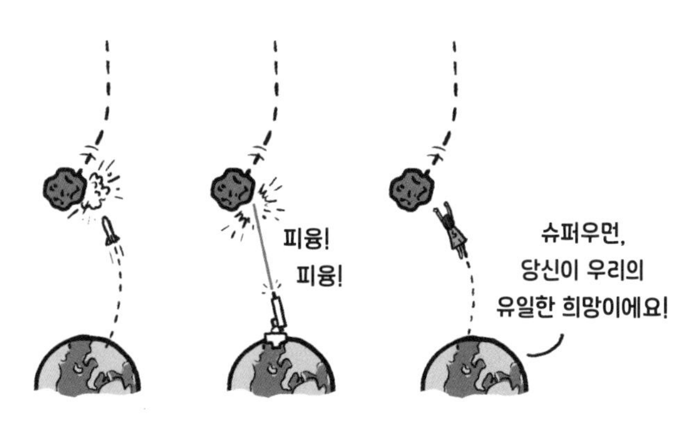

소행성 굴절 기술

거울: 렌즈와 거울 세트를 소행성으로 보내 바위에 초점을 맞춘 다음 햇빛을 모으는 멋진 방법도 있다. 이렇게 하면 암석의 일부 물질이 기화되면서 암석을 충돌 경로에서 밀어낼 수 있다는 생각이다.

전략 #2: 파괴

두 번째 전략은 큰 암석이 지구에 도달하기 전에 파괴하는 것이다. 즉 핵무기를 사용하는 것이다.

한 가지 아이디어는 핵미사일을 발사하여 암석을 요격하고 폭파시켜 대기권에 진입할 때 타버릴 수 있는 작은 조각으로 쪼개는 것이다. 일부 조각들은 여전히 지상에 충돌할 수 있지만, 소행성 전체가 지구와 충돌하는 것보다는 훨씬 더 나은 결과일 것이다.

한편 다가오는 소행성이 하나의 큰 암석이기보다는 중력에 의해 느슨하게 결합된 돌무더기일 수도 있다. 이 경우 한 번의 핵폭발로는 이 암석들을 분산시키는 데 그다지 효과적이지 않을 것이다. 따라서 더 작은 핵폭

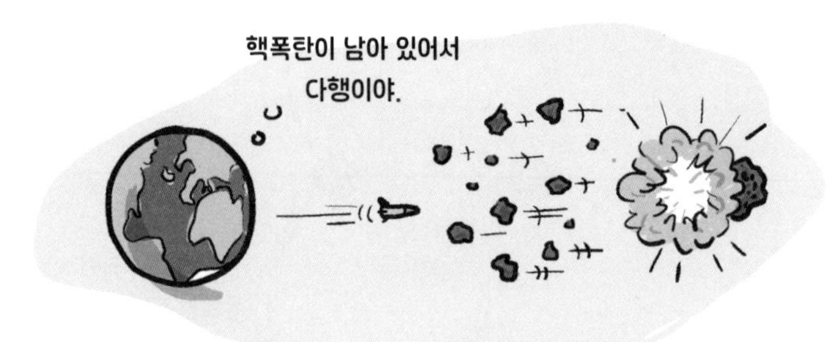

탄을 여러 차례 보내는 것이 나을 수 있다. 그리고 최대한 돌무더기를 흩트려 놓으려면 핵폭발 지점의 거리를 최적화할 필요도 있을 것이다. 파괴보다는 굴절 효과를 높이는 것이 목적이라면 표면에서 약간 떨어진 지점에서 폭탄을 터뜨리는 것이 더 효과적일 수도 있다.

물론 이 같은 전략의 성공 여부를 결정하는 가장 중요한 요소는, 우리에게 얼마나 많은 시간이 남았느냐이다. CNEOS에 따르면 "소행성이나 혜성 충돌에서 살아남기 위해 필요한 가장 중요한 세 가지는 다음과 같다. (1) 조기 발견, (2) 그 외의 두 가지는 크게 중요하지 않다."*

만약 우리에게 충분한 시간이 있고 미리 경고가 주어진다면(바람직하게는 수년 전), 앞에서 이야기한 여러 전략 중 하나를 쓸 수 있는 시간을 확보할 수 있을 것이다. 더 많은 시간이 주어질수록 더 좋은 결과를 얻을 확률이 높아진다.

---

* 이 장을 위한 인터뷰에 흔쾌히 응해 준 CNEOS의 수석 연구 과학사 스티브 체슬리Steve Chesley 박사가 실제로 한 말을 인용했다.

예를 들어 어떤 소행성이 100년 후에 지구에 충돌할 것이라는 사실을 우리가 미리 알게 된다면, 소행성을 지금 조금만 움직여도 소행성의 미래 궤도에 큰 영향을 줄 수 있다. 그것은 1킬로미터 떨어진 목표물을 저격하는 상황과 같다. 총이 옆으로 조금만 틀어져도 총알이 1킬로미터를 이동하는 동안 탄환은 목표물에서 크게 벗어나는 것이다. 소행성에서도 이와 비슷한 일이 일어나게 된다. 멀리서 소행성이 다가오는 것을 미리 발견하면 당신이 할 일은 단지 궤도를 벗어나도록 살짝만 밀어주면 되는 것이다.

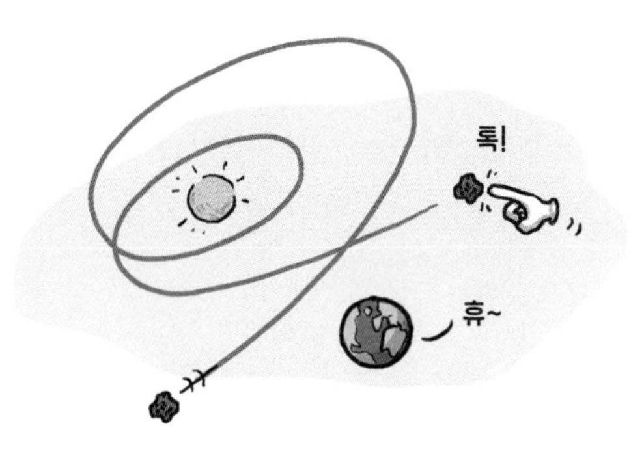

이것이 우리 주변을 날아다니는 모든 소행성과 혜성을 추적하는 것이 중요한 이유이다. 만약 소행성 중 하나가 어느 날 갑자기 나타나는 것이 우리에게는 가장 최악의 시나리오이다.

소행성 충돌을 걱정해야 할까?

당신이 소행성 충돌을 우려하여 지하 벙커를 짓거나 비상용 통조림 식품을 사러 가기 전에 말해 둘 것이 있다. 사실 소행성이 우리 모두를 죽이러 올 확률은 그리 높지 않다.

우선 단기적으로는 NASA 팀을 비롯하여, 전 세계의 수십 명에 이르는 사람들이 이런 암석을 조기에 발견하고자 필요한 일들을 수행하고 있다. 그들이 확실하게 해야 할 일을 묵묵히 하고 있으므로 우리 모두 불안한 마음으로 계속 하늘을 올려다볼 필요가 없다. 그들은 지구를 끝장낼 수 있는 암석은 거의 모두 발견했으며, 각각의 암석이 지구에 가할 위험도를 확인한 결과 무시해도 괜찮다고 보고 있다.

장기적으로는 지구에 근접하는 물체를 감시하는 우주 망원경과 베라 루빈Vera Rubin 지상 망원경 같은 강력한 망원경을 통해 인류가 소행성을 조기에 발견할 수 있는 능력을 크게 향상시킬 계획도 있다. 우리 개인의 위험에 대해 말하자면, 당신은 우주에서 날아온 바위보다는 지구에서 일어나는 무언가에 의해 사망할 가능성이 훨씬 더 높다(예컨대 자동차 충돌, 샤워 중 넘어짐, 애완동물에 의한 목 졸림 등).

하지만 우주는 여전히 예측할 수 없는 곳이며 우리 과학에는 한계가 있다는 것을 항상 기억하는 것이 좋다. 지구 이름을 메모해 놓고 우리와 부딪힐 날만 기다리는 거대한 소행성이 태양계 어딘가에 숨어 있을 수도 있고, 아주 멀리서 지구를 향해 날아오는 혜성이 있을지도 모른다. 우리 태양계처럼 복잡한 곳에서 어떤 것을 확실하게 예측한다는 것은 매우 어려운 일이다. 러시아 첼랴빈스크 상공에서 폭발한 소행성을 기억하는가? 이 소행성도 갑자기 어딘가에서 툭 튀어나왔다. 대기권에 부딪혔을 때에야 우리는 비로소 그 존재를 알 수 있었다.

사실 우리는 암석과 행성들로 구성된 매우 혼란스러운 구름 속에 살고 있다. 그것들 모두는 복잡한 중력 관계 안에서 서로를 밀고 당기는 춤을 추고 있다. 소행성 충돌이나 소행성이 근접한 일이 있을 때면 잠시 멈춰 생각해 보기를 바란다. 또한 이런 사건이 이웃 우주에 대해 더 많이 이해할 수 있는 기회가 되도록 과학 연구를 더 적극적으로 지원할 수 있는 계기가 되었으면 한다. 인류가 함께 일할 수 있는 능력과 공동의 생존을 위해 서로 간의 차이를 내려놓을 수 있는지 생각해 보는 기회로 삼아야 할 것이다.

우리가 그런 방식의 춤을 출 수 없다면… 공룡에게 무슨 일이 일어났는지 기억하기를 바란다.

10

인간은 예측 가능한가?

잠시 시간을 가지고, 당신이 내리고 있는 결정에 대해 생각해 보자. 이를테면 당신은 이 책을 집어 들기로 결정했고, 지금 이 문장들을 읽기로 결정했다. 지금도 당신은 계속해서 결정을 내리고 있다. 당신은 **이 줄도** 읽기로 결정했다. 그리고 **이것도**.

좋다. 이쯤에서 당신은 자신에게 선택권이 있으며 우리가 당신을 통제할 수 없다는 것을 증명하기 위해 책 읽는 것을 **멈추고** 싶은 마음이 생길 수도 있다. 당신에게는 자유의지가 있다. 그렇지 않은가? 당신의 기분이 나아진다면 여기서 책 읽기를 중단하고 잠시 다른 곳을 바라봐도 좋다. 우리는 여기서 당신을 기다리고 있겠다.

다시 돌아왔는가? 좋은 결정이다(우리는 당신이 돌아올 것을 알고 있었다).

여기서 말하고자 하는 요점은, 우리 모두가 자신의 행동을 결정하고 있다고 생각하고 싶어 한다는 것이다. 우리는 하루를 보내면서 수천 개는 아니더라도 적어도 수백 개의 결정을 내리며 살고 있다. 침대에서 지금 일어나야 할까, 아니면 알람을 꺼놓고 좀 더 자야 할까? 샤워를 해야 할까? 아침 식사로 베이컨과 달걀을 먹을까, 아니면 따뜻한 오트밀 한 그릇을 먹을까? 당신은 세상의 어떤 굴이든 다 까서 열어볼 수 있고, 당신이 원한다면 심지어 아침 식사로 굴을 먹을 수도 있다. 권하지는 않겠지만 선택은 어디까지나 당신의 몫이다.

우리의 선택이 미리 정해져 있다거나 우리가 어떤 선택을 할지 예측 가능하다는 주장을 접하면 스스로를 통제하고 있다는 느낌을 가지고 있는 우리로서는 불편함을 느낄 수밖에 없다. 우리는 무언가를 결정할 때 그 결

정은 바로 **그 순간**에 일어나며, 누구도 그 결정을 그 전에 미리 예측할 수 없을 것이라고 믿고 싶어 한다.

하지만 정말 그럴까? 우리의 선택은 정말 예측할 수 없는 것일까? 과학이 발전하고 물리 법칙에 대한 우리의 이해가 점점 더 완전한 방향으로 나아가면서, 사람들은 자신의 결정을 예측할 수 있을 것인가에 대해 궁금해하기 시작했다. 이 주제를 실험실이 아닌 철학의 전당으로 가져간다면 다음과 같이 질문할 수 있을 것이다. 우리가 결정을 내릴 때 정말로 우리에게 선택권이 있을까? 아니면 복잡하며, 사고하는 존재인 우리의 행동들을 예측 가능한 규칙의 조합으로 단순화할 수 있을까?

그 해답은 당신이 계속해서 이 장을 읽기로 결정한다면, 곧 만나게 될 것이다. 하지만 경고하건대, 그 해답이 당신의 마음에 들지 않을 수도 있다.

뇌 속의 물리학

우리가 아는 한 우주의 모든 것은 물리 법칙을 따른다. 현재까지 물리 법칙을 따르지 않는 것은 단 하나도 발견하지 못했다. 우리가 수 세기 동안 발견하고 발전시켜 온 물리 법칙은 박테리아에서부터 나비, 블랙홀에 이르기까지 모든 것에 적용될 수 있는 것처럼 보인다.

그리고 **당신도** 우주의 일부이므로 물리 법칙은 당신은 물론이고, 사고 주체의 중심인 당신의 뇌에도 적용된다. 뇌와 블랙홀은 같은 구성 요소(물질과 에너지)로 이루어져 있다. 따라서 블랙홀에 적용되는 것과 동일한 규칙이 뇌에도 적용될 것이다.

물리학이 뇌를 이해하는 데 어떻게 도움이 될 수 있을까? 오늘 당신이 얼마나 많은 쿠키를 먹을지, 아니면 바나나를 선택할지를 예측하는 법칙이 있을까? 안타깝게도 뉴턴의 쿠키 제2법칙이나 아인슈타인의 바나나 뇌 방정식 따위는 없다. 하지만 물리학에서는 뇌와 같은 복잡한 대상도 우리가 이해할 수 있는 더 작고, 단순한 조각으로 분해하여 설명할 수 있다. 분해된 모든 조각을 합친 다음 전체가 어떻게 작동하는지 거꾸로 확인하면 되는 것이다.

이것은 우리가 어렸을 때 토스터가 어떻게 작동하는지 보려고 토스터를 분해했던 것과 같은 원리이다. 그렇지만 부디 뇌도 토스터처럼 다시 조립될 수 있기를 바란다.

뇌를 분해하면 여러 개의 엽lobe으로 나눌 수 있고, 엽은 뉴런으로 나눌 수 있다. 각 뉴런은 본질적으로 다른 뉴런으로부터 '켜짐' 또는 '꺼짐' 신호를 받는 작은 전기 스위치라고 보면 된다. 이렇게 뉴런은 다른 뉴런에 켜짐 또는 꺼짐 신호를 보낼 수 있다.

당신의 뇌는 이 같은 뉴런으로 구성되어 있다. 뇌에는 860억 개의 뉴런이 서로 얽혀 있고, 뉴런들은 모두 100조 개가 넘는 연결을 통해 서로 이어져 있다. 단순한 생물학적 스위치인 뉴런으로 이루어진 이 거대한 네트워크는 기억, 능력, 반사 신경, 생각과 같은 활동으로 당신을 만들어간다.

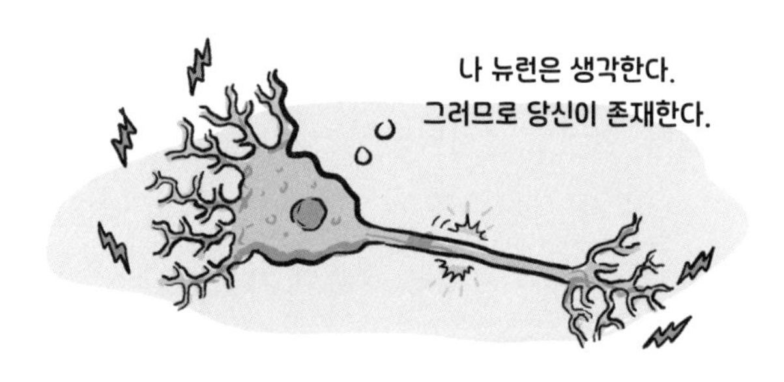

그것이 전부이다. 뇌는 단순한 스위치와 그 스위치 간의 수많은 연결로 이루어져 있다.

전기 스위치처럼 각 뉴런의 출력은 뉴런이 얻는 입력과 뉴런 내부에 있는 작은 생물학적 회로에 의해 결정된다. 뉴런 자체는 기분이나 변덕이 없다. 뉴런은 그렇게 하고 싶다고 '느껴서' 전기 신호를 내보내지 않는다. 각 뉴런은 단순히 유전적 구성에 의해 프로그램된 규칙을 따를 뿐이다.*

---

* 그보다는 조금 더 복잡하다. 뉴런도 변화하고 환경에 적응할 수 있다. 하지만 각 뉴런이 변화하고 적응하는 방법 역시 정해진 규칙을 따르는 것이기 때문에 요점은 동일하다.

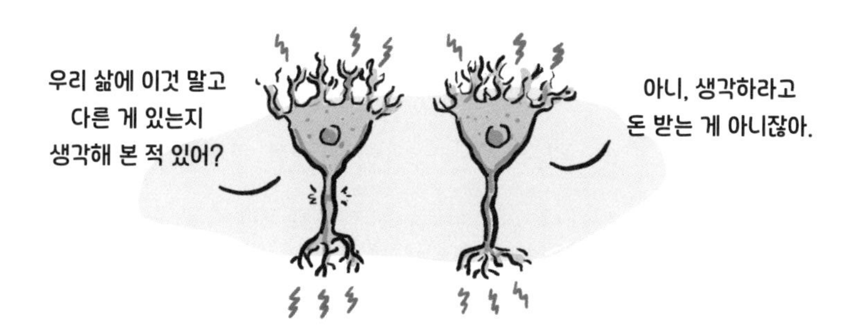

그렇다면 뇌는 예측 가능할까? 각 뉴런이 단순히 규칙을 따른다면, 신경세포인 뉴런이 무엇을 할지도 예측할 수 있어야 한다. 또 각각의 뉴런이 무엇을 할지 예측 가능하다면, 함께 연결된 뉴런 전체가 무엇을 할지도 예측할 수 있어야 한다. 그리고 **그것이 가능하다면** 이론적으로 뉴런의 집합체인 인간이 무엇을 할지도 예측할 수 있어야 한다.

하지만 너무 앞서가지는 말자. 뇌에는 예측을 쉽지 않게 만드는 몇 가지 특징이 있기 때문이다. 이런 특징은 카오스이론과 양자물리학과도 관련이 있다.

혼돈의 두뇌

뉴런은 기분에 따라 행동하지는 않지만 민감한 개체들의 집단이다.

완벽하게 조정된 기계나 견고한 컴퓨터 프로그램처럼 순전히 기계적으로 작동되는 것이더라도 항상 같은 결과를 내지는 않는다. 예를 들어 동전을 던질 때 항상 앞면이 나오는 것은 아니다. 동전을 공중에 던질 때 그리고 바닥에 떨어질 때, 동전은 물리 법칙을 따르고 있지만 동전이 매번 같은 면으로 떨어지지는 않는다. 동전 던지기는 동전을 던지는 방법의 작은 변화에 따라 동전이 매우 민감하게 반응한다. 손가락의 작은 튕김, 불규칙한 공기 흐름, 동전이 떨어지는 테이블 위의 작은 돌기가 모두 동전이 한 쪽 또는 다른 쪽으로 떨어질지에 영향을 미친다.

마찬가지로 뉴런도 입력 값의 작은 변화에 매우 민감하다. 뉴런은 다른 뉴런으로부터 받은 켜짐 또는 꺼짐 신호를 합산하는 방식으로 작동한다. 이때 뉴런은 각 연결의 강도에 따라 자신이 받은 신호에 가중치를 부여한

뉴런 게임

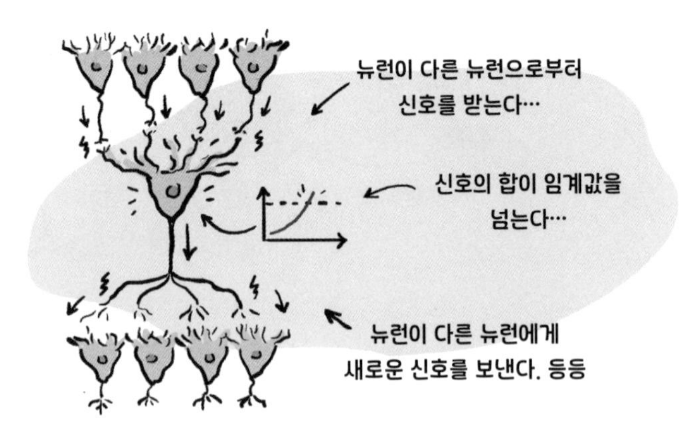

다. 그 과정에서 모든 신호의 합이 임계값을 넘으면 뉴런은 활성화되어 출력 부위에 연결된 다른 뉴런에 켜짐 신호를 보낸다. 반면 모든 신호의 합이 임계값에 미치지 못하면 뉴런은 침묵 상태를 유지한다. (수천 개의 입력 신호 중) 단 하나의 입력 신호 또는 단 하나의 연결 강도에서의 작은 변화가 특정 뉴런의 활성화 여부에 차이를 만들 수 있는 것이다.

이러한 민감도는 많은 뉴런을 연결할 때 더욱 극적으로 증가한다. 하나의 뉴런에서의 작은 변화가 도미노 효과처럼 연쇄적인 반응을 일으켜 네트워크가 완전히 다른 출력을 내보내는 결과로 이어질 수도 있다. 이때의 작은 변화는, 예를 들면 쿠키를 먹을 것인지 바나나를 먹을 것인지와 같은 작은 차이를 의미할 수도 있다.

시스템이 작은 변화에 이렇게 민감할 때 물리학자들은 이를 '카오스 chaotic'라고 한다. 물리학이 날씨를 잘 예측하지 못하는 것도 같은 이유이다. 우리는 빗방울 하나가 무엇을 하는지 예측할 수 있지만, 날씨는 서로 간의 충돌을 일으키는 데 민감한 수많은 물방울과 공기 분자로 구성되어 있다(그뿐만 아니라 바람, 산, 차가운 에어포켓 등 다른 인자들도 있다). 이러한 상호작용은 서로 상쇄되지 않고 계속 쌓여 점점 그 효과가 더 커지는 방향으로 작용한다. 다시 말해 무한대로 많은 물방울 중 단 하나의 물방울 방향을 잘못 예측하면 내일의 폭풍우에 대한 예측이 완전히 틀릴 수도 있다는 것이다. 더욱이 날개를 계속 퍼덕이는 성가신 곤충들까지 가세한다면 모든 것이 너무 혼란스러워져 예측은 불가능해진다.

폭풍우와 마찬가지로 뇌도 카오스 상태이다. 당신이 뉴런 하나의 행동만 예측하고자 한다면 이것은 잘 해낼 수도 있다. 하지만 그 예측이 완벽하지 않으면 어떻게 될까? 예를 들어 하나의 뉴런에 대한 예측 모델이 99

퍼센트 정확하다고 가정할 때, 이 모델은 매우 우수하다고 볼 수 있다(수학 시험에서 99퍼센트가 맞았다면 A+이다). 그러나 99퍼센트가 맞다는 것은 동시에 1퍼센트는 틀리다는 것을 의미한다. 즉 다음 뉴런 세트를 계속해서 예측해 가면 이 오류는 점점 확산되어 커질 것이다. 이것을 860억 개의 뉴런을 예측하는 상황으로 생각해 보면, 뇌가 무엇을 할지 예측하는 것이 왜 어려운지 알 수 있을 것이다.

그렇지만 과학은 결국에는 날씨를 예측하는 방법을 알아낼 수 있을 것이다. 충분한 컴퓨팅 성능과 시간만 있다면 이론적으로는 완벽하게 시뮬레이션할 수 있기 때문이다. 실제로 오늘날 전 세계 슈퍼컴퓨터의 대부분은 정밀한 지구 날씨 모델을 구축하는 데 투입되고 있다. 미래의 컴퓨터가 더욱더 크고 강력해지면 뇌의 모든 뉴런과 그 연결을 분자 수준까지 정확하게 시뮬레이션하는 것도 상상해 볼 수 있다.

그러면 미래에는 새로운 종류의 슈퍼컴퓨터를 만들어 뇌를 모델링하여 우리가 어떤 간식을 결정할지 예측할 수 있다는 뜻일까? 만약 우리의 뇌가 양자역학적 원리에 지배되고 있다면 이런 일은 불가능하다.

양자 두뇌

뇌가 카오스 상태인 것이 곧 예측이 불가능하다는 것을 의미할까? 반드시 그렇지는 않다. 단지 시스템이 카오스 상태라고 해서 예측할 수 없는 것은 아니다. 정확히 어떤 일이 일어날지 예측하기는 어려울 수 있지만, 여전히 예측은 가능하다. 결국 뇌도 물리 법칙을 따르며, 물리 법칙은 시뮬레이션이 가능하므로 예측할 수 있다는 의미이다.

하지만 물리 법칙 자체가 어떤 것을 예측할 수 없게 만든다면 어떨까?

현실이라는 실체를 몇 겹 벗겨내고 우리 주변의 모든 것을 구성하는 입자를 자세히 살펴보면 우주의 이상한 점을 발견할 수 있다. 완벽한 기계와 컴퓨터 프로그램에 적용되는 규칙이 양자역학에 지배받는 양자 입자에는 적용되지 않는다는 것이다.

이상적인 경우라면 시스템에 동일한 입력 조건을 부여하면 동일한 출력을 얻지만, 전자와 같은 **양자 입자는 그렇지 않다.** 이 말은 무슨 의미일까? 양자 입자는 정확히 같은 방식으로 찔러도 항상 **같은 방식으로 반응하지는 않는다**는 뜻이다. 한 번은 튕겨 나올 수도 있고, 또 한 번은 완전히 무시할 수도 있다.

어떻게 이런 일이 가능할까? 전자는 여전히 물리 법칙을 따르지만, 특

양자적 변덕스러움

이한 방식으로 따른다는 점에서 다르다. 양자물리학 법칙은 개별 전자에 정확히 어떤 일이 일어나는지에 대해서는 명확히 설명할 수 없다고 본다. 대신 어떤 일이 일어날 **가능성**이 어느 정도인지는 알려준다. 개별 전자에 **실제로** 일어나는 일은 여러 경우의 수 중에서 무작위로 뽑혀 이루어진다. 즉 양자 입자에 적용되는 물리 법칙은 어떤 일이 일어날지를 알려주는 것이 아니라, 어떤 일이 일어날 **가능성과 그 확률**에 대해 알려주는 이론이다.

이런 이유로 같은 전자를 같은 방식으로 여러 번 찌르면 매번 다른 결과를 얻을 수 있다.* 하지만 충분히 많이 찌르면, 어떤 패턴이 나타나기 시작한다(예컨대 75퍼센트는 튕겨나오고, 나머지 25퍼센트는 무시한다). **이 패턴은 물리 법칙으로 예측할 수 있다.** 그러나 특정 찌르기에 대해 나타나는 전자의 반응은 **물리 법칙에 의해 결정되는 것이 아니라** 우주에 의한(전자가 아니다) 완전히 무작위적인 선택으로 결정된다.

* 같은 일을 반복하면서 다른 결과를 기대하면 미쳤다는 이야기를 들을 수도 있다. 하지만 양자역학 영역에서는 완전히 맞는 말이다!

이런 방식이 미친 짓처럼 보인다면, 그것은 실제로 미친 짓이기 때문이다. 우리는 명확한 원인과 결과가 있는 것에 익숙하다. 예를 들어 의자를 밀면 의자는 그 방향으로 움직인다. 하지만 그것은 거시적 수준에서만 일어난다. 미시적 수준에서는 모든 것이 무작위적으로 일어난다.

이러한 사실은 우리의 질문에 중요한 의미를 지닌다. 뉴런은 양자 입자로 구성되어 있기 때문이다. 사실 우리가 아는 모든 것은 예측할 수 없는 양자 입자로 만들어졌다.

기묘한 양자 효과

이쯤 되면 약간 혼란스러울 수 있다. 방금 뉴런은 양자 입자로 만들어졌고, 양자 입자는 무작위적이어서 예측할 수 없다고 했다. 그렇다면 뉴런도 예측할 수 없다는 뜻인가?

다시 말하지만, 꼭 그렇지는 않다.

우리 주변을 둘러보면 이상한 양자 효과는 별로 목격되지 않는다. 쿠키가 포장지에서 무작위로 사라진다든지, 갑자기 어디선가 쿠키가 튀어나온다든지, 양자 터널을 통해 쿠키가 당신의 뱃속으로 들어가는 일은 보지 못했다. 적어도 쿠키를 비롯하여 크기가 큰 것들은 예측 가능한 규칙을 따르는 것 같다. 그러면 왜 큰 것이 작은 것과 이렇게 다를까?

그 차이에는 두 가지 이유가 있다. (a) 쿠키에 비해 양자 입자의 무작위성은 매우 작다, (b) 우리 세계 대부분의 사물에서 무작위성은 평균적으로 아무 일도 일어나지 않는 것처럼 보인다. 그럼 이러한 개념을 하나씩 살펴보겠다.

양자 입자의 무작위성은 매우 작다

양자 입자는 쿠키나 뉴런에 비해 극히 작다. 하나의 뉴런은 10^{27}개 이상의 입자들로 구성되어 있다. 따라서 단일 입자의 양자 변동(이쪽으로 이동할 것인가 또는 저쪽으로 이동할 것인가)은 쿠키나 뉴런에 큰 차이를 만들어내기에 너무 작다. 예를 들어 당신 몸의 세포 하나가 오른쪽으로 조금 움직인다고 해서 그것을 느낄 수 있을까? 아마 느끼지 못할 것이다.

양자 무작위성은 평균화되는 경향이 있다

뉴런을 구성하는 모든 입자에서 발생하는 양자 변동은 대부분 상쇄될 가능성이 높다. 만약 뉴런에 오른쪽으로 이상하게 양자 이동을 하는 입자가 있다면, 그 효과는 왼쪽으로 이동하는 임의의 다른 입자에 의해 상쇄될 가능성이 높다는 의미이다. 다시 말해 예측할 수 없는 양자의 작은 꿈틀거

림은 다른 입자들의 꿈틀거림에 의해 상쇄되어 사라지는 경향이 있다.

이 두 가지 현상은 모든 물체에서 일어난다. 사실 이것이 물리학자들이 양자역학을 발견하는 데 오랜 시간이 걸린 이유이다. 우리 눈에 양자역학은 아주 작은 입자 단위에서만 관찰되기 때문이다. 농구공과 빗방울이 갑자기 경로를 벗어나거나 무작위로 움직인다면, 우리는 양자물리학을 훨씬 더 일찍 발견했을 것이다.

하지만 양자 효과가 작고, 일반적으로 서로 상쇄되어 나타나지 않는다고 해서 이를 완전히 무시할 수 있다는 의미는 아니라는 것을 기억해야 한다. 그럼 뉴런과 같은 크기의 것들은 양자 무작위성에 전혀 영향을 받지 않을까? 사실, 우리는 모른다! 뉴런은 무작위적 양자 변동에 상당히 **민감하게 반응하고,** 이런 양자 변동은 뉴런의 활성화 여부에 영향을 미칠 수도 있다. 만약 이것이 사실이라면, 우리의 뇌 회로에는 **무작위성이라는 요소가 내재되어 있는 것이다.** 이 경우 누군가의 생각과 행동을 절대로 예측할 수 없다는 뜻이다.

불행히도, 현재로서는 뉴런이 양자 무작위성에 민감하다는 증거는 없다. 몇몇 유명한 물리학자들이 이 가설을 지지했지만, 지금껏 뉴런이 실제로 양자 무작위성을 나타내는 것을 보여주는 실험은 없었다. 다른 물리학자들은 양자 무작위성을 의식이나 자유의지와 같은 철학적 개념과 연결하려고 시도하기도 했다. 그러나 지금까지 이런 주장은 나이지리아 이메일 사기만큼이나 설득력이 떨어진다.

예측하기 어려운 당신

요약하자면, 우리의 뇌는 **카오스 상태인 동시에 양자적이다.** 이 말은 당신을 예측할 수 있다는 주장이 상당한 논란의 여지가 있다는 의미이다.

만약 뇌가 양자역학적 효과에 민감하다면, 우리의 결정에 예측할 수 없는 무작위적인 요소가 내재되어 있다는 뜻이다. 단지 예측이 어렵기만 한 것이 아니라 **불가능하다.** 말 그대로 당신이 다음에 무엇을 할지 아무도 모른다는 뜻이다.

뇌가 양자역학적 효과에 민감하지 않더라도 카오스이론에 따르면 누구도, 그 무엇도 당신의 생각과 행동을 예측하는 것은 거의 불가능하다. 860억 개의 뉴런과 그것들 100조 개의 연결을 완벽하게 시뮬레이션하는 것이 이론적으로는 가능할 수도 있다. 하지만 가까운 미래에 이것이 실현될 가능성이 없다는 것은 확실하다.

현재로서는 당신의 뇌(따라서 당신)를 예측할 수 없다는 점을 안심해도 된다. 그러나 이것이 당신의 결정을 자신이 통제하고 있다는 것과 같은 의미일까?

예측할 수 없다는 것은 **통제하고 있다**는 것과는 완전히 다르다. 무작위성은 통제력이 있다는 뜻이 아니다. 두뇌가 **무작위적**이라면, 당신이 어떤 결정의 **주체가 아니라는 것**을 의미한다. 그것은 우주가 주사위를 던져서 당신이 무엇을 할지 결정한다는 뜻이다. 어쩌면 당신의 '당신다움'은 다른 모든 사람의 '나다움'과 같을지도 모른다. 당신(그리고 우리)이 곧 우주이다.

만약 당신이 이 새로운 시대의 결론을 이해하지 못하고 눈을 굴리고 있다면, 당신이 다음에 무엇을 할지 우리는 완벽히 예측할 수 있다. 당신은 이 장을 읽는 것을 그만둘 것이다.

11

우주는 어디에서 왔을까?

밤하늘의 장엄한 광경을 올려다보거나 미시 세계의 복잡한 아름다움에 감탄할 때면 이런 궁금증이 생길 수밖에 없다. 이 모든 것은 어디에서 왔을까? 우주는 왜 존재할까? 무엇이 또는 누가 이 모든 것을 만들었을까?

사람들은 오랫동안 우주를 우러르며 경이로워했고, 그 기원을 추측해 왔다. 물리학이나 만화가 등장하기 훨씬 오래전부터 그래 왔던 것은 틀림없다. 이러한 질문은 우리 존재의 맥락을 밝히는 데 도움이 되기 때문에 중요한 의미를 지닌다. 우리가 **어떻게** 존재하게 되었는지 알면 우리가 **왜** 여기에 있고, 어떻게 시간을 보내야 하는지도 알 수 있기 때문이다. 우주가 어디에서 왔는지 안다면, 당신의 삶의 방식이 바뀔 수도 있는 것이다.

◊ 옐프Yelp는 사용자의 후기를 제공하는 리뷰 사이트이다.-옮긴이

그렇다면 물리학은 모든 질문 가운데 가장 중요한 이 질문들에 대해 실제로 우리에게 무엇을 알려줄 수 있을까?

태초에

우주가 어디에서 왔는지 또는 어떻게 생겨났는지 묻기 전에, 우리는 잠시 한 발자국 뒤로 물러날 필요가 있다. 우리가 해야 할 첫 번째 질문은 바로 이것이다. 우주는 무無에서부터 생겨났을까, 아니면 원래부터 항상 여기에 있었을까? 이 질문에 대해 물리학이 할 말이 많다는 사실을 알면 당신

은 놀랄 수도 있다. 불행히도, 이 질문에 대해 물리학이 말하는 내용 가운데 많은 부분은 통일되어 있지 않다. 실제로 우주에 관한 두 가지 위대한 이론인 양자역학과 상대성이론은 이 주제에 대해 매우 다른 두 가지 방향을 제시하고 있기 때문이다.

양자 우주

양자역학은 우주가 익숙하지 않은 이상한 규칙을 따른다고 설명한다. 양자역학에 따르면, 입자와 에너지는 기이하고 불확실한 방식으로 행동한다. 그것은 매우 혼란스러운 현상이지만, 다행히도 우리가 묻고 있는 질문과 관련된 것은 아니다. 반면 양자역학은 우주의 과거와 미래에 관해서는 **매우 명확한** 설명을 제시한다.

양자역학은 양자 상태의 관점에서 사물을 설명하는 학문이다. 양자 상태는 양자 입자가 상호작용을 할 때 어떤 일이 일어날지 확률을 알려준다. 예를 들어 입자가 어디에 위치할 가능성이 있는지 확률을 알려줄 수 있다. 다시 말해 입자가 지금 어디에 있는지는 모르지만, **어디에 있을 것 같은지** 확률은 알 수 있다는 뜻이다. 양자 상태가 흥미로운 이유는 오늘 양자 입자의 상태를 알면 그것을 활용하여 내일 어떤 양자 상태가 될지 예측할 수 있기 때문이다. 심지어 2주 후 또는 10억 년 이후에 대해서도 예측할 수 있다. 양자역학에서 가장 유명한 방정식인 슈뢰딩거 방정식Schrödinger equation은 고양이와 상자에 관한 것이 아니다. 슈뢰딩거 방정식은 어떻게 현재 우주에 대해 알고 있는 것을 이용하여 미래를 예측할 수 있는지에 관한 이론이다. 이것은 역방향으로도 작동한다. 즉 현재 알고 있는 것을 가지고 과거의 우주가 어땠는지도 유추할 수 있기 때문이다.

이론적으로 슈뢰딩거 방정식의 예측력에는 시간제한이 없다. 양자 정보는 시간에 의해 사라지지 않는다는 것이 기본 원칙이기 때문이다. 그것은 단지 새로운 양자 상태로 변환될 뿐이다. 다시 말해 현재 우주의 양자 상태를 알면 **어느 시점이든** 그때의 양자 상태를 계산할 수 있다는 의미이다. 양자역학은 우주가 시간상 앞뒤로 영원히 늘일 수 있는 것이라고 설명한다.

이것이 의미하는 바는 매우 간단하다. 우주는 항상 존재해 왔고 앞으로도 영원히 존재할 것이라는 뜻이다. 양자역학에 대한 우리의 이해가 정확하다면, 우주의 시작은 존재하지 않는다.

상대론적 우주

반면 아인슈타인의 상대성이론은 우주에 대해 매우 다른 얘기를 들려준다. 상대성이론이 말하는 양자역학의 문제점 중 하나는 공간을 **정적**인 것으로 가정한다는 것이다. 공간이라는 고정된 배경 어디에든 입자와 장field을 배치할 수 있는 것으로 여기는 것이다. 그러나 상대성이론은 이런 생각이 매우 잘못되었다고 말한다.

상대성이론에 따르면 공간은 휘어지고 늘어나고 압축될 수 있다는 점에서 매우 동적이다. 우리는 블랙홀이나 태양과 같은 무거운 물체 주위로 공간이 휘어지는 것을 볼 수 있다. 또한 아인슈타인의 이론은 모든 공간이 어떻게 팽창하는지에 대해서도 설명한다. 공간은 그저 평평한 텅 빈 곳이 아니다. 공간은 무거운 물체에 의해 국부적으로 휘어지기도 하고, 점점 자라서 커지기도 한다.

이것은 상대성이론을 증명하는 수학에서 먼저 제시된 개념이었다. 처음에는 말도 안 되는 생각이라고 했지만, 이제 우리는 이것을 실험적으로도 증명할 수 있게 되었다. 망원경을 사용하여 관찰하면 은하들이 매년 점점 더 빠르게 우리에게서 멀어지는 것을 볼 수 있기 때문이다. 우주의 모든 것은 점점 더 팽창하고 차가워지는 것처럼 보인다. 기체가 팽창하면 온도가 내려가는 것처럼 말이다.

이러한 현상이 우주의 기원에 대해 무엇을 의미할까? 우리의 관측에 따르면 시계를 거꾸로 돌렸을 때의 우주는 지금보다 훨씬 더 뜨겁고 밀도가 높았을 것이다. 그리고 시간을 충분히 더 거슬러 올라가면 우주는 매우 특별한 한 점, 즉 특이점에 이른다.

이 시점에 이르면 우주의 밀도가 너무 커져 상대성이론 계산이 약간 엉망이 된다. 우주의 밀도가 너무 커지고 공간이 너무 많이 휘어져 계산 결과로는 우주의 밀도가 무한한 지점에 도달한다고 예측되기 때문이다.

상대성이론의 관점은 우주에 시작점이 있었거나, 적어도 특별한 순간이

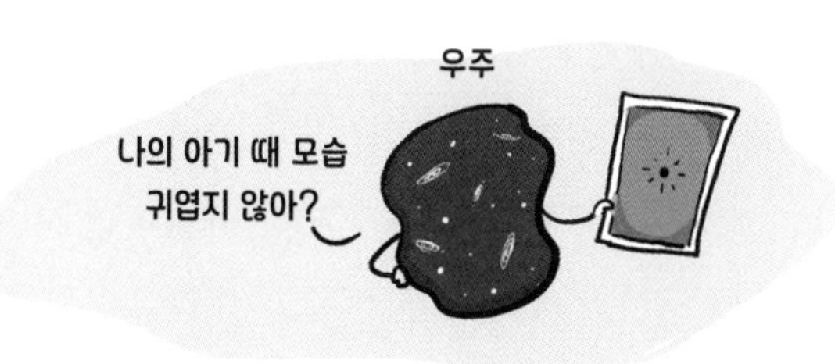

있었음을 말해 준다. 우주를 포함한 우리 주변에 존재하는 모든 것이 바로 그 특별한 시점에서 비롯되었다고 본다. 안타깝게도 상대성이론은 그 시점에 어떤 일이 일어났는지 우리에게 말해 주지는 않는다. 하지만 그 특별한 시점은 그 이후의 어떤 시점과도 같지 않음을 우리는 알고 있다. 이 특별한 시점은 상대성이론에게는 그 너머를 설명할 수 없는 벽과도 같다.

양자역학 vs 상대성이론

이와 같이 현대 물리학의 두 기둥은 우주의 기원에 관해 매우 다른 주장을 펼치고 있다. 양자역학은 우주가 영원하며 항상 존재해 왔다고 말한다. 반면 상대성이론은 우주가 140억 년 전에 무한한 밀도의 어떤 특별한 점에서부터 시작되었다고 말한다.

우리는 양자역학이 완벽하지 않다는 것을 알고 있다. 우주에 대해 양자역학이 설명하지 못하는 부분이 있기 때문이다. 예를 들어 양자역학은 중력이나 공간의 휘어짐을 설명하지 못한다. 그러나 우리는 상대성이론도 완전히 옳을 수 없다는 것을 알고 있다. 상대성이론은 특이점 개념을 설명하지 못하고, 우주의 양자적 특성을 무시하기 때문이다.

따라서 우주의 기원에 관한 질문에 답하려면 새로운 이론이 필요하다는 것은 분명하다. 우주의 초기 순간을 설명할 수 있고, 양자역학과 상대성이론의 장점을 통합할 수 있는 이론이 필요하다. 우리가 이러한 새로운 이론을 갖게 된다면 우주는 어디에서 왔고, 어떻게 시작되었는지와 같은 더 크고 근본적인 질문에도 답할 수 있을 것이다.

가능한 이론은 무엇일까?

양자역학과 상대성이론을 통합할 수 있는 이론은 아직 없지만, 이와 관련하여 다양한 아이디어가 등장하고 있다. 말하자면 끈이론string theory부터 루프 양자중력loop quantum gravity, 그리고 더 우스꽝스러운 이름의 엉뚱한 이론들(기하역학geometrodynamic 등등)도 많다.

이러한 아이디어는 다음과 같이 일반적으로 셋 중 하나로 분류될 수 있다.

(1) 양자역학이 대부분 옳다.

(2) 상대성이론이 대부분 옳다.

(3) 둘 다 옳지 않다.

우리는 이어지는 내용에서 이 아이디어들의 가능성을 살펴보고, 그 이론들이 우주의 기원에 관해 무엇을 이야기하는지 알아보도록 하겠다.

양자역학이 대부분 옳다

첫 번째 가능성은 양자역학이 대부분 옳고, 우주는 항상 존재해 왔으며 앞으로도 영원히 존재할 것이라는 생각이다. 물론 양자 우주론의 가장 큰 문제는 우주가 어떻게 성장하고 변화하는지를 설명하지 못한다는 점이다. 또한 140억 년 전 극도로 뜨겁고 밀도가 높았던 상태에서 어떻게 우주가 생겨났는지에 대해서도 설명하지 못한다.

그렇다면 양자물리학의 대부분은 유지하면서 공간의 변화에 대해 양자적 설명을 추가할 수 있다면 어떨까? 이 경우 우리가 찾고 있는 해답을 줄 수도 있다.

이를 위해 일부 물리학자들은 공간을 다른 각도에서 설명하려는 시도를 해왔다. 우리는 공간을 다음과 같은 기본적인 개념으로 생각하는 데 익

숙하다. 즉 사물은 공간 안에 존재하고, 공간 안에서 사물은 위치를 갖고 움직일 수 있다는 것이다. 우리가 아는 한 공간은 다른 어떤 것의 내부에 존재하지 않는다.

하지만 그것이 사실이 아니라면 어떨까? 공간보다 더 깊고 근본적인 무언가가 있다면 어떨까? 공간이 실제로는 더 작은 양자 비트quantum bit로 구성되어 있고, 그것들이 때때로 함께 정렬되어 우리에게 익숙한 공간의 속성을 나타낸다면 어떨까?

우리는 물리학에서 이런 종류의 현상을 항상 접하는데, 이를 '창발적 현상'이라고 한다. 예를 들어 액체 상태의 물, 증기, 얼음은 모두 동일한 물 분자가 나타내는 창발적 현상이다. 온도와 압력에 따라 물 분자가 서로 간에 상호작용이 달라지면서 각기 다른 형태로 나타나는 것이다. 마찬가지로 공간 자체가 창발적 현상의 하나일 수 있다는 것이 이 아이디어의 핵심이다. 공간이 우주의 본질적 단위인 양자 비트들이 서로 연결되어 나타난 현상 가운데 하나일 수 있다는 것이다.

그렇다면 우주의 기본 조각인 양자 비트는 무엇일까? 이론마다 다르지만 우리가 양자 비트에 대해 말할 수 있는 사항은 다음과 같다.

(a) 양자 비트들은 위치를 나타낸다. 각 위치에는 입자와 힘의 장이 있으며, 그로 인해 당신을 포함한 다른 모든 것들이 존재할 수 있는 것이다.

(b) 양자 비트는 순서대로 배열되어 있지 않다. 그것은 어딘가에 일렬로 깔끔하게 정렬되어 있지 않다. 그보다는 일종의 양자 거품quantum foam 형태로 존재한다.

(c) 양자 비트들은 '얽힘'이라고 불리는 양자 관계에 의해 서로 연결되어 있고, 이 관계를 통해 하나의 확률이 다른 확률에 영향을 미치게 된다.

이와 같은 이론에 따르면 우리가 우주라고 부르는 것은, 실제로 특별한 방식으로 서로 연결된 양자 비트의 네트워크라는 것이다.

이 이론은 또한 우리가 '공간'이라고 인식하는 것이 실제로 네트워크에서 양자 비트 사이의 연결 강도가 얼마나 강한지를 나타내는 것에 불과하다고 말한다. 양자 비트가 강하게 얽혀 있으면, 우리는 위치적으로 서로 가깝다고 인식하게 된다는 것이다. 그리고 약하게 얽힌 양자 비트는 우리가 위치적으로 서로 멀리 떨어져 있다고 인식하게 된다. 이런 식으로 공간은 이 모든 양자 비트들이 직조물처럼 짜여 탄생된다고 보는 것이다.

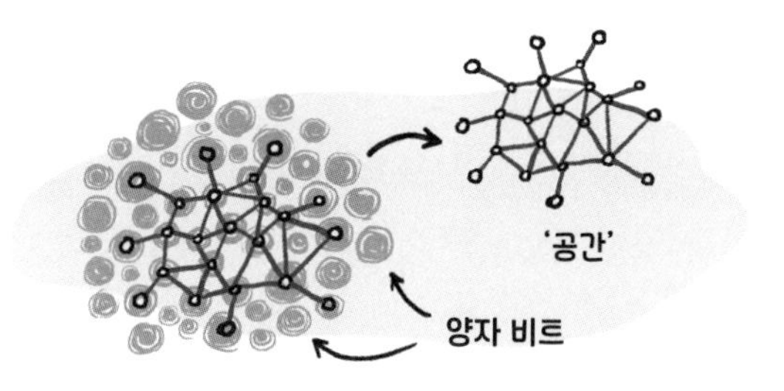

이러한 설명은 현재 우리가 우주에서 경험하는 것을 잘 반영하기 때문에 양자적 관점에서 볼 때도 합리적이다. 가까이 있는 것들(강하게 얽힌 것들)은 서로 영향을 미칠 가능성이 높고, 멀리 떨어진 것들(약하게 얽힌 것들)은 서로 영향을 미칠 가능성이 낮다. 예를 들어 우주 반대편에 있는 별에서 초신성 폭발이 일어나더라도 당신은 이를 무시하고 점심을 즐길 수 있다.

하지만 가까운 별에서 초신성 폭발이 일어나면 당신의 점심은 새까맣게 탄 토스트가 된다(물론 당신도 타버릴 것이다).

이 설명은 공간이 갖는 유연성을 인정하기 때문에 상대성이론 관점에서도 합리적이다. 공간의 휘어짐을 무거운 물체 근처에 있는 양자 비트 사이의 관계(또는 얽힘)가 일시적으로 변하는 것으로 설명할 수 있기 때문이다. 또한 이 이론은 우주가 어떻게 팽창될 수 있는지에 대해서도 설명할 수 있다. 우주의 팽창은 현재의 양자 비트 네트워크에 새로운 양자 비트가 들어와 얽히면서 효과적으로 더 많은 공간이 만들어지는 것이라는 해석이다. 이러한 현상을 우리는 우주가 점점 더 커진다고 보는 것이다.

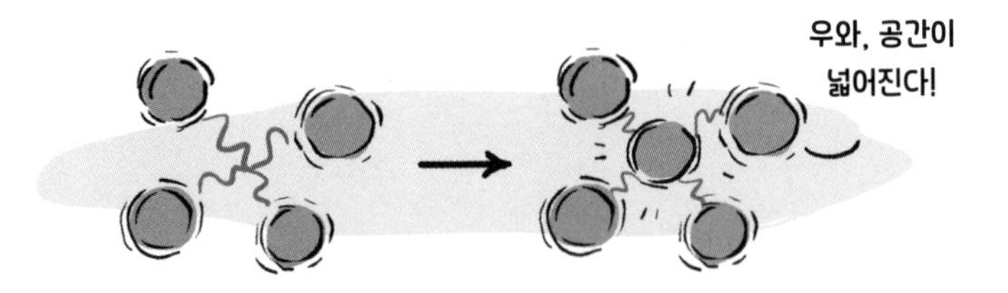

이런 아이디어가 미친 소리처럼 들릴지 모르지만 '우주는 어디에서 왔을까?'라는 질문에 명확한 답을 줄 수 있는 설명 중 하나이다. 이 견해에 따르면, 우리 우주는 양자 비트로 가득 찬 더 큰 메타우주metauniverse에서

왔으며, 우리가 '공간'이라고 부르는 것은 실제로는 서로 연결된 양자 비트의 덩어리일 뿐이다. 이 아이디어에는 몇 가지 흥미로운 의미가 내포되어 있다. 만약 우리 우주가 양자 메타우주 안에서 서로 연결된 양자 비트들의 덩어리라면, 우리 우주 외에 다른 우주도 존재할 수 있다는 것이다. 다시 말해서 우리 우주와는 다른 방식으로 양자 비트가 연결된 또 다른 우주가 존재할 수 있다는 것이다. 이는 또한 특정 우주와 전혀 **연결되지 않은** 공간이 많이 있을지도 모른다는 것을 의미한다. 이 거품 안에는 서로 연결되지 않거나 일관성 없는 방식으로 연결된 양자 비트들도 존재할 수 있다는 것이다. 한마디로 많은 비非우주가 존재할 수 있다는 뜻이다.

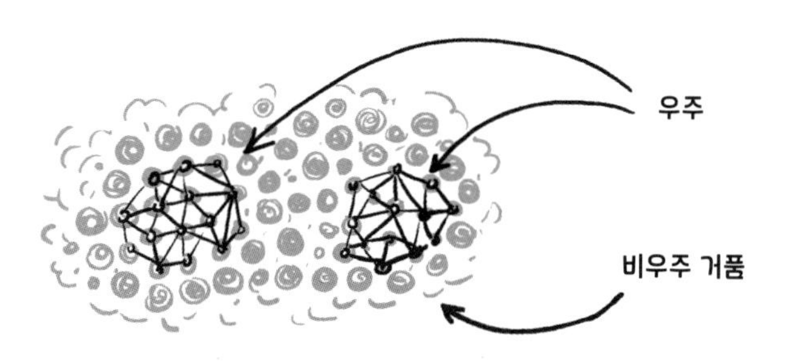

물론 이 아이디어가 **우리의 우주가** 어디에서 왔는지 답할 수 있더라도, 동시에 더 많은 의문을 불러일으킨다. 이를테면 도대체 양자 비트는 무엇일까? 그리고 **양자비트는 어디에서 왔을까?** 양자 비트가 우리 우주를 형성하게 된 원인은 무엇일까? 그리고 더 큰 메타우주는 어디에서 왔을까?

상대성이론이 대부분 옳다

또 다른 가능성은 상대성이론이 대부분 옳고, 우리 우주가 140억 년 전에 일어난 단일 사건('특이점', 즉 우주의 시작점)에서 비롯되었다는 것이다. 하지만 어떻게 이것이 양자역학의 주장인 우주가 항상 존재해 왔다는 생각과 일치할 수 있을까?

상대성이론이 주장하는 특이점 개념에는 또 다른 문제가 있다. 양자역학에 따르면 특이점 자체가 존재할 수 없기 때문이다. 양자역학의 핵심 개념인 하이젠베르크 불확정성 원리Heisenberg uncertainty principle에 의하면, 어떤 것도 그렇게 작은 크기로는 수렴할 수 없다. 양자역학에서는 모든 것에 최소한의 불확정성이 존재하며, 이러한 효과는 물질과 에너지를 함께 압축할수록 더욱 강해진다. 그렇다면 무한히 작은 점 안에 우주 전체를 구겨 넣을 수 있다는 상대성이론의 주장과 불확정성을 특징으로 하는 양자역학이 어떻게 공존할 수 있을까?

일부 물리학자들은 이 같은 양자역학적 제한에 몇 가지 허점을 발견했다. 그리고 상대성이론에서 주장하는 우주 기원에 관한 가설에 다음과 같은 몇 가지 조정안을 제안했다.

첫째, 물리학자들은 특이점도 양자역학에서 주장하는 불확정성을 포함할 수 있다는 가능성을 열어놓았다. 어쩌면 우주는 하나의 점에서 생겨난 것이 아니라 공간과 시간이 모호하게 뭉쳐진 퍼지 특이점fuzzy singularity의 형태로 생겨났을 수 있다는 것이다. 다시 말해 처음부터 우주는 양자 상태였을지도 모른다는 것이다. 이런 견해는 상대성이론에서도 어려움을 겪고 있는 무한 밀도를 가진 한 점을 설명해야 하는 성가신 수학적 문제를 피할 수 있게 해준다.

둘째, 물리학자들은 '항상'이라는 단어의 의미를 약간 조정하면, 우주가 항상 존재해 왔다는 양자역학적 요구 조건에 상대성이론도 동의할 것이라고 말한다. 상대성이론에서 주장하는 특이점 개념이 많은 사람들을 성가

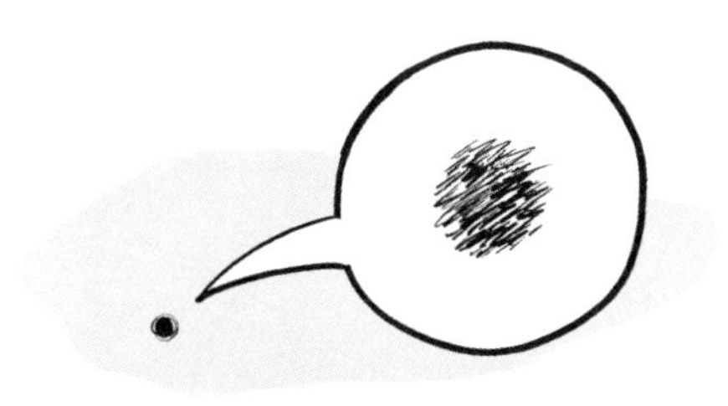

퍼지 특이점이라는 모호한 우주의 배꼽

시게 만드는 것은, 그것이 시간의 경계 또는 종말에 관해 이야기하고 있기 때문이다. 다시 말해 특이점에서 시간이 끝나고, 그 지점 너머에는 더 이상 시간이 없다는 주장이다. 하지만 시간이 항상 존재하면서 동시에 끝날 수도 있다면 어떨까?

스티븐 호킹과 그의 친구들은 이 주장에 답하기 위해 다음과 같은 아이디어를 제안했다. "시간 자체가 퍼지 특이점에서 시작된다면 어떨까?" 그들은 이 아이디어를 '무경계 제안no-boundary proposal'이라고 불렀다. 이 아이디어는 시간을 직선이 아닌 원형으로 여긴다. 이런 맥락에서 본다면, 퍼지 특이점 이전의 시간을 이야기하는 것은 의미가 없다. 그 이전에는 시간이 존재하지 않기 때문이다. 이 이론에 따르면, 시간은 퍼지 특이점 안에서 돌고 있다가 빅뱅으로 인해 탄생했다. 가상의 시간이 빅뱅이 일어나면서 실제 시간으로 바뀐 것이다. 호킹은 이를 설명하기 위해 퍼지 특이점 이전의 시간을 묻는 것은 북극점에서 북쪽이 어디인지 묻는 것과 같다라는 간단한 비유를 들기도 했다. 퍼지 특이점은 시간의 북극점과 같아서 그 이전에 시간이 어디에서 왔는지를 묻는 것은 의미가 없다는 것이다.

이 모든 것은 상대성이론이 옳다면, 우주는 다른 어떤 것에서 생겨난 것이 아니라는 것을 말해 준다. 우주는 어떤 식으로든 우주 자체로부터 생겨

났다는 뜻이다. 시간과 공간은 함께 시작되었으며, 그 이전에 무엇이 있었는지 생각하는 것은 의미가 없다는 것이다. 상대성이론에 따르면 우주의 기원은 우주 자체다.

둘 다 옳지 않다

마지막 가능성은 양자역학과 상대성이론 둘 다 옳지 않다는 것이다. 어쩌면 우주는 항상 존재해 왔다는 양자역학의 주장이 틀렸을 수도 있고, 우주가 특이점에서 '시작되었다'는 상대성이론의 주장도 틀렸을 수 있다.

물리학에서는 때때로 잘못된 질문을 해서 엉터리 답을 얻기도 한다. 예를 들어 '우주는 어디에서 왔을까?'라는 질문은 우주가 어딘가로부터 왔을 것임을 가정하고 묻는 것이다. 또한 이 질문은 다른 가능성도 열려 있는데, 어떤 조건 아래에서는 우주가 **존재하지 않을 수도 있다**는 가정이다.

하지만 우주가 그냥 존재하고 있었다면 어떨까? 우주는 **존재해야 하고,** 우주가 존재하지 않을 수 있다는 대안이 실제로 유효한 선택이 아니라면 어떨까?

위 질문은 괴상한 철학적 말장난처럼 들릴 수 있지만, 이를 뒷받침하는 매우 수학적인 논거가 있다. 또한 다음의 질문은 가장 수학적인 주장이라고 할 수 있다. '만약 우주 자체가 수학이라면 어떨까?'

물리학에서는 우주의 법칙을 설명하기 위해 수학을 사용한다. 물리학의 언어가 수학인 것이다. 하지만 수학이 단지 별의 개수를 세거나 물리학 문제를 해결하는 데 유용한 도구 이상이라면 어떨까? 수학이 우주를 **설명하는 도구가 아니라 우주 그 자체라**면 어떨까?

이러한 관점에서 보면, 우주는 수학 수식이자 논리와 확률 그 자체다. 숫자 2가 존재하고, 또는 '3 + 7 = 10'이라는 수식이 존재하는 것과 같은 방식으로 우주가 존재하는 것이다. 아무도 '숫자 2는 왜 존재하는가?' 또는 '숫자 2는 어디에서 왔는가?'라고 묻지 않는다. 그것은 그냥… 존재할 뿐이다. 일부 물리학자들과 철학자들은 우주가 **수학적으로 작동하기 때문에** 존재할 수 있는 것이라고 말한다. 우리 우주를 설명하는 모든 물리 법칙도 이치에 맞기 때문에 존재할 수 있는 것과 같은 원리이다.

이러한 주장을 하는 물리학자들은 수학적으로 옳은 물리 법칙이라면 **마땅히 실재하고 존재해야 한다**고 생각한다. 예를 들면 중력이 세 배 더 강하거나 자연의 다섯 번째 기본 힘을 가진 곳에서 적용되는 물리 법칙이 있을 수 있다고 해보자(현재까지 자연계에 존재하는 네 가지 기본적인 힘은 중력, 전자기력, 강한 핵력, 약한 핵력이 있다고 알려져 있다.-옮긴이). 이 방정식이 옳고 관련된 물리 법칙에 논리적 모순이 없다면, 그 법칙이 적용되는 우주는 반드시 존재해야 한다. 모든 숫자와 논리 방정식(예컨대 '1 + 1 = 2')이 존재하는 것처

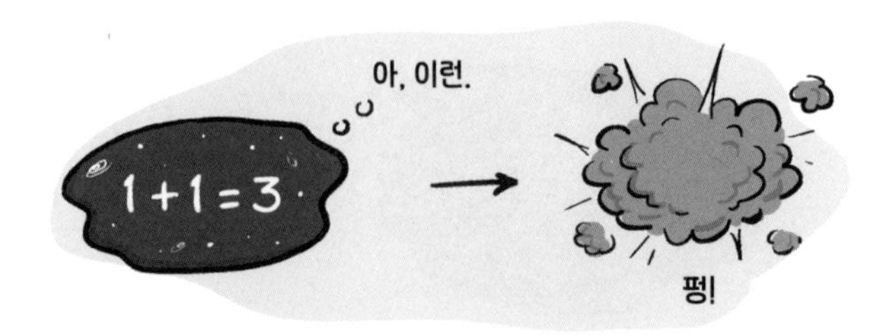

럼 자체적으로 일관된 우주 공식도 마찬가지이다. 만약 일군의 물리 법칙들이 제대로 작동하지 않는다면, 그런 법칙을 지닌 우주 역시 사라지거나 처음부터 생겨나지 않아야 한다.

이 같은 주장이 진짜일까? 그럴 수도 있다. 많은 물리학자들은 이 주장에 대해 회의적인데, 현재 우주를 규정하는 수학적 규칙을 구축할 수 있는 여러 다양한 방법이 있기 때문이다. 예를 들어 중력을 양자역학으로 설명하는 잠재적 이론으로서 각광받고 있는 끈이론에는 10^{500}개의 변형된 모델이 있다. 이 변형 모델들은 모두 우리 우주에서 일어나는 현상과 일치한다.

이러한 주장들은 어쩌면 우리의 이론들이 아직 미완성 단계여서 많은 의문을 불러일으켰다고 본다. 우리가 완전히 자연법칙을 이해하게 된다면, 수학적으로 가능한 우주는 단 하나뿐이라고 말해 주는 하나의 유효한 이론을 찾을 수 있을 것이다. 그러면 우리의 우주는 그냥 그렇게 될 수밖에 없던 존재가 아니라, 유일하게 가능한 존재가 될 것이다.

어떻게 무에서 유가 나올 수 있을까?

우주에 관한 근본적인 질문에 우리가 답변해 주기를 기대하며 이 장까지 왔다면, 당신만 그런 것이 아니니 외로워하지 말라. 하지만 안타깝게도 관련 이론들 대부분은 우주가 어떤 것에서부터 생겨난 것이 아니라고 말하는 듯하다. 그 이론들은 우주가 항상 존재하고 있었거나, **존재해야만 하는 것이거나**, 심지어 우주가 어디서 왔는지 묻는 것조차 말이 되지 않는다고 이야기하고 있으니 말이다.

이것은 질문을 회피하고 싶은 물리학자들의 성향을 반영한 것일 수도 있다. 만약 우주가 무언가로부터 왔다는 것을 보여줄 수 있다면, 그 무언가는 어디에서 왔는지 또 답해야 하기 때문이다. 그 질문은 꼬리에 꼬리를 물고 결코 끝나지 않을 것이다.

하지만 질문을 회피하는 것은 좀 실망스럽다. 우리가 우주에 대해 가지고 있는 뿌리 깊은 선입견, 이를테면 모든 것은 무언가에서 생겨난다는 생각으로부터 도망가는 것이기 때문이다.

우리는 교육을 받기 시작하면서부터, 그리고 일상적인 경험을 통해 이 우주에서 공짜로 주어지는 것은 아무것도 없다는 것을 배운다. 에너지는 항상 보존되며, 무에서부터 유가 나타나는 신비스러운 일은 없다는 것을 믿도록 배운다. 모든 일에는 항상 이유가 있으며, 우리 인간의 뇌는 그 이유를 찾도록 진화해 왔다.

하지만 지난 수년 동안 우리는 이 기본적인 생각조차 반드시 맞는 것은 아니라는 사실을 알게 되었다. 우주를 바라보면 우주 공간은 왕성하게 팽창하고 있으며, 항상 새로운 공간이 만들어지고 있음을 알 수 있기 때문이다. 이 새로운 공간은 비어 있지 않다. 그 공간에는 0이 아닌 어떤 값을 가지는 진공 에너지로 가득 차 있다. 이런 진공 에너지로부터 새로운 입자가 생겨날 수도 있고, 새로운 에너지와 물질이 나타날 수도 있다.

이것은 두 가지를 의미한다. 첫째, 우주는 지금도 여전히 탄생하고 있다(다시 말해 우주는 어디에서부터 '오는 것'을 멈추지 않았다). 둘째, 에너지는 자발적으로 생겨날 수 있다. 이것은 우리가 말하는 이 순간에도 우리 주변에서 일어나고 있다.

따라서 '우주는 어디에서 왔을까?'라는 질문은 우리가 할 수 있는 최선의 질문은 아니다. 우주는 그냥 존재하며, 어쩌면 우리가 우주에 경탄하고 그것으로부터 배움을 얻기 위해 존재하는 것 외에는 다른 이유가 없을 수도 있다.

아마도 우리가 해야 할 진짜 질문은 '우주를 가지고 무엇을 할 것인가?'일지도 모른다.

12

시간은 결국 멈출까?

삶의 모든 것은 결국 끝이 있는 것 같다.

느긋한 여름날 오후, 비밀 쿠키 상자 … 심지어 지독한 겨울 폭풍과 실연의 아픔까지도 영원히 지속되는 것은 없다. 시간은 계속해서 흘러가고,

필연적으로 기쁨과 고통은 모두 과거 속으로 사라지며 현재에게 자리를 내어준다. 결코 끝날 것 같지 않은 한 가지는 시간 그 자체다.

언젠가 시간이 끝날지, 아니면 최소한 시간을 멈출 수 있을지 알기만 해도 좋을 것 같다. 그러면 인생을 계획하는 데 도움이 될 수도 있고, 이따금 행복하거나 의미 있는 순간을 음미하고 싶을 때 일시 정지 버튼을 누를 수도 있을 것이다.

하지만 시간은 멈출 수 있는 것일까? 시간은 언젠가 끝이 날까, 아니면 시간은 무한한 미래를 향해 영원히 계속 흐를까? 언젠가는 시간이 없어질까?

시간이 끝날 수 있을까?

안타깝게도 우리는 시간에 대해 모르는 것이 많다. 물리학을 통해 우리는 시간이 우주의 다양한 모습을 연결한다는 것을 알고 있다. 예를 들어 지구에서 공을 위로 똑바로 던지면, 어느 정도 시간이 지난 뒤 공이 시작된 곳으로 되돌아온다. 그것이 물리학의 핵심이다. 물리학은 결국 시간의 흐름에 따라 우주가 어떻게 움직이는지 설명하는 학문이다. 물리 법칙은 우리에게 시간에 따라 무엇이 허용되고 무엇이 금지되는지를 알려준다.

하지만 시간이 끝나거나 멈출 수 있는 것일까? 이 질문의 답은 시간이 멈춘다는 것이 무엇을 의미하는지에 따라 달라질 수 있다. 몇 가지 가능성을 살펴보자.

'더 이상 질서가 없다'는 뜻일까?

시간은 우주의 모든 다양한 방식을 질서 정연하게 연결해 주는 것이다. 따라서 시간이 멈추면 모든 규칙이 사라질 수도 있다. 물리 법칙은 시간을 기반으로 하고, 시간이 지남에 따라 어떤 일이 일어나야 하는지를 규정하는 것이기 때문에, 아마도 시간의 끝은 **질서**의 죽음을 의미할 수도 있다. 그렇다면 원인과 결과는 더 이상 의미가 없어지고, 우주는 완벽한 무질서 상태로 존재하게 될 것이다. 질서의 죽음은 결코 우리가 상상하고 싶은 일이 아니다.

'더 이상 변화가 없다'는 뜻일까?

시간의 종말은 단순히 우주가 더 이상 변하지 않는 것을 의미할 수도 있다. 시간이 우주를 변할 수 있게 해준다면, 시간이 멈춤에 따라 우주는 **정지**할 수도 있다. 모든 것이 어떤 상태이든(공이 공중을 날고, 구름에서 번개가 치고, 별이 블랙홀로 빨려 들어가는 것 등), 그 상태 그대로 고정될 것이다. 그리고 어쩌면 영원히 고정된 상태로 있을 것이다. 시간이 멈춘다면, **잠시 멈췄다가** 다시 시작될 수는 있을까? 그렇게 되려면 정지된 순간을 재는 외부 시계가 있어야 할 것이다(자세한 내용은 나중에 살펴보겠다). **시간이 멈추면 우주의 모든 시계는 멈추고**, 우주는 영원히 회복되지 않을 수도 있다.

'종말'을 의미할까?

시간 없이 우주가 존재한다는 것은 상상하기 어렵다. 상대성이론은 시간이 공간과 매우 밀접한 관련이 있으며, 이 둘을 '시공간'이라는 결합된 개념으로 보는 것이 더 낫다고 말한다. 시간과 공간은 매우 밀접하게 연결되어 있거나, 심지어 같은 것의 일부라고 여긴다. 어쩌면 **모든 것이** 시간과 연결되어 있기 때문에 우주가 존재하는 것이고, 시간이 없다면 우주도 존재하지 않을 것이다. 그런 의미에서 보면 시간이 끝나는 유일한 방법은

우주 전체가 끝나는 것이다.

이 모든 가능성은 우리에게 시간과 우주에 대한 보다 근본적인 질문을 던진다. 시간 없이 우주가 존재할 수 있을까? 다시 말해 시간이 **존재하지 않을** 수 있을까?

그 질문에 답하기 위해 시간에 관해 우리가 알고 있는 것을 한번 정리해 보겠다.

시간에 관해 우리가 알고 있는 것들

물리학에서 시간은 잘 정립되어 있지 않은 주제이다. 시간은 우주가 어떻게 작동하는지를 설명하는 우리의 여러 이론들 속에 너무 깊이 뿌리 박혀 있기 때문이다. 그런 이유로 인해 우주가 시간 없이 존재할 수 있는지를 질문하고, 그에 대해 진전을 이룬 과학자는 거의 없다. 생각해 보라. 모든 실험에는 기본적으로 시간이란 함수가 내재되어 있다. 특정 사건 전후의 실험을 비교해야 하는데 시간이 없다면 '전'과 '후'라는 단어는 의미가 없어진다. 심지어 지금 실험을 생각해 내는 데에도 시간이 걸리지 않는가!

하지만 시간이 지나면서 물리학자들은 시간의 본질과 시간이 우주와 어떻게 관련되어 있는지에 대한 몇 가지 중요한 단서를 얻었다. 구체적으로 다음과 같은 사실을 알게 되었다.

(a) 시간에도 (일종의) 시작이 있었다.

(b) 시간은 상대적이다.

(c) 시간이 생겨나지 않았을 수도 있다.

그럼 이 단서들을 하나씩 파헤쳐 보자.

시간에도 (일종의) 시작이 있었다

최근까지 과학자들 대부분은 우주는 무한히 오래되고 정적인 것이라고 믿었다. 즉 우주는 항상 지금과 같은 모습으로 존재해 왔고, 앞으로도 항상 같은 방식으로 존재할 것이라고 생각했다. 밤하늘을 올려다봐도 별다른 변화가 없어 보였다. 별들은 계절에 따라 위치가 조금 바뀌기는 했지만 해가 바뀌고, 세기가 바뀌어도 별로 달라진 것이 없어 보였다. 별들이 움직이지 않고 그 자리에 매달려 있는 것을 보며, 우주는 항상 그런 모습으로 존재해 왔다고 당연하게 생각했다.

하지만 천문학자들이 좀 더 자세히 우주를 관찰하면서 충격적인 사실을 발견해 냈다. 그들은 멀리 떨어진 별까지의 거리를 측정하는 기술을 사용하여, 가스 구름이라고 생각했던 얼룩들 중 일부가 실제로는 은하계였다는 놀라운 사실을 발견했다. 게다가 이 은하계들은 우리로부터 상상할 수 없을 정도로 멀리 떨어져 있었다. 더욱 놀라운 사실은 이 은하계에서 나오는 빛의 색이 변하고 있다는 것이다. 이는 이 은하계가 우리에게서 점점 더 멀어지고 있음을 의미한다. 우주는 천문학자들이 상상했던 것보다 훨씬 더 클 뿐만 아니라 급히 서두르듯 점점 더 커지고 있었다.

이렇듯 갑자기 우리는 우주가 고정된 별들의 정적인 파노라마가 아니라는 것을 알게 되었다. 우주는 커지고 변화하고 있었다. 그리고 더 많은 관찰이 이루어지면서 우주가 점점 더 차가워지고 밀도가 낮아지고 있다는 것도 밝혀 냈다.

이러한 발견은 인류에게 우주와 그 역사에 대한 완전히 새로운 관점을

제공했다. 지금 우주가 팽창하면서 차가워지고 있다면 과거에는 어땠을까? 시간을 거꾸로 돌리면 젊은 우주는 더 밀도가 높고 뜨거웠을 것이라고 상상할 수 있다. 하지만 우리는 시간을 **영원히** 거꾸로 되돌릴 수는 없다.

시간을 거꾸로 돌리면 우주의 모습은 점점 작아지고 뜨거워진다. 그러다 어느 시점에 이르면 '특이점'이라고 알려진 무한 밀도의 지점에 도달한다. 이 특이점은 우주를 과거로 돌렸을 때 도착하는 지점이지만, 그것은 우리의 우주에 관한 모든 이론을 무너뜨린다. 물질 주위에서 어떻게 공간이 휘는지를 설명하는 일반 상대성이론조차 곡률이 무한대가 되는 특이점을 설명하지 못하고 있다. 우리는 이런 극한 조건에서 시간과 공간에 어떤

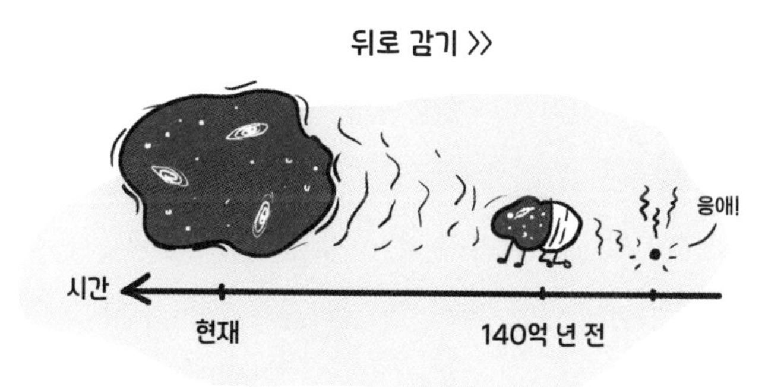

일이 일어나는지 알지 못한다. 하지만 특이점이 우주가 거쳐온 타임라인의 출발점일 가능성은 높다.

실제로 일반 상대성이론과 양자역학을 융합하려는 일부 이론에서는 특이점이 단지 시간상 특별한 순간인 것을 넘어 그 이상의 무엇일 수도 있다고 생각한다. 그 이론들은 특이점에서는 공간과 시간이 밀접하게 얽혀 있어서 실제로 이 순간을 시간의 시작점이라고 생각할 수 있다고 말한다. 다시 말해 특이점에서 **시간이 탄생한 것이다**.

그럼 시간에 시작이 있다면, 끝도 있을 수 있을까?

시간은 상대적이다

우리는 시간이 모든 곳에서 같은 속도로 흐르지 않는다는 것은 물론이고, 시간에 여러 가지 이상한 속성이 있다는 것도 알고 있다. 우주의 어떤 곳에서는 시간이 다른 곳보다 빠르게 흐른다. 믿기 어렵겠지만, 물리학에서는 우주 전체를 동기화하는 중앙 우주 시계는 존재하지 않는다. 대신 우주의 모든 지점에는 자체 시계가 있고, 시계가 얼마나 빨리 또는 느리게 가는지는 당신이 얼마나 빨리 움직이는지, 그리고 블랙홀과 같은 무거운 질량에 얼마나 가까이 있는지에 따라 달라진다. 누군가 당신 옆을 정말 빠르게 지나간다면, 그 사람의 시간이 당신보다 느리게 움직일 것이다. 그리고 누군가 블랙홀에 가까이 있고 당신은 블랙홀에서 멀리 떨어져 있다면, 그들의 시간이 당신보다 느리게 움직일 것이다.

시간이 느리게 가는 이런 상황에서 당신의 시간도 느려진다고 생각되겠지만 그것은 흔한 오해이다. 만약 당신이 빠르게 다른 사람을 지나가거나 무거운 물체 근처에 있다면, 다른 사람의 눈에는 당신의 시계가 느리게 움직인다. 하지만 당신에게 시간은 항상 정상적으로 움직인다.

이 모든 것은 시계를 기준으로 당신이 어디에 있는지, 그리고 당신이 얼마나 빨리 움직이는지에 의해 결정된다. 만약 당신이 시계를 가지고 우주선에 탑승해 있다면, 당신은 시계를 기준으로 움직이지 않고 있는 것이다. 우주선이 블랙홀 근처에 있더라도 동시에 시계도 당신과 함께 있다. 두 경우 모두 당신의 눈에는 시계가 정상적으로 작동하는 것처럼 보인다. 그러나 당신이 지구에 누군가를 남겨 두고 왔다면, 그들은 당신과 함께 있지 않기 때문에 당신의 시계가 느리게 움직이는 것처럼 보이게 될 것이다.

그러면 시간이 멈추거나 끝날 수 있다는 뜻일까? 꼭 그렇지는 않다. 광속의 절반 속도로 움직이는 우주선 안의 시간을 밖에서 보면 약 15퍼센트 느리게 가는 것으로 보인다. 광속의 90퍼센트에서는 우주선의 시간이 두 배 이상 느려지고, 광속의 99.5퍼센트에서는 평소보다 거의 열 배가 느려진다. 만약 지구에서 10시간이 지났다면, 우주선의 시계는 한 시간밖에 지나지 않은 것으로 보일 것이다. 이때 우주선의 속도를 높여 우주선의 시계를 원하는 만큼 느리게 움직이도록 할 수는 있지만 실제로 시간이 멈추는 것은 아니다. 우주선 시계의 시간을 멈추려면 우주선이 **빛의 속도로** 움직여야 하는데, 질량을 가진 물체는 빛의 속도로 움직이는 것이 불가능하다.*

이와 같은 원리로 멀리서 지켜보는 누군가에게는 당신의 우주선이 블랙홀에 가까워질수록 우주선의 시계가 느리게 가는 것처럼 보일 것이다. '블랙홀로 빨려 들어가면 어떤 일이 일어날까?'(85쪽 참조)라는 주제에서 설명한 것처럼, 멀리 있는 누군가에게는 당신이 슈퍼 슬로모션으로 움직이는 것처럼 보인다. 블랙홀의 가장자리에 도달하면 당신은 거의 완벽하게 정지된 것처럼 보이고, 마치 블랙홀이 커져서 당신을 삼킬 때까지 기다리는 것처럼 보일 것이다. 그러나 당신의 관점에서 보면 시간이 정상적으로 흐르고, 블랙홀로의 여행도 순조롭게 진행되고 있을 것이다.

따라서 로켓에 몸을 묶고 아주 빨리 날아가거나 블랙홀에 들어가는 것으로는 당신의 시간을 멈추거나 끝낼 수 없다. 물리학 숙제를 하는 데 시간이 더 필요하다면, 선생님에게 우주선을 타도록 설득하여 선생님의 시계가 당신의 시계보다 느리게 가도록 하면 된다. 그러면 선생님이 우주선

---

* 한편 '빛은 어떻게 시간을 경험할까?'라는 궁금증도 생긴다. 빛의 속도로 우주를 날아다니는 광자의 입장에서는 자신은 가만히 있고 상대적으로 다른 모든 것이 빛의 속도로 움직이는 것처럼 보일 것이다. 즉 빛의 입장에서 우주의 모든 시계는 시간이 얼어붙은 듯 멈춰 있는 것처럼 보일 것이다.

에 타고 있는 동안 당신은 여유 있게 시간을 보낼 수 있다.

시간이 없을 수도 있다

시간은 우리가 느끼기에 너무 기본적인 것이어서 시간이 없는 우주는 상상하기 어렵다. 하지만 우리가 그렇게 생각한다고 해서 시간이 우주의 핵심 요소라는 것을 의미하지는 않는다. 우리의 생각이 단지 너무 편협하거나 주관적일 수 있다는 의미이다. 과학적 발견의 역사를 돌아보면, 우리의 제한된 경험이 항상 보편적인 것은 아니었기 때문에 이 같은 역사는 우리의 선입견을 항상 점검해야 한다는 것을 상기시킨다.

평생을 흐르는 강물에서만 살아온 물고기는 **물이 흐르지 않는다**는 것을 상상할 수 없지만, 우리는 때로 강물이 흐르지 않을 수 있다는 것을 알고 있다. 물의 흐름이라는 개념은 우주의 입장에서는 심오하고 필수적인 구성 요소는 아니다. 단지 특정 상황에서 일어나는 일일 뿐이다. 즉 조건

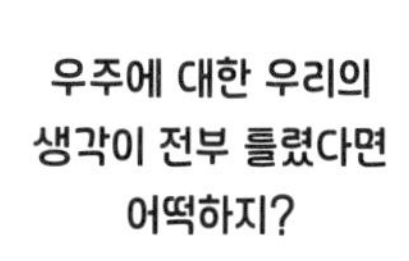

이 갖춰지면 흐름이 없는 물도 있을 수 있다.

일부 물리학자들은 시간에도 같은 일이 일어날 수 있다고 말한다. 시간이 기본적으로 존재하는 영구적인 고정물이 아니라 강물의 흐름처럼 특수한 조건이 갖춰졌을 때 발생하는 일일 수 있다고 본다. 이 이론이 맞으려면 '메타 시간'이란 것이 필요하다. 우리가 일반적으로 알고 있는 규칙적인 시간은 이 메타 시간으로부터 나온 것이다. 메타 시간은 흐를 수도 있고 흐르지 않을 수도 있다. 메타 시간이 흐르면 우리는 시간의 영향을 느끼고, 메타 시간이 흐르지 않으면 시간이 끝났다고 느낀다.

인과관계뿐만 아니라 앞으로만 흐르는 시간과 같이 우리가 절대적이고 필연적이라고 생각하는 몇 가지 근본 규칙은 메타 시간의 흐름에서는 아주 특별한 경우에 불과하다. 어쩌면 메타 시간은 우리가 아는 것과는 전혀 다른 움직임을 보일 수 있다. 예를 들면 시간이 어떤 루프를 따라 반복되는 소용돌이처럼 흐를 수도 있다. 또는 인과관계에서 벗어나는 움직임을 함으로써 우리가 저녁 식사 전에 디저트를 먹을 수도 있지 않을까.

이와 같다고 해서 메타 시간에 **규칙이 없거나** 무슨 일이든 일어난다는 뜻은 아니다. 메타 시간 역시 우리가 알고 있는 시간 개념과 어느 정도는 유사해야 한다. 그렇지 않으면 시간은 흐르지 않을 것이다. 메타 시간도 여전히 몇 가지 규칙을 따른다는 의미이다. 메타 시간의 흐름에 규칙이 있다면, 시간이 멈추는 상황도 그런 규칙에 지배받는 것일 수 있다. 그것이 의미하는 바는 (우리가 아는 것과는 달리) 시간이 **반드시 존재할 이유는 없으며,** 우리에게 익숙한 종류의 시간이 없는 우주가 존재할 수 있다는 것이다.

이러한 생각 역시 실제로 우리에게 일어나고 있는 현실이라고 주장할 증거는 없다. 그러나 그 생각이 **전적으로** 추측에 불과한 것은 아니다. 우리

는 우주가 매우 뜨겁고 밀도가 높았던 140억 년 전에는 우리가 이해하는 시간과 공간에 대한 개념을 적용할 수 없다는 것을 알고 있다. 이 사실은 우리에게 무언가 창의적인 아이디어를 고려해 볼 수 있는 기회를 안겨준다.

시간은 어떻게 끝날까?

이제 우리는 물리학의 영역을 훨씬 뛰어넘어 추측의 영역으로 들어서야 한다. 그러나 이것이 바로 과학이 작동하는 방식이기도 하다. 우주의 작동 원리를 완전한 수학적 개념으로 설명할 수 있는 새로운 아이디어는 한번에 탄생하지 않는다. 오히려 수년, 수십 년, 또는 수 세기에 걸쳐 작은 조각들이 점진적으로 함께 어우러지면서 단계적으로 발전한다. 우리는 때때로 실험을 통해 테스트할 수 있는 일관된 그림이 구체화될 때까지는 아무도 가보지 않은 경로를 탐색하며 시도해 본다. 이것은 마치 카드 집을 짓는 것과 같다. 그것도 아래에서 위로 쌓는 방식이 아니라, 카드들을 공중에 띄워놓고 조립하면서 완성해 가는 방식이다.

지금까지 우리가 알고 있는 시간이 끝날 수 있는 방법 몇 가지를 소개하면 다음과 같다.

빅 크런치

시간이 끝날 수 있는 한 가지 가능한 방법은, 시간이 시작되었던 조건과 거울상 조건(대칭 관계-옮긴이)이 형성될 때이다. 우리는 우주가 상상할 수 없을 정도의 높은 밀도로 공간이 압축되고 뜨거웠던 상태에서 빅뱅을 통해 시간이 시작되었을 것이라고 생각한다. 만약 우주가 어떻게든 **역으로**reverse 빅뱅을 일으켜 그 상태로 돌아간다면 어떨까? 그러면 시간이 끝나게 될까?

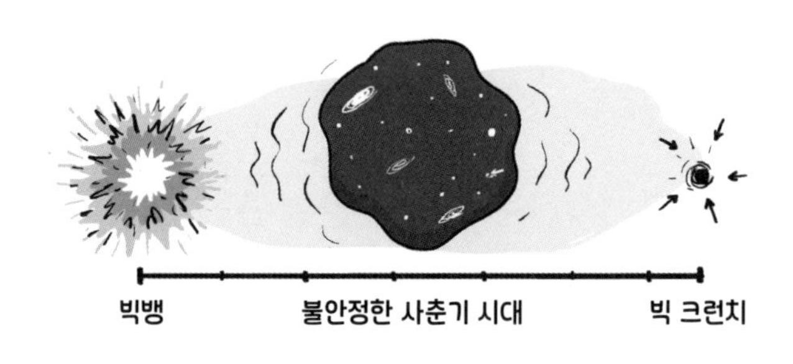

사실, 그럴 수도 있다. 우리는 우주가 초기에 급속히 팽창했고, 그 이후로 수십억 년 동안 계속해서 커졌다는 것을 알고 있다. 게다가 우주의 팽창은 가속화되어 은하들은 매년 더 빠르게 우리에게서 멀어지고 있다. 그러나 우리는 그 가속의 원인이 무엇인지 이해하지 못하고 있다. 우리는 그것을 '암흑 에너지dark energy'라고 부르지만, 멋지게 들리는 이 이름만으로는 실제로 무슨 일이 일어나는지 알지 못한다. 그리고 무엇이 우주를 팽창시키는지 모르기 때문에, 앞으로 우주가 어떻게 될지 예측할 방법도 거의 없다. 예를 들면 가속이 멈추고 반대 방향으로 움직일 수도 있다. 다른 은하계들이 우리에게서 멀어지는 속도가 느려지다가 팽창을 멈춘 후, 결국에는 반대로 수축할 수도 있다. 알 수 없는 그 힘이 공간을 늘려 우주를 점점 더 큰 우주로 팽창시키는 대신, 거꾸로 우주를 압축시키는 방향으로 작용할 수도 있다. 즉 은하들은 '빅 크런치'로 알려진 거대한 우주 압축 과정으로 거침없이 나아가게 된다.

이렇게 우주의 모든 물질과 에너지가 다시 작은 공간으로 압축되면 어떻게 될까? 사실, 아무도 모른다. 빅뱅이 어떤 조건에서 일어났는지 모르는 것처럼 빅 크런치도 우리에게는 미스터리이다. 하지만 그렇다고 해서 빅 크런치에 대해 생각해 보는 재미까지 우리에게서 뺏을 수는 없다!

빅 크런치가 일어나면 우주의 나머지 부분과 함께 시간도 끝날 수 있다. 어찌 보면 빅 크런치는 그렇게 갑작스러운 종말은 아니다. 예를 들면 북극점에서 북쪽 방향이 끝나는 것과 같은 방식으로 곡선의 끝에 이르는 것일 수도 있다. 이때 시간은 특이점 안에 갇힐 것이고, 그 이후에는 시간이 더 이상 존재하지 않을 것이다.

반대로 우주의 모든 물질과 에너지가 특이점 안으로 압축되어도 시간과 공간은 계속될 수 있다는 가설도 있다. 이 경우 인과율과 우주의 규칙은 특이점 안에서도 계속 작동한다. 하지만 우리에게 익숙한 입자나 힘은 더 이상 존재하지 않는 상태이기 때문에, 모든 것이 이상하고 낯설게 느껴

질 것이다. 우주는 우리가 알아볼 수 없는 상태가 되겠지만, 이 경우에도 시간은 끝나지 않고 흐를 것이라는 의미이다.

또는 특이점이 또 다른 빅뱅을 일으켜 완전히 다른 우주가 탄생할 수도 있다. 이 새로운 우주는 시간이라는 끈을 통해 여전히 우리 우주와 연결된다. 시간은 끝나지 않은 것이다. 다만 다시 시작되었을 뿐이다. 이것이 사실이라면 시간의 끈은 앞뒤로 무한한 수의 우주를 연결하고 있을 것이다.

열적 죽음

시간이 끝날 수 있는 또 다른 방법은, 간단히 말해 아무런 움직임 없는 순전히 지루한 상태에 도달하는 것이다. 이 가설을 이해하려면 먼저 시간이 왜 앞으로 나아가는지를 생각해 볼 필요가 있다. 우리는 무언가가 우주 내부 시계의 톱니바퀴를 돌리고 있고, 그것도 한 방향으로만 돌리는 것 같다고 느껴질 때가 있다.

이런 생각은 물리학자들이 등장하기 훨씬 전부터 비롯된 것이며, 마찬가지로 오랫동안 물리학자들을 의아하게 만들었다.* 시간은 두 가지 방향이 있음에도 불구하고 그중 한 방향으로만 시간이 진행된다는 것이 매우 이상하게 느껴지기 때문이다. 이에 물리학자들은 시간이 거꾸로 가지 않고 앞으로 나아가게 하는 무언가가 있을 것이라고 주장한다. 깊은 곳에서 시간을 움직이는 엔진 같은 것 말이다.

---

* 물리학자들은 BP Before Physicists 시대에 대해 생각하기를 싫어한다(예수 이전 시대를 Before Christ, 즉 BC라고 부르듯, 저자는 물리학자가 없던 시대를 BP라고 비유해 표현했다.-옮긴이).

시간을 움직이는 거대한 햄스터

그리고 일부 물리학자들은 그 엔진을 발견했다고 생각한다. 그들은 우주에 일종의 방향 표지가 내장되어 있다고 생각하는데, 이는 우리가 '엔트로피'라고 부르는 것이다.

여기서 엔트로피를 일반적인 의미인 혼잡함이나 무질서와 혼동하기 쉽다. 하지만 의미가 꼭 구별되는 것은 아니다. 내부에 입자를 배열하는 방법이 많을 때 우리는 그 시스템의 엔트로피가 높다고 말한다. 예를 들어 물질을 한쪽 구석에 뭉쳐놓아야 하는 경우는 입자가 원하는 곳에 자유롭게 퍼지게 두는 것보다 배열하는 방법이 적기 때문에 엔트로피가 낮다. 온도의 경우도 마찬가지이다. 어떤 입자가 어느 곳에나 있을 수 있도록 온도가 균일한 것보다는 뜨거운 곳과 차가운 곳이 구분되는 경우 (물질을 배열하는 방법이 적기 때문에) 엔트로피가 낮다.

엔트로피가 가진 한 가지 재미있는 속성은 시간이 지남에 따라 꾸준히 상승한다는 것이다. 우리 우주는 처음에는 조직적이고 밀도가 높은 상태로 압축된 매우 낮은 엔트로피에서 시작했으나, 그 이후로 계속 팽창하면서 엔트로피가 커지고 있다.

엔트로피에 관한 또 다른 흥미로운 점은 엔트로피에 한계점이 있다는 것이다. 다시 말해 최대 가능 엔트로피maximum possible entropy가 있다는 것이다. 모든 것이 차가워지고 완전히 균일하게 퍼지면 엔트로피는 꼭대기에 도달하여 더 이상 올라갈 곳이 없어진다. 더 중요한 것은 이 지점에서는 더 낮아질 수도 없다는 것이다. 모래시계 안의 모래가 모두 바닥으로 떨어지면 다시 위로 거슬러 올라갈 수 없는 것과 같은 원리이다. 이런 상태가 되면 우주는 멈추게 된다.

이때 시간에는 어떤 일이 일어날까? '우주의 열적 죽음heat death'이라고 알려진 이 상태에 이르면, 우주는 더 이상 유용한 일을 수행할 수 없다. 행성을 만들고, 휴대폰을 충전하고, 운동장을 한 바퀴 도는 일과 같이 우리가 하고 싶은 대부분의 일은 에너지가 흘러야 한다. 그리고 이 흐름은 에너지가 불균형하거나 집중된 곳(예컨대 휴대폰 배터리 등)이 있을 때만 가능하다. 그러나 이런 에너지 불균형이 모두 해소되고, 모든 것이 최대 엔트로피에 도달하면 우주는 더 이상 유용한 작업을 수행할 수 없다. 마치 물이 완벽하게 평평하고 고요한 웅덩이에 고인 물처럼 에너지도 더 이상 흐르지 못하는 상태가 되어버리는 것이다. 우주 끝까지 도달했지만, 그곳에는 휴대폰을 충전할 곳이나 충전시켜야 할 어떤 대상도 없는 것과 같다.

일부 물리학자들은 시간과 엔트로피의 상관관계를 보고 **엔트로피가 증가하기 때문에** 시간이 앞으로 흐른다고 주장하고 싶을 수도 있다. 열역학

제2법칙에 따르면 엔트로피와 시간은 항상 함께 증가하기 때문이다. 이런 생각을 가진 물리학자들은 같은 논리로 엔트로피가 최대에 도달하면 시간 자체도 멈출 것이라고 주장한다!

하지만 이 같은 주장은 논리적 비약이 심하다. (a) 엔트로피가 실제로 시간을 앞으로 나아가게 하는 동력인지 알 수 없고, (b) 최대 엔트로피가 된다고 해서 우주가 움직이지 않는다는 것을 의미하는 것은 아니기 때문이다. 최대 엔트로피 상태에서도 입자들은 여전히 날아다닐 수 있다. 이때 유일한 한계는 우주 전체의 엔트로피를 **증가시키거나** 감소시킬 수 없다는 것이다. 최대 엔트로피 상태에서도 우주는 계속 움직이고, 시간도 계속 흐를 수 있다.

하지만 이 상태에서는 시간이 끝난 것처럼 **느껴질** 것이다. 최대 엔트로피 상태의 우주는 잠잠한 물웅덩이처럼 아무런 움직임 없이 고요하고, 다시는 우주에 흥미로운 일이 일어날 수도 없고 일어나지도 않는 상태가 되는 것이다. 시간의 종말은 아닐지라도 재미의 종말이 될 것임은 분명하다.

시간의 종말이 올 때의 육아

시간이 멈춘 것을 알 수 있을까?

만약 시간이 우주의 기본 요소가 아니라, 특수한 조건(예컨대 강의 흐름)이 갖춰졌을 때 '메타 시간'에서 일어나는 하나의 현상일 뿐이라면 그 특수한 조건도 끝날 수 있다.

어쩌면 우리는 메타 시간의 강 끝에 도달하여, 시간이 존재해야 할 조건은 사라지고 더 이상 시간은 앞으로 흐르지 않게 될 수도 있다. 그러면 우주는 흐름이 없는 강 또는 호수처럼 시간이 없는 상태로 존재할 것이다. 이 새로운 상태의 우주는 우리가 지금까지 경험했거나 상상했던 그 어떤 우주와도 같지 않을 것이다. 시간과 공간이 없다면 물리학이 다루는 사건들은 인과적으로 연결되지 않을 것이다. 따라서 우주는 연결되지 않은 양자 무작위성의 거품 덩어리로 존재할 것이다.

이것을 이해하려면 양자역학과 공간이 어떻게 함께 작용하는지를 알아야 한다. 아인슈타인 이후의 물리학자들이 이를 설명해 줄 이론을 찾기 위해 끊임없이 연구해 왔지만 모두 실패했다. 현재 우리는 그것이 어떻게 작동하는지 짐작도 할 수 없을 뿐만 아니라 무엇이 이런 조건을 변화시킬 수 있는지조차 알 수 없다. 우리가 아는 바로는 시간의 종말이 내일, 또는 그 이후에 언제라도 일어날 수 있는 일이라는 것뿐이다. 이는 오직 외부에서 메타 시간의 흐름을 바라볼 수 있는 사람만이 알 수 있는 일이다.

그러나 시간의 종말 역시 일시적인 것일 수도 있다. 멈춰 있던 호수가 어느 날 다른 강으로 흘러 들어갈 수 있는 것처럼, 멈춰 있던 메타 시간도 계속 진화하다 보면 어느 날 복잡하게 엉킨 실타래가 풀리는 것처럼 다시 시간을 흐르게 할 수도 있다.

흥미로운 것은, 이런 일이 일어나도 우리는 시간이 멈췄다가 다시 시작

되는지조차 알아차리지 못할 수 있다. 시간은 꾸준히 진행되는 물리적 과정을 통해 측정된다. 똑딱거리는 시계, 아래로 떨어지는 모래시계의 모래, 양자 상태 사이를 넘나드는 전자와 원자 등을 이용하여 시간을 측정하는 것이다. 따라서 시간이 멈춘다면 이런 시계들도 함께 멈출 것이다. 여기에는 당신도 포함되는데, 당신 역시 물리적 존재이기 때문이다. 당신의 생각과 경험은 시간이 앞으로 나아갈 때만 일어날 수 있기 때문에, 시간의 흐름이 멈추거나 느려지면 당신은 그런 일이 일어났는지 알 수 없다. 정지된 영화에 등장하는 인물처럼 당신은 몇 번이나, 혹은 얼마나 오랫동안 시간이 정지되었는지 알 수 없을 것이다.

시간의 종말

이제 사실을 인정해야 할 때다. 우리가 시간을 정말 이해하지 못하고 있다는 것 말이다. 우리 마음이 어떻게 움직이는지 모르는 것과 마찬가지로, 우리가 시간 속에 산다고 시간이 어떻게 작동하는지에 대한 통찰력을 얻을 수 있는 것은 아니다.

다만 몇 가지 점에서 이 논의를 시작해 볼 수는 있다. 우선 시간은 영원하며, 우주의 시계는 무한한 미래를 향해 앞으로 영원히 흘러갈 것이라고 생각해 보는 것이다. 그리고 시간은 우주의 기본적인 구성 요소가 아니고, 영원히 지속되지 않을 수도 있는 어떤 특별한 배열일 수도 있다. 또는 시간은 우주의 **기본적인 구성 요소가 맞고**, 따라서 시간이 끝나는 유일한 방법은 우주가 존재하지 않는 것일 수도 있다.

지금은 시간이 순조롭게 흐르는 것처럼 보인다. 하지만 누가 알겠는가. 빅 크런치나 열적 죽음과 같은 특별한 상황이 발생하면 시간과 관련하여 우리가 알지 못하는 새로운 사실이 밝혀질지 말이다.

결국 우리는 시간이 끝날 때까지 이것에 대해 궁금해하지 않을까.

13

사후 세계가 가능할까?

슬프지만 모든 사람은 죽는다.

우리 모두는 인간의 삶을 살아야 하는 불치병에 걸려 있다. 우리 몸은 영원히 지속되지 않는 한계를 갖고 있다. 결국 우리 몸은 작동을 멈추고, 우리의 육체적 자아는 엔트로피와 부패의 힘에 굴복하게 될 것이다. 하지

만 생물학적 수명의 끝이 곧 **우리의 끝일까?**

이것은 가장 심오하고도 역사가 오래된 질문이다. 우리가 죽은 후에는 어떻게 될까? 이는 대부분의 종교와 문화에서 핵심적으로 다룰 만큼 정서적으로 큰 반향을 불러일으키는 질문이다. 사후 세계에 관한 다양한 생각들은 정말 흥미로우면서도 때로는 엉뚱하기도 하다. 예를 들면 사후에 우리 모두는 거대한 우주 나무 아래에 있는 거대한 연회장에 간다는 식이다. 자, 어서 북유럽 신화에 관해 설명해 보라.

일반적으로 과학자들은 이 같은 주제를 철학자와 종교학자에게 맡겨 왔다. 하지만 우리는 우주가 어떻게 작동하는지 생각하기 시작한 이래로 수천 년 동안 많은 것을 배웠다. 그러면 우리가 지금까지 알게 된 여러 우주 법칙을 고려할 때, 사후 세계는 가능할까?

천국의 물리학

죽음 이후의 삶이 어떤 모습일지에 대해서는 여러 견해가 있다. 대부분의 종교에서 사후의 삶은 지상이 아닌 어떤 새로운 환경에 존재하는 것으로 묘사한다. 여기서 새로운 환경이란 종교에 따라 매우 다르다. 천사의

날개와 하프 연주가 있는 구름 사이(또는 그 반대로 갈퀴와 불이 있는 어두운 지하 세계)에 존재하는 세계를 의미하기도 하고, 태양과 함께 날아다니거나, 전쟁의 신들과 함께 맥주잔을 기울이며 끝없이 노래를 부르는 세계를 일컫기도 한다. 대부분 이 같은 사후 세계는 영원히 지속된다. 따라서 그곳에 도착했을 때 어떤 종류의 숙박 시설에 머물게 될지 모두가 약간 불안해질 수도 있겠다.

또한 대부분의 경우 우리는 사후 세계에서도 여전히 **우리로** 존재한다. 우리의 개성, 의식, 기억은 어떻게든 살아남아 영원히 계속되는 존재라는 이 새로운 단계에서 여전히 경험하고 자각할 수 있는 상태가 되는 것이다.

이런 일이 과학적으로 가능할까? 지금의 당신이 다른 어떤 영역으로 보내져 고대 로마인이 입던 토가나 아주 편한 슬리퍼를 신은 채 계속 존재할 수 있을까? 일단 이 주장을 액면 그대로 받아들이고, 그것이 어떻게 작동할지 생각해 보자.

전통적인 사후 세계를 정의하는 세 가지 핵심 요소를 과학적으로 요약해 보면 다음과 같다.

(1) 육체적 당신보다 오래 살 수 있는 **당신이 있다.**
(2) 사후에 당신은 무언가에 포획되어 다른 장소로 옮겨진다.
(3) 그 다른 장소에 존재하는 당신은 여전히 무언가를 경험할 수 있다. 영원히.

이 핵심 요소들을 하나씩 생각해 보고, 우리가 알고 있는 물리적 우주의 원리로 성립할 수 있는지 알아보자.

당신 너머의 '당신'

대부분의 종교에서는 우리의 신체가 죽어도 여전히 살아남을 수 있는 부분이 있다고 가정한다. 이것이 과학적으로 타당한지 알아보기 위한 첫 번째 단계는 우리가 실제로 보존하려고 하는 것이 어떤 부분인지 정의하는 것이다. 예를 들면 우리 대부분은 죽은 자신의 몸에 계속 살면서 좀비처럼 비틀거리며 나타나 옛날 친구들이 역겨워하는 것을 보고 싶어 하지는 않을 것이다.

과거의 육체를 기꺼이 놓아줄 의향이 있다면, 과연 우리가 보존하고 싶은 것은 무엇일까? 당신을 **당신이게끔** 하는 것은 정확히 무엇일까?

이런 질문이야말로 과학이 제대로 파헤칠 수 있는 영역의 질문이다. 물리학은 물리적 사물의 영역에서 작동하므로, 모든 것이 물리 법칙을 따른다고 가정한다. 그리고 우리가 아는 바로는 당신을 당신이게끔 만드는 것은 바로 당신을 구성하는 입자이다. 더 구체적으로 말하면, 당신의 **입자의 배열**이 당신이다.

우리가 세상에서 보는 모든 사물은 동일한 구성 요소로 이루어져 있음이 밝혀졌다. 우리가 상호작용을 하는 모든 물질은 두 가지 종류의 쿼크

('업' 쿼크와 '다운' 쿼크)와 전자로 이루어져 있다. 그게 전부이다. 이 두 종류의 쿼크는 서로 다른 방식으로 결합하여 중성자(업 쿼크 1개 + 다운 쿼크 2개)와 양성자(업 쿼크 2개 + 다운 쿼크 1개)를 만든다. 이렇게 만들어진 중성자와 양성자는 다양한 비율로 전자와 결합하여 주기율표의 모든 원소를 만들어낸다. 그리고 이 원소들로부터 라마 등의 각종 동물, 보트에서부터 미생물에 이르기까지 모든 것이 만들어진다.

다시 말해 원소와 입자가 배열되는 방식을 제외하면, 이 세상에 존재하는 모든 것(또는 사람)과 당신 사이에는 어떤 차이도 없다. 당신 1킬로그램에는 용암이나 아이스크림, 코끼리 1킬로그램에 들어 있는 양과 거의 같은 양의 입자가 들어 있다. 만약 지구라는 행성에서 무엇이든 만들 수 있는 요리책이 있다면, 이 책 안의 모든 레시피는 동일한 재료를 사용하고

물리학 요리책

있을 것이다. 즉 쿼크와 전자의 비율이 3 대 1로 구성된 재료이다.

그러나 부엌에서 요리에 실패해 본 사람이라면 누구나 알고 있듯이, 레시피는 단순하게 재료 목록만 들어 있는 것이 아니다. 원재료를 잘못된 방식으로 섞으면 심지어 당신의 강아지도 먹고 싶지 않은 음식을 얻을 수 있다. 용암과 아이스크림, 그리고 벌레와 당신이 구별되는 중요한 점은 입자 자체가 아니라 입자가 **어떻게 배열되어 있느냐**에 있다.

사실, 당신을 구성하는 입자에는 그다지 특별한 것이 없다. 물리학의 관점에서 보면 모든 전자는 동일하기 때문이다. 예를 들어 예전의 쿼크나 전자가 있던 그 자리에 새로운 세트의 쿼크나 전자를 교체해 넣어도 아무것도 변하지 않을 것이다.

다시 말해 당신은 입자들의 배열 **정보**에 불과하며, 당신의 몸이 죽더라도 이론적으로는 **살아남을 수 있다**는 뜻이다. 당신이 해야 할 일은 어떻게든 그 정보를 복사하여 다른 곳에서 살리는 것뿐이다.

다른 장소로의 이동

대부분의 사후 세계 시나리오에서 다음 단계는 당신(당신을 당신이게끔 만드는 것이 무엇이든)을 어떻게든 다른 영역이나 장소로 이동시키는 것이다.

물리학적 관점에서 이것은 당신을 구성하는 정보가 당신의 몸에서 복사되거나 전송되어 다른 장소로 옮겨진다는 것을 의미한다. 하지만 이 과정은 다음과 같은 몇 가지 중요한 질문을 불러일으킨다.

- 어떻게 이 정보를 읽거나 캡처할 수 있을까?
- 당신의 모든 정보가 복사될까, 아니면 일부만 복사될까?
- 당신의 어떤 버전이 살아남을까?

첫 번째 질문인 "어떻게 이 정보를 읽거나 캡처할 수 있을까?"는 사실 프로세스에 관한 질문에 가깝다. 당신을 사후 세계로 데려가는 작용 원리가 무엇이든 논리적 우주 법칙 내에서 작동하려면 어떤 물리적 원리에 근거를 두어야 한다. 현재 우리는 MRI나 CT 스캔과 같이 신체를 샅샅이 스캔할 수 있는 기술을 보유하고 있다. 게다가 개별 원자를 감지할 수 있는 기술도 가지고 있다. 이 두 가지 기술 모두 나날이 발전하고 있기 때문에, 언젠가 머지않아 우리 몸을 원자나 입자 단위까지 스캔할 수 있는 기술이 나올 것이라는 점은 충분히 상상할 수 있는 일이다.

그러나 물리학적 관점에서 보면 이는 두 가지 문제에 부딪힌다. 첫째,

모든 스캔 과정은 신체에 에너지를 전달하는 일이다. 개별 입자를 감지하려면 어떻게든 입자를 관찰해야 하는데, 일반적으로 이 과정은 광자나 다른 입자를 개별 입자에 부딪히는 것을 의미한다. 그뿐만 아니라 우주는 아무런 비용 없이 양자 정보를 복사하는 것을 허용하지 않는다. 이는 양자역학의 핵심 원리인 '복제 불가 정리'에 따른 것으로, 원본을 파괴하지 않고는 양자 정보를 복사할 수 없다는 뜻이다. 지금까지는 사람이 사망할 때 신체 스캔을 당하거나 입자가 양자 수준에서 파괴된다는 증거를 발견하지는 못했다.

또한 당신을 구성하는 모든 입자를 양자 수준에서 복사할 수 있을지도 확실하지 않다. 인체에 10^{28}개의 입자가 있다는 사실을 감안하면, 인체의 모든 입자의 양자 상태를 스캔하는 것은 결코 쉬운 일이 아니다. 현재 인류 문명이 가진 전체 컴퓨터의 메모리를 합해도 인체의 입자 개수에는 턱없이 부족한 약 10^{21}바이트밖에는 안 된다. 오늘날 현존하는 모든 컴퓨터를 사용한다면 당신의 발톱 하나 정도의 정보를 저장하는 것은 가능할 수도 있다.

물론 이런 정보가 우리를 사후 세계로 이동시키는 무언가에게는 간단히 얻을 수 있는 정보일지도 모른다. 어쩌면 우리 우주는 다른 우주에서 실행

하는 시뮬레이션에 불과할 수도 있다. 그렇다면 당신의 정보는 어딘가 하드 드라이브에 저장되어 쉽게 읽고 복사할 준비가 되어 있을지도 모른다.

두 번째 질문인 "당신의 모든 정보가 복사될까, 아니면 일부만 복사될까?"는 좀 더 철학적인 질문이다. 예를 들어 사후 세계에서는 우리 몸에 관한 **모든** 정보가 필요할까? 이를테면 죽는 순간에 발톱의 모든 쿼크가 무엇을 하고 있는지 아는 것이 정말 중요할까? 아니면 사후 세계에서는 내 정보의 일부만 필요할까? 그렇다면 어떤 부분이 필요할까?

우리는 당신을 이루고 있는 모든 입자의 배열이 고유한 당신을 만든다는 것을 알고 있다. 하지만 그 배열이 어떤 일을 하는지부터 살펴보는 것이 우리에게 도움이 될 수도 있다. 당신의 입자 배열은 당신이라는 생물학적 기계를 정의하는데, 그것은 세상으로부터 받아들인 정보에 따라 세포 수준에서 일련의 기계적 과정을 수행하여 특정 행동으로 반응한다. 그렇다면 사후 세계에서 당신의 발가락이나 팔다리의 양자 입자들의 배열이 꼭 필요할까? 당신의 장臟은 어떨까? 사후 세계에서도 여전히 장에서 느끼는 본능적 감각이 필요할까?

사후 세계에 실제로 필요한 것은 신체의 모든 입자 배열이 아니라, 단지 당신이라는 생물학적 기계의 **설계도**일 수 있다. 어쩌면 사후에 살아남는 것은 모든 세포의 양자적 정보가 아니라 그 세포들이 서로 어떻게 연결되어 있는지, 그리고 뇌 회로에 어떤 정보가 저장되어 있는지와 같은 정보일지도 모른다. 이러한 정보만 저장한다면 당신을 저장하게 될 하드 드라이브의 공간을 많이 절약할 수 있을 것이다.

또한 당신의 정보를 압축하여 흐릿한 JPEG 이미지처럼 많은 세부 사항을 생략하는 것도 상상해 볼 수 있다. 그래도 그 당신은 여전히 **당신일까?**

아니면 당신에게서 뽑아낸 '본질'처럼 단순화된 것일까?

마지막 질문인 "당신의 어떤 버전이 살아남을까?"는 타이밍에 관한 질문이라고 볼 수 있다. 우리의 몸과 마음은 일생 많은 변화를 겪는다. 우리의 의식적인 경험과 지식은 나이가 들면서 커지지만, 신체와 정신 능력은 정점을 찍고 어느 시점부터는 저하되기 시작한다. 그러면 어떤 버전의 당신이 사후 세계로 가는 것일까? 다시 말해 복사 및 붙여넣기는 언제 이루어질까?

죽는 순간에 이런 일이 일어난다면, 당신에게 불평거리가 생길지도 모르겠다. 만약 죽음의 순간이 닥쳤을 때 당신이 바라는 최상의 상태가 아니면 어떨까? 또는 죽음에 이르게 된 어떤 일을 사후 세계로 가져가고 싶지 않다면 어떻게 해야 할까? 누가 그리고 어떻게 이런 것들을 선택할 수 있을까?

한편 사후 세계를 위해 당신을 캡처하는 과정이 곡선으로 일어날 수도 있다. 이때 복사되는 것은 당신의 평균일 수도 있고, 당신의 독특한 JPEG 이미지를 구성하는 요소들의 합이 될 수도 있다. 우리가 정보에 불과할 뿐이라면, 과학에는 그런 정보를 압축하거나 평균화하거나 또는 그 정보 중에서 가장 중요한 특징을 찾는 데 사용할 수 있는 많은 비법이 있다.

다른 장소에서 영원히 존재하기

사후 세계 퍼즐의 마지막 조각은 당신의 당신다움이 어떻게든 다른 곳에서 영원히 살아간다는 생각이다. 사후 세계에 관한 일설에 따르면, 사후 세계는 구름 사이나 혹은 땅속 깊은 곳에 있다고 한다. 또 다른 경우는 사후 세계는 우리가 존재하는 차원과는 분리된 별도의 영역이라고 말한다.

이것은 허무맹랑한 얘기처럼 들리지만, 다중우주라는 것은 물리학에서 적극적으로 고려하고 있는 개념이다. 사후 세계에 대한 생각이 그럴듯할지 그렇지 않을지는 사후 세계가 어디에 위치하는지에 따라 결정된다.

실제로 우리 우주는 물리학자들이 우주의 기원을 설명하기 위해 생각해 낸 더 큰 '메타우주'의 하위 집합일 수도 있다. 물리학은 우리 우주의 작동 규칙을 이해하는 데는 어느 정도 진전을 이루었지만, 우주가 **존재하는 이유**를 알아내는 데는 그다지 성공적이지 못했다. 우주의 기원에 관한 한 가지 개념이 있다면, 우리 우주는 더 깊고 더 큰 우주(메타우주) 속에 있는 하나의 거품일 뿐이며, 우리의 시공간은 특수한 조건이 갖춰졌을 때 생긴 우연한 사건일 뿐 그 자체가 우주의 근본적인 요소는 아니라는 것이다. 이 경우 사후 세계로 간다는 것은, 우리의 정보가 스캔되어 우리 우주의 외부에 있는 다른 우주로 복사된다는 것을 의미한다.

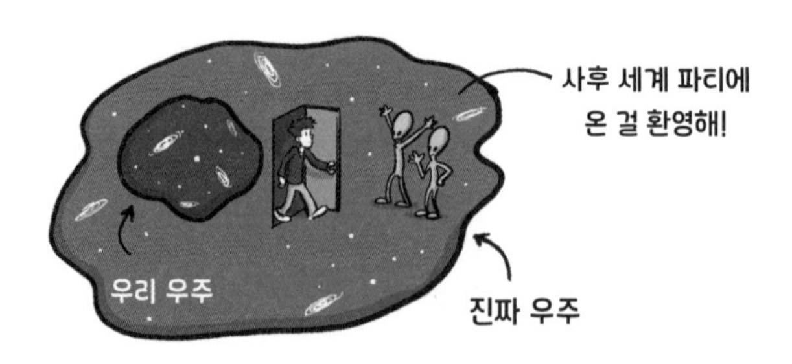

또 다른 생각은 사후 세계가 평행우주에 있다는 것이다. 물리학에서 '다중우주'라는 개념은 어쩌면 우리 우주가 유일한 우주가 아니며, 다른 곳에 또 다른 시공간이 존재할 수 있다고 보는 것이다. 일부 이론에서는 이런 평행우주가 우리 우주의 또 다른 버전일 수 있다고 주장한다. 양자적 결정이나 다른 초기 조건, 또는 심지어 다른 물리 법칙에 따라 우리 우주로부터 갈라진 우주라는 것이다. 그렇다면 우리 우주보다 더 이상적이고 유토피아적인 버전(일종의 샹그릴라)이 **존재할 수도 있다.** 동시에 우리 우주의 나쁜 버전, 즉 화염과 분노로 가득 찬 지옥(일종의 하데스)도 존재할 수 있다. 어쨌든 사후 세계가 가능하려면 우리의 정보가 다른 우주에 도달할 수 있는 방법을 찾아야 하는데, 물리학자들은 이것이 불가능한 일이라고 생각한다.

어떤 경우든 다른 우주에 적용되는 물리 법칙이 우리 우주와 완전히 다를 수 있다고 생각하는 것은 흥미롭다. 그렇다면 당신을 나타내는 정보가 다른 우주에 존재하려면 어떤 적응 과정을 거쳐야 할까? 그곳에서는 시간과 인과관계가 우리 우주와 같은 방식으로 작동할까? 당신의 정보는 어떤 종류의 운송체나 기계(생물학적이든 아니든)에 담길까? 만약 사후 세계가 영원하다면, 당신은 새로운 우주에서도 여전히 생각하고 변화하고 경험할

수 있기를 원할 것이다. 사후 세계에서 영원히 얼어붙어 있는 것이 아니라, 죽음 이후의 **삶**을 원할 것이다. 그렇게 되려면 메타우주는 양자 상태이든, 또는 우리가 아직 상상할 수 없는 다른 무엇이든 간에 당신이라는 일종의 소프트웨어를 실행할 수 있어야 한다. 이는 인간 프로그램을 새로운 종류의 외계 컴퓨터로 이식하는 과정이라고 생각하면 된다.

지상낙원

마지막 가능성은 우리의 우주 자체가 **메타우주**일 수도 있다는 것이다. 그렇다면 사후 세계는 우리의 우주 외부나 옆에 있는 것이 아니라, 우리 우주 안에 존재할 수도 있다.

이를테면 이웃 외계인 종족이 우리를 위해 발할라Valhalla (북유럽 신화에 나오는 사후 세계로, 전쟁터에서 죽은 전사들이 가게 되는 장소-옮긴이) 같은 사후 세계를 만들어놓고, 우리가 죽을 때 우리의 정보를 복사하여 그곳 사후 세계로 보내기 위해 스캐너를 가지고 대기하고 있을 수도 있다. 더 흥미로운 것은 **우리가** 스스로를 위해 사후 세계를 만들었을 수도 있다는 생각이다.

이것이 어떻게 가능할까? 죽을 때 우리를 휙 낚아채 갈 것이라고 생각하는 천상의 어떤 힘과 같은 기술을 우리가 개발할 수 있다는 가정하에 몇 가지 아이디어를 제시하면 다음과 같다.

예를 들어 우리가 신체를 분자나 입자 수준(또는 최소한 인간의 필수 구성 요소 수준)까지 스캔하는 기술을 개발할 수 있고, 스캔한 정보로 새로운 신체를 만드는 생명공학이나 3D 프린팅 기술을 발전시킬 수도 있다. 이 두 가지 기술을 사용하면 더 젊고 건강한 우리 자신의 새로운 사본을 만들 수 있고, 이 정보를 다른 장소에 보낼 수도 있다. 어쩌면 우리는 사후 세계를 만든 목적에 따라 당신의 복사본을 더 이상적인 장소에 보관할 수도 있고, 더 나쁜 장소에 보관할 수도 있을 것이다.

물론 우리의 기술 수준은 그것을 실제로 구현하는 데 필요한 수준과는 거리가 멀다. 그리고 앞에서 언급했듯이 고려해야 할 몇 가지 까다로운 양자역학적 문제도 있다. 이런 경우 육체가 전혀 없는 편이 더 쉬울 수도 있다!

육체를 다시 만들려고 노력하는 대신, 우리가 단지 정보에 불과하다는 사실을 활용하여 **시뮬레이션으로 만들어진** 사후 세계에서 살아갈 수도 있는 것이다.

이 경우 우리를 만드는 데 필요한 모든 필수 정보는 컴퓨터에 업로드하면 된다. 그런 다음 우리의 디지털 자아를 생성하기 위한 시뮬레이션을 실행하면 된다. 당신의 디지털 사본은 이 환경 안에서 존재하며 성장하고 변화할 수도 있다. 그리고 이 시뮬레이션 환경에서는 모든 것을 마음먹은 대로 만들 수 있기 때문에 당신만을 위한 사후 세계도 특별 맞춤으로 제작할 수 있다. 사후 세계에서 매일 아침 식사로 선디 아이스크림 50개를 먹고 싶은가? 문제없다! 당신이 늘 꿈꾸던 1980년대 판타지 세상에서 살고 싶은가, 아니면 〈블랙 미러Black Mirror〉에 나오는 존 햄Jon Hamm처럼 놀고 싶은가?(영국에서 방영되고 있는 인기 SF 드라마 시리즈로, 존 햄은 이 중 한 에피소드에 등장하는 배우이다.-옮긴이) 디지털 세상에서는 무엇이든 가능하다.

이런 사후 세계가 영원히 지속될까? 아마 컴퓨터를 계속 켜두는 동안은 지속될 것이다. 흥미롭게도 시뮬레이션 내부의 시간이 흐르는 속도는 당신이 원하는 속도로 설정할 수 있을 것이다. 컴퓨터 프로세서의 속도에 따라 다르겠지만, 컴퓨터 기술자가 커피 한잔 타오는 시간이면 디지털 사후 세계에서는 100만 번의 생애를 살 수도 있다.

현재로서는 당신의 모든 정보를 저장하거나 세상을 완벽하게 모방할 만큼 컴퓨팅 파워가 강력하지는 않다. 하지만 이 분야는 매우 빠르게 발전하고 있기 때문에 가까운 미래에는 꽤 멋진 사후 세계를 구현할 수 있을지도 모른다.

시간을 초월한 당신이라는 물결

앞에서 살펴본 바와 같이 천국을 건설하는 것은 결코 쉬운 일이 아니다. 사후 세계를 만들려면 우주 전체를 재구성하고, 사람들이 사망할 때마다 자연스럽게 수많은 양자 입자를 원격으로 스캔하여 아무도 눈치채지 못하게 정보를 이동할 수 있는 방법을 찾아야 하기 때문이다. 기술적으로는 전혀 불가능한 일이 아니지만, 물리학 관점에서 보면 매우 어려운 주문처럼 보인다.

물리학이 할 수 있는 일은 우리 주변의 세계를 둘러보고, 우리가 실험하고 관찰할 수 있는 것에서부터 결론을 끌어내는 것뿐이다. 지금까지 우주를 관찰한 우리의 결론은 우주가 엄격한 규칙을 따른다는 것이다. 우리가 마음속으로 아무리 그렇지 않기를 바라더라도 예외는 없는 것 같다. 우리가 아는 한 사람들이 죽으면 엔트로피 변화 이외에는 우주에 어떤 것도 일어난다는 증거는 없다.

그렇다면 물리학은 우리의 우주에 사후 세계가 존재할 가능성이 없다고 결론 내리고 있을까? 우리가 죽으면 우리가 누구였는지 영원히 사라진다는 뜻일까? 답하자면, 전부 사라지는 것은 아니다.

양자역학에 따르면 양자 정보는 이 우주에서 소멸될 수 없다. 즉 신체가 죽으면 신체를 구성하던 입자들은 분리되어 흩어질 수 있지만, 그 입자들이 가지고 있던 양자 정보는 사라지지 않는다. 이 양자 정보는 다른 입자에 흡수되거나 변형될 수는 있지만 결코 사라지지 않는다. 마치 각인이나 사건의 증거처럼 우주의 양자 상태에 인코딩되어 남아 있는 것이다. 기술적으로는 먼 미래의 누군가가 이 각인을 살펴보고 당신이 누구였는지, 무엇을 했는지 재구성할 수 있을 것이다. 이것이 바로 양자역학의 힘이다.

이런 원리는 당신의 행동에도 적용된다. 우리의 모든 행동은 다른 입자와의 상호작용을 유발한다. 이런 상호작용은 입자의 양자 상태를 고유한 방식으로 변화시키기 때문에 원칙적으로는 어떤 상호작용을 했는지도 정보로 저장된다. 매우 현실적인 의미에서 우리의 행동은 시간을 초월한 물결을 일으키고, 이 물결은 결코 사라지지 않고 우주의 양자 역사에 영원히 남게 되는 것이다.

이런 식으로 지금까지 살았던 모든 사람은 우리의 주변 사물에 희미하지만 지울 수 없는 흔적을 남겼다. 그리고 이 흔적을 통해 여전히 우리와 함께 있다. 언젠가 당신도 죽으면 우주 기록의 일부가 될 것이다. 전해 오는 어느 얘기에 따르면, 우리는 우리를 기억하는 사람들의 마음과 생각 속에서 영원히 살아간다는 말이 있다. 양자역학에 따르면 이 이야기는 단순히 옳은 것을 넘어 수학적 사실이다.

우주는 기억한다.

14 우리는 컴퓨터 시뮬레이션에 살고 있을까?

'이런 일이 정말 일어나고 있을까? 진짜로?'

이는 사람들이 대단한 일(또는 별로 좋지 않은 일)을 마주할 때마다, 또는 요즘 뉴스를 읽을 때마다 종종 자신에게 던지는 질문이다. 우리가 사는 세상은 너무 터무니없거나 정신이 아찔해지는 일이 많이 일어나서, 실제 그런 일이 존재한다고 믿기가 어려울 정도다.

또 한편으로는, 진짜가 아닐 수도 있다!

수천 년 동안 계속된 생각들 가운데 하나는 우리가 살고 있는 우주, 우리가 모든 감각으로 경험하는 이 우주가 실제로 존재하지 않는 것일 수도 있다는 것이다. 고대 종교에서는 종종 우리가 사는 세상이 환상에 불과하다고 말해 왔다. 소크라테스는 심지어 우리가 그 차이를 구분할 수 있을지 궁금해하기도 했다. 좀 더 최근에는 영화 〈매트릭스The Matrix〉에서 키아누 리브스가 이 모든 것을 "와우Whoa"라는 한 단어로 표현하기도 했다.

우리는 보고 느끼는 것이 실제로 존재하는 것이고, 감각적으로 우리가 받아들이는 모습과 소리를 생성하는 우주가 움직이고 서로 부딪히는 물리적 사물들로 가득 차 있다는 가정하에 자라왔다. 이 모든 것은 우리에게 확실히 실제처럼 느껴진다. 하지만 현실로 **느끼는** 것과 실제로 **존재하는** 것이 반드시 같은 것일 필요는 없다. 예를 들어 꿈꿀 때 우리는 그것이 현실인 것처럼 느끼지만, 그렇다고 당신이 실제로 건물 크기만 한 거대한 쿠키에게 쫓기는 것은 아니다.

놀랍게도, 우리 우주가 실재하는지에 관한 주제를 놓고 현대 물리학이 궁금해하기 시작했다. 우리가 사는 세상이 실제로 존재하지 않을 수도 있을까? 우리가 경험하는 모든 것이 단지 엄청나게 거대하고 강력한 컴퓨터가 만들어낸 우주에 대한 정교한 시뮬레이션에 불과할 가능성이 있을까?

그리고 가장 중요한 것으로, 우리가 어떻게 그것을 알아낼 수 있을까?

시뮬레이션 우주설

세상이 실재하지 않고, 우리가 사실은 시뮬레이션 속에 사는 것이라는 주장은 미친 소리처럼 들릴 수도 있다. 이 복잡하고 극도로 세밀한 세상이 어떻게 컴퓨터로 만들어질 수 있을까? 거실에서 윙윙거리며 날아다니는 파리처럼 단순해 보이는 것들조차 매우 촘촘한 세부 요소를 가지고 있다. 수십억 개의 공기 분자를 격렬하게 두드리는 작은 날개에서부터 당신의 얼굴이 비치는 파리의 반짝이는 눈까지 그 모든 것이 너무도 섬세하다. 컴퓨터가 이 모든 것을 시뮬레이션할 수 있을까?

실제로 가능하다. 컴퓨터 그래픽은 지금껏 놀랍도록 사실적으로 발전해 왔다. 영화 〈토이 스토리Toy Story〉의 경우 오리지널 버전에서의 단순함을 최신 속편(〈토이 스토리 4〉)과 비교해 보면 불과 몇 년 사이에 컴퓨터 기술이 얼마나 비약적으로 발전했는지 알 수 있다. 가상현실과 비디오게임도 초기 버전에서는 사물이 블록 다면체처럼 엉성하게 보이던 것에 비해 최근에는 놀라울 정도로 정교해졌다. 최신 스포츠 비디오게임의 경우 너무나

사실적이어서 자세히 보지 않으면 시뮬레이션 게임인지 실제 경기 장면을 찍은 것인지 구분하기 어려울 정도이다. 그 게임 안에 승리의 기쁨, 좌절, 짜증 같은 감정이 모두 담겨 있다! 게임 분야의 발전 속도를 고려할 때, 언젠가는 가상현실과 실제 현실의 차이를 구분하기 어렵거나 불가능하게 될 수도 있다고 상상하는 것은 어려운 일이 아니다.

심지어 일부 사람들은 지금 우리가 시뮬레이션 속에 살고 있을 **가능성이 있다**고 주장하기도 한다. 기술 발전에 따라 미래에는 모든 사람이 가정용 컴퓨터에서 우주를 시뮬레이션할지도 모른다는 상상을 하기 시작했다. 그리고 어떤 사람들은 시뮬레이션 안에 등장하는 사람들조차 스스로 **많은 시뮬레이션**을 실행하고 있을지도 모른다고 상상하기도 한다(시뮬레이션 속의 시뮬레이션이다!). 이대로 가면 머지않아 실제 우주보다 훨씬 더 많은 시뮬레이션 우주가 돌아다니게 될 것이다. 그리고 자연스럽게 이런 의문이 생길 것이다. 우리가 수많은 시뮬레이션 우주 중의 하나가 아니라 실재하는 진짜 우주에 살고 있을 확률은 얼마나 될까? 통계적으로는 우리가 비디오 게임 속에 살고 있다는 쪽에 돈을 거는 것이 유리할 수도 있다.

우리가 시뮬레이션 안에 살고 있다고 의심하는 또 다른 철학적 이유가 있는데, 이는 우리 우주가 마치 **시뮬레이션처럼** 작동하기 때문이다.

우리 우주는 가상 게임과 가상 세계를 구축하는 데 사용하는 컴퓨터 프로그램과 많은 공통점을 가지고 있다. 그것은 우리 우주가 일정한 규칙을 따르는 것처럼 보인다는 것이다.

물리학의 모든 연구 프로젝트는 우주의 규칙을 밝혀 내는 것과 관련되어 있다. 그리고 실제로 우주는 물리 법칙을 따르는 것처럼 보인다. 양자역학에서 일반 상대성이론에 이르기까지 우리는 우주의 소스 코드를 발견하는 데 점점 더 가까워지고 있는 듯하다. 하지만 종종 간과되는 다음과 같은 질문이 있다. 우주는 왜 규칙을 따르는가? 왜 그렇게 일관되고 규칙적인가?

물리 법칙은 모든 곳에서, 항상, 똑같은 방식으로 작동하는 것처럼 보인다. 그런 이유 때문에 컴퓨터 프로그램 같다고 생각되는 것이다. 마스터 프로그래머가 정해 놓은 일련의 지침을 우리가 살고 있는 우주가 맹목적으로 따르면서 돌아가고 있는 것처럼 보이기 때문이다.

우리 우주가 시뮬레이션이라면 작동했을 것이라고 생각되는 방식과 실제 우주는 상당히 많은 공통점이 있다. 이런 사실 때문에 우리 우주가 시뮬레이션이라는 주장이 꽤 설득력 있게 들리는 것이다.

시뮬레이션 우주는 가능할까?

그렇다면 실제로 우주 전체를 시뮬레이션하려면 무엇이 필요할까?

최근 프로그래머들이 놀라운 성과를 거두고 있는 것은 분명하지만, 그렇다고 가상 우주를 구축하는 것이 쉬워졌다는 의미는 아니다. 한 장소에서 날아다니는 파리를 표현하는 것과 이 세상 **모든 것**을 표현하는 것 사이의 격차는 엄청나게 크다. 앞에서 말한 '모든 것'의 숫자가 너무도 많기 때문에 절대 불가능한 일처럼 느껴진다. 하나의 파리와 풀잎을 표현하려고 해도 수많은 세부 사항을 고려해야 하는데, 파리와 풀잎의 숫자는 무한대로 많기 때문이다. 게다가 지금 우리는 지구에서 일어나는 일만 이야기하고 있다!

그렇다면 어떤 일을 해야 할지 알아보기 위해 시뮬레이션된 우주가 어떻게 작동하는지 머릿속에서 그림을 한번 그려보자. 우리의 견해로는 우리 우주가 시뮬레이션일 수 있는 세 가지 기본 시나리오가 있다.

통 속의 뇌

첫 번째 시나리오는 컴퓨터가 시뮬레이션을 실행한 후, 인간의 실제 뇌에 메시지를 전달하는 것이다. 뇌는 감각 세포를 통해 인지한 것을 바탕으로 세상에 대한 개념을 구축한다. 이 시나리오에서는 이런 신호가 실제 신체의 감각 기관이 느낀 것이 아니라 컴퓨터 시뮬레이션에 의해 생성된 것이다. 컴퓨터 내부에는 가짜 우주 전체에 해당하는 모델이 들어 있고, 이것이 뇌와 상호작용을 하는 것이다. 뇌가 "앞으로 걸어라"와 같은 메시지를 컴퓨터에 보내면, 컴퓨터는 앞으로 걸어가는 행위를 시뮬레이션한 후

주변 세상이 어떻게 변할지, 그리고 뇌에는 어떤 새로운 입력을 전달할지를 계산한다.

통 속의 외계인 뇌

이것은 조금 더 엉뚱한 시나리오라고 볼 수 있는데, 컴퓨터가 외계인의 뇌를 위해 시뮬레이션한 후, 그 뇌가 인간인 것처럼 가장할 수 있다는 것이다. 시뮬레이션 속 외계인은 자신의 뇌가 수십억 개의 뉴런이 서로를 향해 신호를 발사하는 젤리 덩어리라고 생각할 수 있다. 하지만 실제로는 이 시뮬레이션으로 무엇이든 구현할 수 있다. 실제 외계인의 뇌는 훨씬 더 크거나 작을 수도 있고, 완전히 다른 원리로 작동할 수도 있다. 방대한 유압 펌프의 네트워크로 이루어져 있거나, 작은 양자 컴퓨터일 수도 있고 더 괴상망측한 것일 수도 있다.

당신은 소프트웨어 프로그램이다

이제 더 심오한 수준의 시나리오를 살펴볼 준비를 해보자. 실제 애초부터 우리에게 뇌가 없다면 어떨까? 시뮬레이션 속에 등장하는 모든 **뇌도 시뮬레이션이라면 어떨까?** 이 시나리오에서는 살아 있고 의식 있는 모든 마음은 단지 큰 프로그램의 일부일 뿐이라고 가정한다. 지난 수십 년 동안 인공지능은 비약적인 발전을 거듭한 끝에, 이제는 뇌의 기능을 모방하여 학습하고, 기억하고, 문제를 해결할 수 있는 컴퓨터 시스템을 만들 수 있는 단계에 이르렀다. 점점 더 복잡해진 인공지능은 세계 체스 챔피언을 물리치고, 교통 체증을 뚫고 자동차를 조종할 수 있고, 얼굴을 식별하고, 현실적인 대화를 할 수 있는 수준까지 발전했다. 인공지능은 결코 할 수 없다고 생각했던 일들을 해내고 있다. 가상의 지능을 가진 존재가 돌아다니는 가상 세계를 만드는 것은 그리 어렵지 않은 일이 된 것이다.

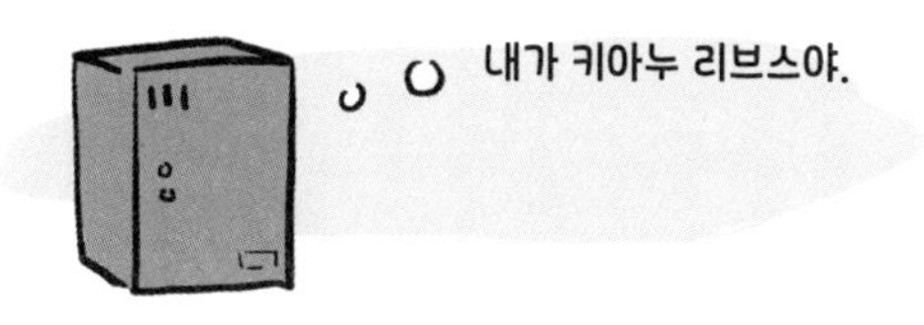

물론 어떤 종류의 시뮬레이션 우주를 만들어내든 이를 작동시키려면 엄청난 컴퓨팅 파워가 필요하다. 우주를 시뮬레이션하려면 먼저 모든 물체가 어디에 있는지로부터 시작하여, 얼마나 빠르게 움직이는지 등과 같은 초기 설정을 해야 한다. 그런 다음 우주에 적용되는 법칙이 시뮬레이션 세계에서도 적용할 수 있도록 프로그래밍해야 한다. 시뮬레이션이 처음 작동할 때 모든 물체에 어떤 일이 일어날까? 서로 부딪혀 튕겨나갈까, 아니면 서로를 통과할까? 속도를 높이거나 낮추거나, 또는 좌회전할까? 각 물체들은 시뮬레이션 규칙에 따라 업데이트되고, 시간은 한 걸음씩 앞으로 나아간다. 이러한 과정을 반복해 가면서 시뮬레이션 세계에 어떤 일이 일어나는지 계속 확인한다.

시뮬레이션해야 할 물체들이 많으면 이런 작업을 하는 데 엄청난 컴퓨팅 파워가 필요하다. 각 물체들의 위치와 움직임을 추적하는 데 컴퓨터 메모리가 필요하기 때문이다. 이것을 전체 우주로 확대하면 얼마나 많은 메모리가 필요할지, 그리고 그 모든 데이터를 처리하는 데 얼마나 많은 연산 능력이 필요할지 상상해 보라. 우주의 모든 입자와 행성에 대해서도 놀랍도록 세밀한 수준으로 동일하게 시뮬레이션해야 하기 때문이다. 그렇다면 이런 일을 한다는 것은 불가능하지 않을까?

그렇지 않을 수도 있다. 시뮬레이션된 우주가 설득력을 가지려면 시뮬레이션을 경험하는 존재에게만 실제처럼 보이면 되기 때문이다. 생각보다 적은 컴퓨팅 성능으로도 시뮬레이션을 구현할 수 있는 몇 가지 지름길을 소개하면 다음과 같다.

지름길 #1

당신이 선택할 수 있는 첫 번째 지름길은 실제 우주보다 더 단순한 버전의 시뮬레이션 우주를 만드는 것이다. 예를 들어 시뮬레이션 우주를 실제 우주보다 더 낮은 차원으로 만들거나, 더 단순한 규칙으로 만들거나, 픽셀의 크기를 더 키워서 만들 수도 있다. 시뮬레이션 우주가 단순하다고 해서 그 안에 사는 시뮬레이션 생물들이 실제처럼 보이지 않는다는 의미는 아니다. 시뮬레이션 우주가 실제 우주에 비해 매우 단순할 수는 있지

만, 우리가 그 차이를 알지 못하면 우리는 우리가 속한 우주가 제공하는 사실감에 만족하게 된다. 예를 들면 우리가 슈퍼 마리오 게임에 등장하는 캐릭터라고 해보자. 그러면 우리는 우리가 속한 우주가 게임이 진행될수록 더 복잡해진다고 생각하게 될 것이다.

지름길 #2

시뮬레이션을 실시간으로 만들지 않음으로써 컴퓨팅 파워를 절약할 수도 있다. 시뮬레이션이 외부 세계가 작동하는 실제 속도와 동일하게 실행되어야 한다는 규칙은 없다. 예를 들어 시뮬레이션의 실행 속도를 느리게 만들어 시뮬레이션 세계에서의 1년이 실제 우주에서는 1000년이 걸리게 만들 수도 있다. 그러면 컴퓨터는 시뮬레이션 세계 속의 존재들이 실제라고 확신할 수 있을 만큼의 세밀함을 제공하는 데 필요한 시간을 충분히 확보하게 된다. 반면 시뮬레이션 안의 존재들은 그 속도 차이를 알 수 없다. 그것이 그들이 아는 유일한 속도이기 때문이다. 당신이 시뮬레이션을 일시 중지한 다음 잊어버리고, 다음 날 다시 시작하더라도 시뮬레이션 내부에 있는 존재들은 눈치채지 못한다. 예를 들어 당신이 화장실을 가기 위해 게임을 일시 정지하면 게임 속 캐릭터가 이것을 알 수 있을까? 알 수 없다. 그들은 게임 안에 있기 때문이다.

지름길 #3

우주 시뮬레이션을 가능하게 하는 세 번째 방법은 프로그래밍을 영리한 방식으로 설계하는 것이다. 우주가 실재한다고 시뮬레이션 속 캐릭터를 속이기 위해 우주에 존재하는 개별 입자들을 모두 시뮬레이션해야 할까? 우리 세계에서 시뮬레이션을 코딩할 때 우리가 흔히 사용하는 한 가지 비법은 필요할 때만 자세하게 코딩하는 것이다. 예를 들어 교통 패턴을 시뮬레이션하는 엔지니어는 각 자동차를 구성하는 내부 입자가 아닌 자동차 전체를 하나의 구성 단위로 사용한다. 기상학자들이 허리케인을 시뮬레이션할 때도 마찬가지이다. 물을 구성하는 양성자로부터 시작하지 않고 구름이나 물방울로부터 시작하는 것이다.

마찬가지로 우주 시뮬레이션도 큰 덩어리 위주로 먼저 프로그래밍하고, 필요할 때만 입자 수준의 세부적인 사항으로 이동할 수 있다. 멀리 떨어진

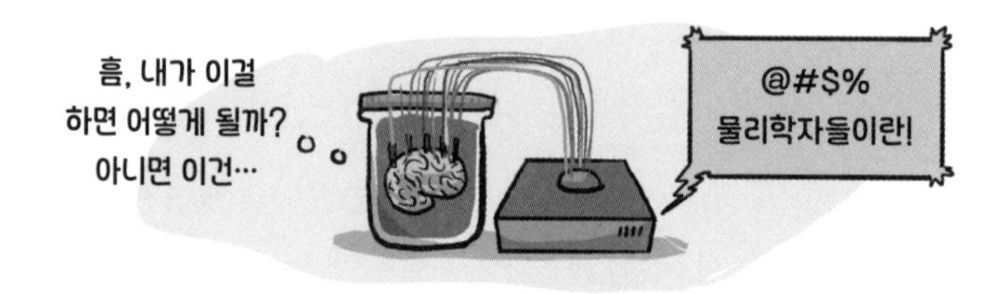

행성은 시뮬레이션 속의 누군가가 강력한 망원경을 만들어 관찰하려 할 때만 세부적으로 시뮬레이션하면 된다. 개별 입자 단위의 자세한 시뮬레이션은 시뮬레이션 속 물리학자가 입자가속기를 사용하여 연구하고자 할 때만 필요할 것이다.

시뮬레이션 세계를 알아낼 수 있을까?

이 모든 것은 우리(또는 적어도 당신)*가 시뮬레이션 세계 속에 살고 있을 가능성이 충분히 있다는 것을 말해 준다. 최근의 기술 발전 흐름은 이런 일이 얼마든지 가능하다고 보여주고 있고, 철학적으로도 시뮬레이션 우주가 우리에게 실제 우주처럼 인지된다고 말하고 있다. 그렇다면 우리는 이런 사실을 절대 알 수 없도록 덫에 갇힌 것일까? 우리가 실제 우주와 가짜 우주를 구분할 수 있는 방법은 없는 것일까?

이것은 컴퓨터가 얼마나 잘 프로그래밍 되어 있느냐에 달려 있다. 시뮬레이션이 완벽하게 작동한다면 현실과 시뮬레이션을 구별하는 것은 불가능하다. 시뮬레이션 밖의 실제 우주는 시뮬레이션 세계보다는 훨씬 더 복잡할 수 있다. 또한 우리가 시뮬레이션 속에서 경험하는 모든 세부 사항을 시뮬레이션할 수 있을 만큼 강력한 컴퓨터를 만드는 것이 가능할 수도 있을 것이다. 이 경우 우리는 실제 우주와 시뮬레이션 우주의 차이를 절대 알아낼 수 없다.

---

* 어쨌든 우리가 실재하지 않을 가능성은 있다.

그러나 실제 우주의 컴퓨터 프로그래밍이 지금 우리가 속한 우주의 **프로그래밍과 비슷하다면**, 반드시 시뮬레이션의 어딘가에는 **항상** 버그가 존재한다. 따라서 이 버그를 찾는 것이 우리 우주가 시뮬레이션인지 알아낼 수 있는 유일한 방법이다.

그렇다면 버그는 어떤 모습일까? 이것은 시뮬레이션이 어떻게 프로그래밍 되었는지에 따라 달라질 수 있으므로 예측하기는 어렵다. 하지만 몇 가지 추측을 해볼 수는 있다!

먼저 시뮬레이션의 컴퓨팅 성능에 한계가 있을 수 있다. 이 경우 먼 거리의 공간에서 일어나는 일을 시뮬레이션할 때는 어려움을 겪을 수 있다. 우리는 크고 복잡한 물체를 시뮬레이션할 때는 먼저 작은 조각으로 나누어 단순화하는 경향이 있다. 각 조각을 개별적으로 시뮬레이션한 후, 거꾸로 모든 결과를 연결하는 방식이 더 현실적이기 때문이다. 비슷한 방식으로 가짜 버전의 우리가 속한 우주에서는 각 은하를 먼저 별도로 시뮬레이션함으로써 하나의 은하 내부에서 일어나는 일이 다른 은하 내부에서 일어나는 일과 전혀 연결되지 않도록 할 수 있다. 이것은 컴퓨팅 파워를 절약하기 위해 실제 우주와 별 차이가 없기를 바라며 선택하는 일종의 지름길이다. 현실적으로도 두 은하 내부에 존재하는 것들끼리 실제로 상호작용을 할 가능성은 별로 없다.

그러나 그것은 안드로메다에서 일어나는 일이 안드로메다 내에만 머물 때 작동하는 방식이다. 반대로 안드로메다 은하에서 일어나는 일이 우리 은하에서 일어나는 일에 영향을 미칠 수 있다면, 우리는 그것을 사용하여 버그를 발견할 수 있을 것이다. 예를 들어 안드로메다 중심에 있는 초질량 블랙홀이 우리 지구를 향해 입자를 방출하고, 우리가 그 입자를 대기권에서 감지할 수 있으면 어떻게 될까? 이 경우 두 은하는 직접 연결된다. 그리고 이때 시뮬레이션은 제대로 작동하지 않을 수 있다. 예를 들어 입자가 여기까지 오는 궤적이 잘못되거나, 입자의 에너지가 일관되지 않을 수도 있다. 이런 일이 일어나면, 그것을 통해 우리는 이 우주에 무언가 이상한 일이 벌어지고 있다는 것을 알아차릴 수 있을 것이다.*

또 다른 가능성은 우주 시뮬레이션의 해상도에 한계가 있을 수 있다는 것이다. 오래된 x86 컴퓨터가 검은색-녹색 비디오 모니터에 픽셀 단위로

---

* 실제로 물리학자들은 아직 어떤 천체물리학적 원리로도 설명할 수 없는 고에너지 입자가 우리 대기를 강타하는 것을 목격하고 있다.

뭉개진 이미지 정도밖에는 렌더링할 수 없었던 것처럼 말이다. 따라서 가짜 우주도 시뮬레이션할 수 있는 최대 해상도가 있다고 상상해 볼 수 있다. 우주 공간과 물질을 자세히 들여다봤을 때 물리 법칙으로는 설명할 수 없는 수준으로 우주가 픽셀화되어 있는 것을 발견한다면, 이것은 우리가 시뮬레이션 속에 있다는 증거일 수 있다.

마지막 가능성은 우리 우주를 시뮬레이션한 프로그램이 제대로 코딩되지 않았을 가능성이다. 이것은 우리가 컴퓨터 프로그래밍을 코딩할 때도 항상 일어나는 일이다. 프로그래머가 아무리 좋은 의도를 가지고 신중하게 프로그래밍해도 우리가 만든 시뮬레이션은 항상 어느 순간에는 문제가 생긴다. 프로그래머가 미처 고려하지 못한 허점이 있을 수도 있기 때문이다. 우리가 우주에 관해 점점 더 많은 것을 알아갈수록 이런 일이 일어날 가능성은 높아진다. 예를 들어 현재 우리는 현실의 본질을 놓고 경쟁하는 두 가지 이론을 목격하고 있다. 양자역학과 일반 상대성이론이 그것이다. 이 두 이론이 상호 보완적으로 작용하는 경우는 많지 않다. 그보다는 각자 따로 작동하는 것처럼 보인다. 어떤 상황에서는 이 두 이론이 완전히 모순되는 것처럼 보일 때도 있다. 이러한 상황 중 하나가 블랙홀 내부에서 일어나는 일이다. 한쪽 이론은 특이점이 있을 것으로 예측하는 반면, 다른 이론은 불확실성이 뭉쳐진 덩어리가 있을 것으로 예측한다. 우리 우주를

시뮬레이션한 사람이 물리 법칙을 철저하게 생각하지 않았거나, 엉성하거나 게으르거나 너무 서두른 결과일 수도 있다. 우리 우주의 어딘가에 일관성이 없다는 사실을 발견하게 된다면, 뭔가 잘못된 것이 있다는 것을 알아차릴 수 있을 것이다.

왜 시뮬레이션을 만드는가?

시뮬레이션 우주라는 이 미친 개념에 관한 가장 중요한 질문은 당연히 '왜?'일 것이다.

왜 누군가(또는 무엇이?) 가짜 우주를 만들고, 시뮬레이션과 연결된 뇌와 인공적으로 만들어진 지각 있는 존재들로 가짜 우주를 채우는 수고를 하려 할까? 우리에게서 에너지를 채굴하거나, 혹은 이상한 다른 목적을 달성하려고 우리를 노예로 삼으려는 것일까?

우리 우주는 일종의 실험일 수도 있다. 누군가 과학적 질문(몇 개의 우주에서 바나나가 진화할까?)이나 심리적 질문(바나나를 먹을 만큼 똑똑한 사람이 있는 우주는 몇 개나 될까?)에 답하기 위한 실험 목적으로 우리 우주를 만들었을 수도 있다. 또한 특정 유형의 우주에 관한 실험일 수도 있고, 물리 법칙이 다르거나 현실 양상이 다른 수많은 우주에 관한 시뮬레이션일 수도 있다(슈퍼

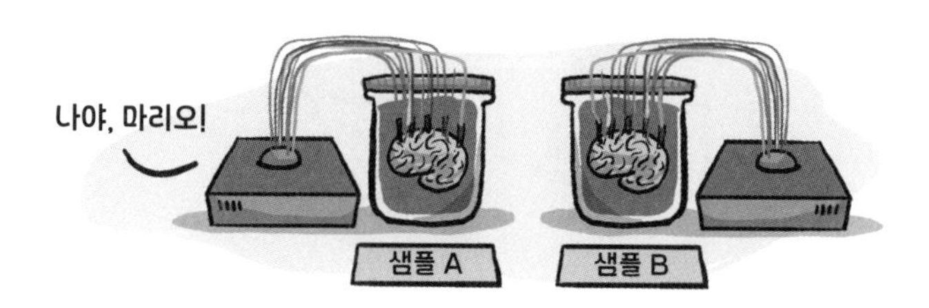

마리오 세계가 다음 우주에서는 완전한 현실이 될 수도 있다).

아니면 그냥 단순히 재미로 만든 것일 수도 있다. 우리 우주가 그들에게는 어항이나 아이들을 위한 장난감에 불과하다면 어떨까? 아니면 그들이 사용하는 엄청나게 발전된 노트북에 설치된 화면 보호기에 불과하다면 어떨까? 우리 우주처럼 복잡한 시뮬레이션을 만들 수 있을 만큼 똑똑한 사람이나 어떤 것이 있다면, 그들이 무엇을 재미있어할지 우리가 상상이나 할 수 있을까?

요약하자면, 우리 모두는 거대한 기계처럼 작동하는 시뮬레이션된 우주 안에서 살고 있을 가능성이 있다는 것이다. 이 우주는 우리가 아직 완전히 이해하지 못하는 어떤 규칙에 의해 지배되고 있으며, 우리는 그 규칙에 따라 살고 있을지도 모른다는 것이다. 그럼에도 불구하고 우리는 이런 현실의 본질을 절대로 알 수 없을 것이다. 이 말이 조금 암울하게 들린다면 다음 질문에 대해 잠시 생각해 보자. 반대로 우리가 시뮬레이션이 아닌 실제 우주에 있다면 우리가 다른 점을 알 수 있을까?

어쩌면 시뮬레이션된 우주와 실제 우주가 다를 것이라고 믿는 것이 진짜 환상일지도 모른다. 현실적인 관점에서 볼 때, 그런 차이가 우리의 경험이나 자아의식에 실제로 영향을 미칠까? 어쩌면 우리는 시뮬레이션이

든 아니든 우리 존재 자체에 만족하고, 답을 찾든 찾지 못하든 우리를 지배하는 규칙을 알아내려고 시도하는 것에 만족해야 할지도 모른다. 시뮬레이션이라 할지라도 이런 일이 일어난다면 우리에게는 그것이 현실이 되는 것이 아닐까?

15

왜 $E = mc^2$인가?

대부분의 사람들이 알고 있는 물리 방정식을 하나만 꼽으라면, 그것은 아마도 $E=mc^2$일 것이다.

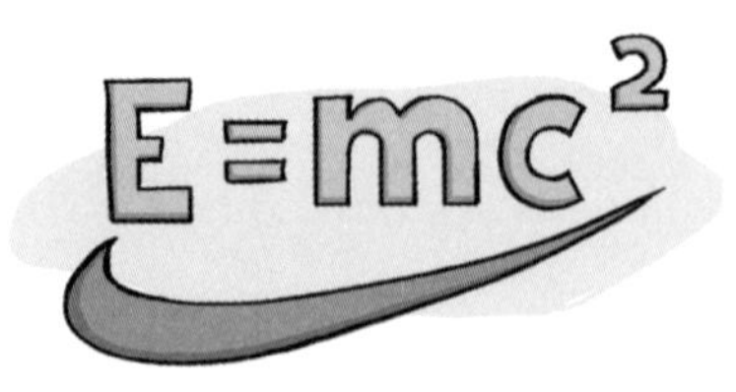

이 공식은 물리학에서 가장 유명한 방정식이다. 아마 기억하기 쉽기 때문일 것이다. 그 형태는 나이키의 '스우시swoosh' 로고처럼 단순하면서도 우아하다. 이집트 상형문자처럼 복잡해 보이는 다른 물리학 공식*과 비교할 때, 이 공식은 확실히 브랜드적 매력이 있다. 물론 이 공식이 지난 세기부터 대중 문화의 일부가 되어온 아인슈타인의 명석함(그리고 유명한 헤어스타일)에서 유래했다는 사실도 한몫했을 것이다.

물리학 공식은 단순한 수학이 아니라 물리적 우주에 관해 무언가를 설명하는 것이어야 한다. 이것이 바로 $E = mc^2$이 사람들의 머릿속에 남아 있는 또 다른 이유이다. 여기서 E는 에너지이고, m은 질량, c는 진공 상태에서의 빛의 속도, 즉 초당 299,792,458미터를 의미한다. 이 모든 것이 간단하고 기억하기 쉬운 공식에 담겨 있다는 것은 서로 간에 심오한 방식으로 연결되어 있다는 것을 의미한다.

하지만 정확히 이 공식이 뜻하는 것은 무엇일까? 질량과 에너지, 빛은 실제로 서로 어떤 관련이 있을까? 그리고 이 관계는 우리 자신과 우주의 근본적인 본질에 대해 무엇을 말해 주고 있을까?

---

* 예를 들어 슈뢰딩거 방정식의 한 종류는 다음과 같다.

$$i\hbar\frac{\partial}{\partial t}\Psi(\mathbf{r},t)=\left[\frac{-\hbar^2}{2\mu}\nabla^2+V(\mathbf{r},t)\right]\Psi(\mathbf{r},t)$$

질량과 에너지

우리 대부분에게 질량의 의미는 우리를 구성하는 물질이다.

질량이 있다는 것은 일반적으로 무겁고 크고 튼튼하다는 것을 의미한다. 우리는 질량이 적은 물체는 가볍고, 희박하거나, 거의 존재하지 않는 것으로 생각하는 경향이 있다.

이런 개념은 어릴 때 직관적으로 발달하는 것으로서 이것을 포착한 것이 뉴턴의 운동 법칙이다. 수 세기 동안 F=ma는 세상에서 가장 중요한 물리 공식으로 자리매김해 왔다. 이 공식에서 F는 물체에 가하는 힘이고, m은 물체의 질량, a는 가속도이다. 물체가 얼마나 빨리 움직이기 시작하는지를 나타내는 공식이다. 물체의 질량이 크면 물체를 움직이는 데 매우 큰 F가 필요하게 된다. 반면 물체의 질량이 작으면 살짝 밀기만 해도 물체가 움직인다.

우리에게 질량은 무언가의 존재를 측정하는 척도이다. 산이나 행성처럼 질량이 큰 사물일수록 더 실재하는 것으로 견고하게 느낀다.

반면에 에너지는 완전히 다른 것이라고 생각하는 경향이 있다. 우리는 에너지를 열, 빛, 불, 또는 움직임과 연관시킨다. 에너지는 흐르거나 전달될 수 있는 일시적인 것으로 인식하는 것이다. 우리에게 에너지는 일을 하고, 물건을 태울 수 있는 힘을 주는 것이며, 필요할 때는 저장했다가 방출할 수 있는 마법과 같은 것이다.

오랫동안 우리가 가졌던 질량과 에너지에 관한 이런 직관은 뉴턴의 법칙은 물론이고, 우주에 관한 우리의 이해와도 완벽하게 일치한다. 질량과 에너지가 상호작용을 할 수 있다는 사실은 분명했지만, 그럼에도 불구하고 우리에게 두 가지는 서로 다른 별개의 것들이었다.

예를 들어 물 한 컵에 에너지를 가하면 추가한 에너지로 인해 컵에 있는 작은 물 분자가 움직이는 속도는 빨라지지만, 물 자체의 질량은 변하지 않는다. 열을 가해도 물 분자의 수는 변하지 않고, 단지 더 빨리 흔들릴 뿐이다. 적어도 우리는 그렇게 생각해 왔다.

1880년대 후반, 물리학자들은 '질량은 어디에서 오는가?', '질량은 도대체 무엇인가?'와 같은 성가신 질문들을 던지기 시작했다. 처음에는 당시 막 발견되었던 전자에 주목하여 이런 질문을 했다. 물리학자들은 전자처

럼 전하를 띤 입자가 움직이면 그 주위로 자기장이 만들어진다는 사실을 알아냈다. 자기장이 생성되면 전하를 띤 입자를 밀어내기 때문에 입자가 빨리 움직이기 어렵다. 이것은 마치 전자가 밀기 어려운 질량을 가지고 있는 것과 같은 효과를 가져온다. 그로부터 물리학자들은 최초로 질량과 에너지(이 경우 자기장의 에너지)가 서로 다른 별개의 것이 아닐 수 있다는 생각을 하게 되었다.

이때 아인슈타인이 논쟁을 정리하는 기발한 주장을 제시했다.

당시 아인슈타인은 **상대성이론**, 즉 서로 상대적으로 움직이는 물체에 물리 법칙이 어떻게 적용되는지에 관한 연구에 몰두하고 있었다. 당시에도 빛의 속도보다 빠르게 움직일 수 있는 것은 없으며, 이런 속도 제한은 아무리 빨리 움직이는 물체에도 여전히 적용된다는 사실이 알려져 있었다. 즉 당신이 아무리 빠르게 움직이더라도 당신의 눈에 빛은 여전히 광속으로 움직인다는 뜻이다.

이 근본적인 한계는 정말 신기한 효과를 만들어낸다. 지구에 서 있는 사람과 로켓 우주선을 타고 아주 빠르게 달리는 사람의 눈에 같은 사물이 어떻게 보일지를 생각해 보면 쉽게 알 수 있다.

아인슈타인은 이 주장을 위해 우주에 떠 있는 암석이 열을 발산하는 경우를 예로 들었다. 이때 암석의 열은 적외선 광자의 형태로 방출될 것이다. 만약 당신이 그 암석과 함께 우주를 떠다닌다고 가정하면, 당신은 암석에서 아무것도 이상한 점을 발견하지 못하게 된다. 암석에서 광자가 나오는 것도 볼 수 있을 것이고, 광자가 가진 특정 에너지를 측정할 수도 있을 것이다(모든 광자가 그렇듯이 말이다).

하지만 당신이 빠른 속도로 암석 근처를 지나가는 로켓에 타고 있다면

이번에는 뭔가 다른 것을 보게 된다. 아인슈타인은 상대성이론의 공식을 사용하여 당신이 로켓을 타고 지나가면서 암석에서 나오는 광자를 본다면, 원래와는 다른 주파수로 보일 것이라는 사실을 알아냈다. 이것을 상대론적 도플러 효과Doppler effect라고 하는데, 예를 들어 경찰차가 당신에게 다가올 때와 멀어질 때 경찰 사이렌 소리가 다르게 들리는 것과 비슷한 현상이다. 하지만 이런 주파수 변화는 상대성이론에 비춰보면 조금 이상하게 느껴진다. 상대성이론에 따르면, 광자는 빛의 속도보다 빠르거나 느리게 진행할 수 없고 항상 빛의 속도로만 움직일 수 있기 때문이다. 로켓을 타고 지나가면서 광자의 에너지를 측정할 때와 암석 옆에 같이 떠 있을 때 측정하는 광자의 에너지가 다른 것은 사실이다. 그렇다면 광자의 속도는

다를 수가 없기 때문에 뭔가 다른 것이 바뀌어야 한다.

아인슈타인에 따르면, 이때 바뀐 것은 다름 아닌 암석의 운동에너지였다. 그리고 운동에너지는 물체의 질량과 속도로부터 나온다. 아인슈타인은 광자를 방출할 때 암석의 속도는 변하지 않았기 때문에 변한 것은 질량이었을 것으로 결론지었다. 아인슈타인은 암석의 질량에 광속의 제곱을 곱한 것이 암석이 잃은 광자의 에너지이고, 암석은 이 에너지에 해당하는 만큼 실제로 질량이 줄어들 것이라고 예측했다. 이와 관련하여 아인슈타인이 발견한 공식은 다음과 같다.

$$\text{광자의 에너지} = (\text{암석의 질량 변화}) \times (\text{빛의 속도})^2$$

이 공식이 의미하는 바는 광자가 암석을 떠날 때 암석의 질량이 변한다는 것이다. 암석의 질량 변화의 크기는 방출된 광자의 에너지와 동일하다. 광자의 에너지는 줄어든 질량에 빛의 속도 제곱을 곱하면 된다. 다시 말하자면 암석의 질량 중 일부가 에너지로 변환되고, 이것이 광자의 형태로 방출된 것이다(광자는 질량이 없고 순수한 에너지라는 사실을 기억하자).

이것은 매우 획기적인 결과였다. 수천 년 동안 질량과 에너지는 완전히 다른 것이라고 믿었던 인간의 직관이 무너졌기 때문이다. 아인슈타인의

방정식은 이 두 가지가 서로 연관되어 있으며, 마치 환전소에서 달러를 유로로 바꾸는 것과 같은 방식으로 하나를 다른 것으로 변환할 수 있다고 말하고 있는 것이다.

이 시점에서 당신은 다음과 같은 점이 궁금할 법하다. 이 방정식이 의미하는 바는 무엇일까? 물질이 가진 질량이 어떻게 순수한 에너지로 변환되거나, 또는 그 반대로 변환될 수 있을까?

처음에는 암석 원자 몇 개가 분해되어 이런 광자가 되었다고 생각했다. 이것도 전체 암석의 질량이 감소하는 한 가지 방법이 될 수 있기 때문이다. 그러나 이런 일은 전혀 일어나지 않았다. 광자가 생성되기 전과 후의 암석의 원자 수는 같다. 그럼에도 불구하고 어떻게든 암석의 질량이 감소하는 일이 일어난 것이다.

우리는 에너지가 방출되면서 사물의 질량이 변하는 데 익숙하지 않기 때문에 이런 현상이 매우 이상하게 느껴진다. 책상 위에 올려놓은 금속 추의 무게가 에어컨을 켜거나 끈다고 해서 더 가벼워지거나 무거워질 것이라고 기대하지 않는 것이다. 설탕 1파운드는 냉장고에 넣었는지, 그렇지 않은지에 관계없이 여전히 1파운드의 설탕이다. 그렇지 않은가?

여기서 실제로 어떤 일이 일어나는지 이해하려면 뭔가가 질량을 갖는다는 것이 의미하는 바가 무엇인지에 관해 좀 더 깊이 파고들어야 한다.

그럼 이 퍼즐을 맞추는 데 특히 도움이 될 두 가지 중요한 단서를 살펴보도록 하자.

우리의 대부분은 물질이 아니다

당신은 아마도 자신이 단단한 '물질stuff'로 만들어졌다고 생각할 것이다. 결국 당신은 당신이 먹는 것으로 구성되고, 당신이 먹는 것은 결국 어떤 물질이기 때문이다. 당신을 구성하는 것은 번개나 햇빛이 아니다. 그리고 실제로 손가락으로 팔을 찔러보면 꽤 단단하게 느껴진다.

하지만 우리를 구성하는 원소들을 아주 가까이 확대해 보면 실제로는 아무것도 없다는 것을 알 수 있다. 우리 몸의 특정 원자를 골라 자세히 들여다보면 대부분이 빈 공간임을 알 수 있다. 양성자와 중성자의 무게가 각각 전자의 2,000배에 달하기 때문에, 원자의 거의 모든 질량은 핵에 몰려 있다고 할 수 있다. 우리가 "사후 세계가 가능할까?"에서 살펴보았듯이, 흥미로운 것은 양성자와 중성자를 분해하면 그것들이 '업' 쿼크와 '다운' 쿼크로 구성되어 있다는 것이다. 양성자는 두 개의 업 쿼크와 한 개의 다운 쿼크, 중성자는 두 개의 다운 쿼크와 한 개의 업 쿼크로 구성되어 있다.

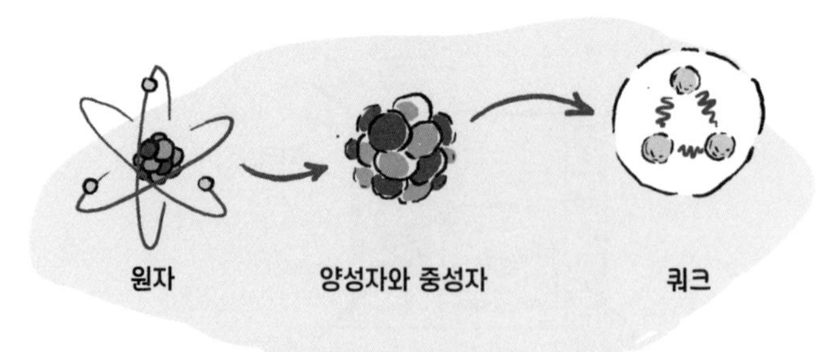

실제로 우리 몸의 대부분의 질량은 이런 쿼크 그룹으로부터 비롯된다고 볼 수 있다. 그러나 정말 흥미로운 것은 이 쿼크들을 분리하면 어떤 일이 일어나는가이다.

예를 들어 양성자에 들어 있는 세 개 쿼크의 질량을 함께 측정하면, 약 938MeV/c^2의 질량을 가지고 있다(1MeV/c^2는 약 1.7×10-30 킬로그램이다).[MeV(Mega Electron Volt, 메가 전자볼트)는 에너지의 단위로 100만 전자볼트를 나타낸다.-옮긴이]

그러나 양성자를 분해하여 세 개의 쿼크를 각각 분리해 질량을 측정하면 업 쿼크의 질량은 약 2MeV/c^2이고, 다운 쿼크의 질량은 4.8MeV/c^2에 불과하다는 사실을 알게 된다.

이 계산에서 우리가 알 수 있는 것은, 쿼크 자체는 질량이 거의 없다는 것이다! 그들 각각의 질량을 모두 합해도 양성자 질량의 1퍼센트 미만의 무게이다.

그렇지만 이 쿼크들을 합치면, 질량이 100배 정도로 증가한다. 이것은 마치 레고 조각 세 개를 합쳤더니 갑자기 레고 조각 300개에 달하는 무게를 보이는 것과 마찬가지 현상이다. 과연 무슨 일이 일어나는 것일까? 이 모든 질량은 어디에서 오는 것일까?

이 질문에 대한 놀라운 대답은 쿼크를 서로 묶어두는 에너지에서 질량이 나온다는 것이다.

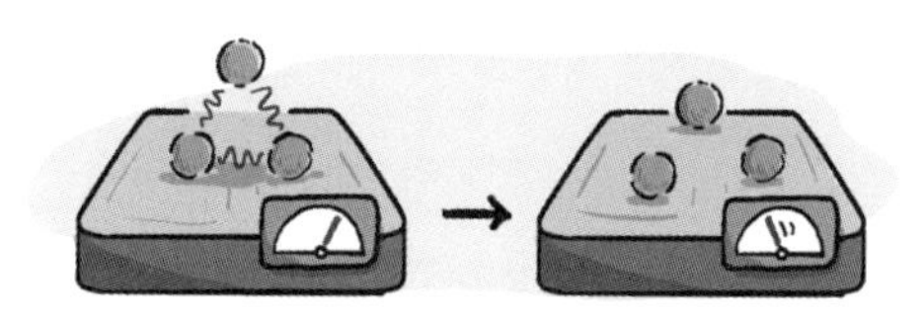

이를 통해 우리가 알게 된 놀라운 사실이 한 가지 있다. 바로 에너지가 질량처럼 작용한다는 것이다. 예를 들어 두 입자 사이의 결합 안에 에너지가 갇히는 경우 그 에너지를 밀거나 당기는 것은 어렵다. 마치 질량이 있는 물체를 밀고 당기기 어려운 것과 같은 방식으로 작동하는 것이다. 반면 두 입자의 결합에 갇혀 있던 에너지를 방출하고 두 입자를 분리하면 입자들은 더 쉽게 밀고 당길 수 있다. 다시 말해 마치 질량처럼 에너지 자체도 관성을 가지고 있는 것처럼 작용하는 것이다.

그뿐만 아니라 에너지는 중력도 느낀다. 질량을 가진 물체가 그러하듯 갇힌 에너지도 공간을 구부리고, 다른 물체에 끌리기도 한다.

양성자로 다시 돌아오면, 결국 양성자의 질량은 양성자를 구성하는 쿼크 세 개의 개별 질량과 이들을 하나로 묶는 **결합 에너지의 합이다**(쿼크의 경우 이들을 묶는 강한 핵력이 결합 에너지이다).

이 원리는 양성자뿐만 아니라 자연의 모든 사물에 해당된다. 예를 들어 라마의 질량은 라마를 구성하는 모든 기본 입자의 질량에 이 기본 입자들을 하나로 묶는 데 필요한 에너지(분자 사이의 화학 결합을 포함한다)를 더한 값과 같다. 따라서 (라마에게는 미안하지만) 라마를 둘로 나누면, 라마 두 조각의 질량의 합은 원래 라마의 질량보다 작아진다.

그렇다면 손실된 질량에 해당하는 에너지의 크기는 어떻게 알아낼 수 있을까? 짐작한 대로 $E=mc^2$이라는 공식을 사용하여 계산하면 된다.

이것이 $E=mc^2$이라는 공식이 갖는 의미의 한 부분이다. 즉 질량은 에너지와 같다는 것이다. 그리고 우리가 질량이라고 생각하는 것의 대부분(약 99퍼센트)이 사실은 에너지이다.

나머지 1퍼센트

그렇다면 우리를 구성하는 나머지 1퍼센트는 어떻게 되는가? 여전히 그것은 **물질**이다. 그렇지 않은가? 사실, 그렇지 않다.

지난 100년 동안 우리는 기본 입자들의 질량이 어떤 특성이 있는지에 대해 많은 것을 알게 되었다. 이것들을 자세히 살펴본 결과에 따르면, 쿼크와 전자 같은 입자는 더 작은 입자 조각들로 만들어져 있는 것처럼 보이지는 않는다. 즉 이 기본 입자들의 질량은 더 작은 조각들의 결합 에너지에서 나온 것은 아니라는 뜻이다. 그렇다면 전자의 질량은 어디에서 오는 것일까?

답하자면 1880년대에 제시되었던 주장이 옳았음이 밝혀졌다. 즉 전자

는 스스로 생성하는 자기장 때문에 움직이기가 더 어렵게 된다는 주장이었다. 여기에 전자를 움직이기 어렵게 만드는 또 다른 장이 있는데, 바로 힉스장이다. 우주를 가득 채우고 있는 힉스장은 모든 물질을 구성하는 입자를 잡아당김으로써 물질들이 움직이기 어렵게 만든다. 각 입자의 질량은 바로 입자와 힉스장의 상호작용으로부터 나오는 것이다. 다시 말해 질량이란 각 입자들과 힉스 입자와의 상호작용의 크기를 나타내는 것이다. 하지만 이것은 여전히 부분적인 설명일 뿐이다.

질량은 힉스 입자장의 **에너지**에서 나온다는 것이 더 완전한 설명이다. 일부 입자들은 힉스장에 저장된 에너지와 더 큰 상호작용을 하기 때문에 움직이기가 더 어렵다. 그리고 어떤 입자는 이 상호작용이 약해서 더 쉽게 움직일 수 있다. 즉, 각 입자의 질량은 입자들이 힉스장의 에너지와 어떤 강도로 연결되어 있느냐를 나타내는 것에 불과하다.

우리는 여기서 한 걸음 더 나아갈 수 있다. 양자 이론에 따르면 쿼크와 전자는 우주 전체에 퍼져 있는 양자장에 일어난 작은 에너지 물결에 지나지 않는다. 고함 소리는 공기 중에 일어난 물결이고 파도는 물의 물결인 것과 마찬가지로, 입자는 양자장에서 에너지가 폭발한 것일 뿐이다. 다시 말하자면 입자 자체도 에너지일 뿐이다!

질량과 에너지는 동등하다

물체의 질량 대부분이 그 물체를 구성하는 입자들을 하나로 묶는 결합 에너지이고, 각 입자의 질량조차 실제로는 에너지에 불과하다는 이 두 가지 단서는, 우리가 '질량'이라고 생각했던 것이 실제로는 존재하지 않는다는 다소 충격적인 결론으로 이어진다. 우주에 존재하는 모든 것은 결국 에너지일 뿐이라는 말이기 때문이다.

이것이 바로 우주에 떠다니는 암석이 광자를 방출할 때 질량을 잃는 방법이다. 물질이 에너지로 바뀌었기 때문에 질량을 잃는 것이 아니다. 이미 모든 물질이 에너지인 것이다. 암석은 단지 에너지를 한 형태에서 다른 형태로 변환한 것일 뿐이다. 이 경우 암석은 분자의 운동이나 진동 형태로 있던 에너지를 광자로 변환함으로써 질량을 잃는다.

따라서 이제부터 당신은 우주에 있는 암석을 볼 때 **질량과 에너지**를 함께 가지고 있다고 생각하면 안 된다. 그냥 하나의 커다란 에너지 덩어리라고 생각해야 한다. 그 에너지의 일부는 입자라는 형태를 띠고 있고, 다른 일부는 입자 사이의 결합에 있으며, 나머지 일부는 입자의 움직임에 있다. 하지만 이 모두는 결국 하나의 에너지 집합의 다른 형태이다.

그 반대의 경우도 일어날 수 있다. 암석이 햇빛을 흡수하여 가열되면 암

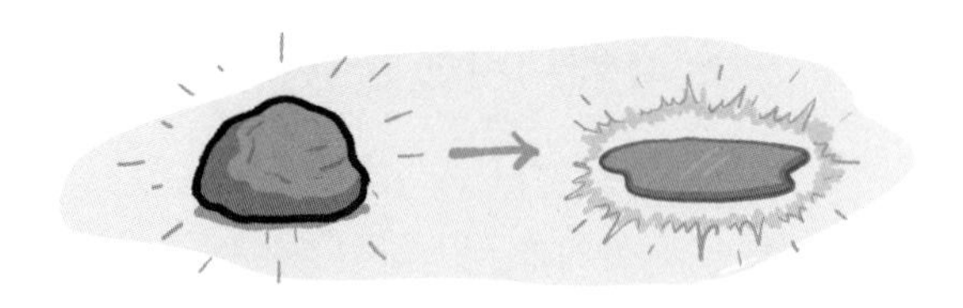

석이라는 에너지 풀에 에너지가 더해진다. 그리고 더 많은 에너지를 가졌다는 것은 암석이 움직이기가 더 어려워지고 중력으로 인해 더 무거워진다는 것을 의미한다. 이것은 뜨거운 암석이 차가운 암석보다 질량이 크다는 것을 의미한다. 물론 그 차이는 작다. 등가 질량 변화를 계산하려면 광자의 에너지를 광속의 제곱으로 나누어야 한다는 것을 기억해 보라. 이때 광속의 제곱은 엄청나게 큰 숫자이기 때문에 결과적으로 질량 변화는 매우 적은 값이 된다.

이것이 $E=mc^2$이 의미하는 것이다. 질량은 에너지와 동일하다. 오늘날 물리학자들은 질량은 **에너지의 한 형태**라고 말한다. 이는 다른 여러 형태의 에너지가 존재하기 때문이다. 예를 들면 광자의 경우 에너지는 가질 수 있지만 질량은 가질 수 없다.

저스트 두 잇

유명한 아인슈타인 공식은 질량과 에너지 사이에 깊은 연관성이 있음을 말해 준다. 하지만 질량이 에너지로 변환될 수 있다는 뜻은 아니다. 우리가 알게 된 것은 모든 질량이 단지 에너지라는 것이다. 질량은 물질을 구성하는 입자들이 가지고 있는 에너지의 합이다. 에너지는 물체를 구성하는 입자들끼리의 결합에 들어 있거나 힉스장과의 상호작용에 들어 있다.

에너지에 관성이 있다거나 무게가 있다는 생각이 이상하면서도 직관적이지 않게 느껴지지만, 이것은 우리가 수백 년 동안 질량을 잘못된 방식으로 알고 있었기 때문이다. 결론적으로 '물질'이라는 것은 존재하지 않으며, 오직 에너지와 그 에너지가 공간의 모양(중력)과 사물이 움직이는 방식(관성)에 주는 영향만 있을 뿐이다. 이것은 2부로 구성된 아인슈타인의 상대성이론 탱고 공연의 양면성이라고 할 수 있겠다.

어쨌든 이 공식은 우리가 우주를 바라보는 방식을 근본적으로 변화시켰다. 우리는 이제 더 이상 우주를 물질과 에너지로 가득 찬 공간으로 보지 않는다. 우리를 포함한 우주 전체는 에너지일 뿐이다. 실제로 우리는 에너지로 만들어진 하나의 발광체이다.

그렇다고 조만간 눈에서 레이저가 발사될 것이라고 기대하지는 말기를 바란다.

16

우주의 중심은 어디일까?

어떤 것에서든 중심은 중요한 장소이다.

예를 들어 도시의 중심은 랜드마크이다. 랜드마크에는 최고의 빵집이 있으며, 중요한 결정이 내려지는 장소이고, 대부분의 활동이 이루어지는 곳이다. 도시의 중심부는 대개 가장 오래된 곳으로서 가장 처음으로 빵이

오래된 빵집

구워지고, 집이 지어진 곳이기도 하다.

더 큰 규모로 보면, 우주의 정말 많은 것에 대해서도 같은 원리가 적용된다. 우리 태양계에도 중심이 있다. 그곳은 태양이다! 태양은 우리를 만든 가스와 먼지구름에서 가장 먼저 태어난 것이고, 여전히 가장 밀도가 높은 곳이다. 또한 우리에게 태양은 빛과 에너지의 원천이며, 태양계에서 가장 분주한 곳이기도 하다. 태양의 빛은 절대 꺼지지 않는다. 우리 은하계에도 중심이 있다. 수백만 개 별의 질량에 해당하는 초질량 블랙홀이 중심에 있고, 이 중력이 우리 은하계의 모든 것이 제자리를 유지하는 데 도움을 준다.

또한 중심은 장소 감각을 제공하기 때문에도 중요하다. 중심은 내 위치를 파악하는 데 도움을 주고, 다른 모든 것과 비교하여 상대적으로 내가 어디에 있는지를 알려준다. 그렇지 않으면 붕 떠 있거나 길을 잃은 것처럼 느낄 수 있다. 마치 나침반 없이 바다에 나가거나 이케아 매장 안에 갇힌 것처럼 되는 것이다.

그렇다면 우주 전체는 어떨까? 모든 것이 시작되고, 우주의 모든 중요한 일이 일어나는 중심이 있을까? 그럼 우리는 그 중심과 얼마나 가깝거나, 또는 멀리 떨어져 있을까? 우리는 우주의 중심 근처에 살고 있을까, 아니면 아무것도 없는 우주 변두리에 있는 것일까?

이제부터 **모든 것의 중심**을 정확히 찾아낼 수 있는지에 대해 살펴보자. 누가 알겠는가. 중심에 도착하면 거기서 뭔가 신나는 일이 일어나고 있을지 말이다.

중심에서 무엇을 볼 수 있을까?

보통 도시의 중심은 지도를 보면 찾을 수 있다. 하지만 안타깝게도 우리는 우주 전체에 대한 지도가 없다. 우주 전체를 볼 수 없기 때문이다. 이것은 우리의 시야를 가리는 뭔가가 있거나 우주가 너무 커서가 아니라, 단지 빛의 속도가 너무 느리기 때문이다.

빛은 물건을 사려고 경쟁하는 이케아 쇼핑객이나 비행기에 비해서는 매우 빠르지만, 그렇다고 무한히 빠르지는 않다. 빛도 무한히 먼 우주를 가로질러 우주 먼 곳의 이미지를 우리에게 가져오는 데에는 시간이 걸린다. 그리고 안타깝게도 우리가 우주의 모든 것을 보기에 우주는 너무 젊다. 물리학자들은 우주가 140억 년 전에 시작되었다고 본다. 따라서 우리가 볼 수 있는 광자는 140억 년이 한계이다. 어떤 것이 너무 멀리 있어서 그 빛이 우리에게 도달하는 데 140억 년보다 더 오래 걸린다면 안타깝지만 우리는 그것을 볼 수 없다. 우리가 볼 수 있는 가장 먼 것은 우주가 시작된 직후 우리 쪽을 향해 빛을 보냈던 어떤 것이다. 그보다 더 멀리 있는 것은 설사 그 빛이 우리를 향해 오고 있더라도 여기에 도달할 만큼 충분한 시간이 지나지 않았기 때문에 우리가 볼 수 없다.

우리가 볼 수 있는 우주 공간의 부피를 우리는 '관측 가능한 우주'라고 부른다. 빛은 모든 방향으로 같은 속도로 이동하기 때문에 관측 가능한 우

주의 부피는 우리 눈(또는 더 정확하게는 우리 안구)을 중심으로 한 구球이다.

관측 가능한 우주는 확실히 거대하다. 우주는 팽창하고 있기 때문에 지금은 관측 가능한 우주가 모든 방향으로 140억 광년보다는 훨씬 더 커졌다. 140억 년이 지난 지금 우리 눈에 빛이 도달한 어떤 물체는 그동안 우주가 팽창했기 때문에 실제로는 우리 눈에 보이는 것보다는 훨씬 더 멀리 떨어져 있다. 관측 가능한 우주의 반경은 우주의 팽창 때문에 처음의 140억 년으로부터 지금은 약 465억 광년까지 확장되었다. 따라서 현재는 관측 가능한 우주의 폭이 930억 광년이다. 당신이 관측 가능한 우주의 중심을 찾고 있다면 답은 간단하다. 바로 당신이다. 우리 모두가 각자 관측 가능한 우주의 중심이다. 다들 조금씩 다른 위치에서 광자를 수신하고 있기 때문이다.

실제로 관측 가능한 우주는 매년 커지고 있다. 우주가 계속 팽창하고 있을 뿐만 아니라 시간이 지남에 따라 더 멀리서 온 광자가 우리에게 도달할 수 있기 때문이다. 이렇게 되면 우리는 점점 더 멀리 있는 것까지도 볼 수 있다.

물론 관측 가능한 우주가 실제 우주와 같은 것은 아니다. 우리의 제한된

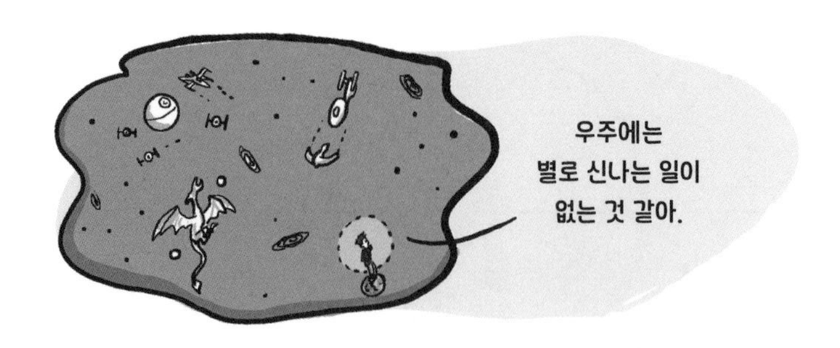

시야로 인해 우주에 중심이 있는지 그렇지 않은지를 반드시 알 수 있는 것도 아니다. 관측 가능한 우주가 실제 우주와 거의 같은 크기일 수도 있다. 이 경우 우리는 우주의 중심이 어디에 있는지 알 수 있을 것이다. 반면 우주가 우리가 볼 수 있는 것보다 훨씬 더 클 수도 있다. 이 경우 우리는 중심에서 일어나는 온갖 신나는 사건을 놓치고, 작은 시야를 가지고 우주 한 구석에 슬프게 처박혀 있게 될 것이다.

우주의 구조

현재 기술적으로 우리는 관측 가능한 우주의 끝부분까지 볼 수 있다. 하지만 주변을 둘러보고 우리 주위에 무엇이 있는지 파악하기 시작한 것은 사실 얼마 되지 않았다. 최근 들어서야 멀리 있는 희미한 은하를 자세히 볼 수 있을 만큼 강력한 망원경을 만들 수 있게 되었기 때문이다.

우리가 주위를 둘러보면서 가장 먼저 발견한 것은 별과 은하가 잘 구운 머핀에 올려놓은 초콜릿 칩처럼 우주 전체에 골고루 퍼져 있지는 않다는 것이다. 대신 별과 은하는 중력이 140억 년 동안 인내심을 갖고 노력하여 만들어낸 거대한 우주 구조를 따라 배열되어 있다는 것이 발견되었다.

우리 은하계는 '국부 은하군Local Group'이라고 불리는 이웃 은하단의 작은 일부이다. 은하들은 공통의 중심점을 축으로 공전하며 우주를 휘젓고 다니다가 때때로 서로 부딪힌다. 우리 이웃 은하인 안드로메다는 약 50억 년 후에는 우리 은하와 충돌하게 될 것이다. 우리 은하단 근처에는 다른 유사 은하단이 있으며, 이 은하단들이 모여 수백만 광년 너비의 초은하단을 형성하고 있다.

그러나 우리가 속한 초은하단이 우주에서 가장 큰 은하단은 아니다. 지난 수십 년 동안 망원경으로 관찰한 바에 따르면, 초은하단이 모여 더 큰 구조를 형성한다는 사실이 밝혀졌다. 그 구조는 바로 **아무것도 없는** 공간을 감싸는 수십억 입방광년에 달하는 거대한 거품 벽이다. 아직도 전체 그림을 모으는 중이지만, 우리가 아는 한 그 거품은 지금까지는 우주에서 가장 큰 구조이다.

이것이 우주의 중심이 어디에 있는지 알려줄 수 있을까? 우리가 보고 있는 구조가 우주의 중심이 어디인지 알려준다면 얼마나 좋을까? 도심에 가까워질수록 건물이 커지는 것처럼 우주의 중심 근처로 갈수록 은하가 더 붐비는 것 같은 패턴을 볼 수 있을지도 모른다.

하지만 불행히도 이 거대한 거품조차 우주의 중심이 어디에 있는지 많

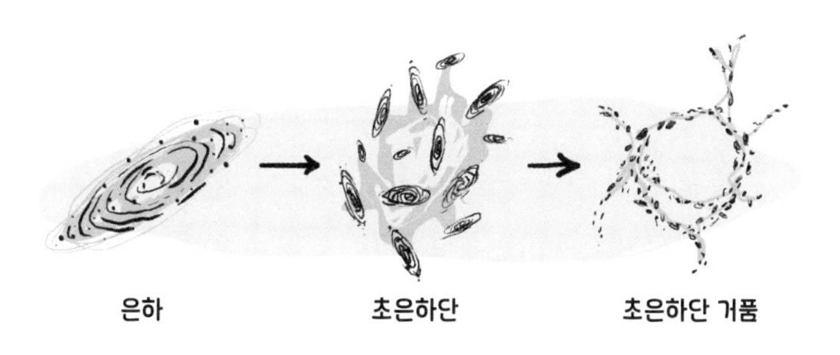

은 것을 알려주지는 않는다. 아주 고르게 모든 방향으로 움직이는 것처럼 보이기 때문이다. 어느 한쪽이 더 조밀해지는 것과 같이 중심을 찾는 데 도움이 될 어떤 패턴도 찾아볼 수 없다.

은하의 움직임에서 얻을 수 있는 힌트

우주의 중심을 찾을 수 있는 또 다른 방법은 모든 은하와 초은하단이 어떻게 움직이는지 살펴보는 것이다. 태양계에서 움직이는 모든 행성의 궤도를 보면 태양계의 중심이 어디에 있는지 알아낼 수 있는 것과 같은 이치이다. 같은 방식으로 은하계의 모든 별의 경로를 관찰하면 은하계의 중심을 추적할 수 있을지도 모른다.

하지만 우리가 우주에서 보는 모든 것들도 동시에 우리와 함께 움직이고 있다는 사실이 드러났다. 우리는 빅뱅이라는 우주 최초의 순간부터 모든 물체가 우주 공간을 향해 내던져졌다고 생각한다. 그렇다면 다 같이 움직이는 상태에서 모든 것들의 움직임을 관찰하여 우주의 중심이 어디인지 알아낼 수 있을까?

대부분의 사람들은 빅뱅을 폭발로 상상한다. 우주의 모든 물질이 작은 점으로 구겨져 있다가 폭발했다고 생각하는 것이다. 그렇다면 우주의 모든 것들의 움직이는 방향을 확인한 후, 시계를 거꾸로 돌리면 폭발의 중심이 어디였는지 알 수 있을까? 빅뱅을 삼각측량 하면 우주의 중심을 찾을 수 있을까?

이것을 알아내기 위해 우리는 볼 수 있는 많은 은하의 속도를 측정했다. 우리는 은하가 우리에게 보내는 빛의 색깔을 보고 은하가 움직이는 속도

를 측정할 수 있다. 경찰차의 사이렌 소리가 우리 쪽으로 다가올 때와 멀어질 때 다르게 들리는 것처럼, 은하가 움직이면 은하에서 나오는 빛의 주파수가 달라진다. 우리에게서 멀어지는 은하는 더 붉게 보이고, 우리에게 다가오는 은하는 더 푸르게 보인다.

이러한 관찰을 통해 우리는 무엇을 볼 수 있을까? 은하가 실제로 움직이고 있으며, 게다가 각자 다른 속도로 움직이고 있음을 알 수 있다. 또한 매우 놀라운 사실도 알게 되었다. 모든 은하가 우리에게서 멀어지는 방향으로 움직이고 있다는 사실이다!

이런 현상을 보고 **우리가** 우주의 중심에 있다고 해석해도 될까? 빅뱅이 **우리가 있는 곳에서 일어났고,** 그래서 모든 것이 우리에게서 멀어지고 있

다는 뜻일까?

정확히는 아니다. 빅뱅은 사실 폭발이 아니라 공간의 **팽창**에 가깝다.

그것이 무슨 차이가 있을까? 폭탄이 폭발하면 모든 것을 중심에서 멀어지는 쪽으로 밀어낸다. 모든 파편은 한 지점으로부터 멀어지므로 그 경로를 거꾸로 돌리면 다시 시작했던 원점을 가리키게 된다. 폭탄이 어디에서 폭발했는지 알 수 있는 것이다. 폭발 지점을 알기 위해 당신이 할 일은 모든 파편이 어디에서 날아왔는지를 거꾸로 추적하는 것이다.

그러나 우주의 팽창은 하나의 중심을 기점으로 일어나는 것이 아니라, **모든 지점**에서 일어난다는 점이 다르다. 마치 오븐에서 빵이 부풀어 오르는 것과 비슷하다. 빵을 구울 때 빵의 중심에서부터 바깥쪽으로 밀어내면서 빵이 팽창하는 것이 아니다. 반죽의 모든 부분에 퍼져 있는 작은 기포가 동시에 자라나면서 빵을 균일하게 부풀어 오르게 하는 것이다. 당신이 팽창하는 빵 안에 있다면, 어디에 있든 상관없이 빵의 모든 부분이 당신에게서 멀어지는 것을 볼 수 있을 것이다. 이것이 우주에 있는 모든 것들이 우리에게서 멀어지는 것으로 관찰되는 이유다. 팽창하는 우주에서는 당신이 어디에 있든 사물들이 모든 방향에서 멀어지는 것을 볼 수 있다.

안타깝게도 이 사실은 우주의 팽창을 이용하는 것으로는 모든 것의 중심이 어디에 있는지 알 수 없다는 뜻이기도 하다. 우리가 아는 것은 팽창

우주가 부풀어 오른다.

하는 반죽 덩어리처럼 우주는 모든 곳에서 커지고 있다는 사실이다. 따라서 중심은 여기에 있을 수도 있고, 어디에든 있을 수 있다.

이런 이유 때문에 우리는 거품과 초은하단의 움직임으로는 우주의 중심이 어디에 있는지 알 수 없다. 모두가 중심을 중간에 놓고 정해진 궤도를 돌고 있다면 좋겠지만, 적어도 지금까지는 그런 식으로 보이지 않는다.

우주의 가장자리 찾기

이 모든 사실이 우리가 우주의 중심을 결코 찾을 수 없다는 것을 의미할까? 반드시 그렇지는 않다.

우리 중에는 빵 덩어리가 사방으로 팽창한다고 빵에 중심이 없다는 뜻은 아니라고 생각하는 사람들도 있을 것이다. 그 말이 맞다. 빵 덩어리가 모든 지점에서 팽창하고 있으면서도 중심이 있을 수 있다. 그것은 빵 덩어리의 모양에 달려 있다.

중심을 정의하는 한 가지 방법은 기하학이다. 빵의 경우, 빵의 모든 방향으로 같은 양의 빵이 있는 지점을 빵의 중심이라고 정의할 수 있다. 빵의 모든 가장자리(즉 빵 껍질)의 위치를 추적한 다음, 그 중간 지점을 찾으면 그곳을 빵의 중심이라고 할 수 있을 것이다.

같은 방법으로 우주의 중심을 찾을 수 있을까? 물론이다. 하지만 그것

빵과 관련된 농담은 질리지가 않는다.

은 우주가 **어떤 모양**인지에 달려 있다! 문제는 우주가 빵 덩어리처럼 딱딱한 껍질을 가지고 있는지 그렇지 않은지를 모른다는 것이다. 그렇게까지 멀리 내다볼 수 없으므로 관측 가능한 우주의 외곽 너머에 무엇이 있는지 알 수 없기 때문이다. 그러나 다음과 같이 몇 가지 가능성은 있다.

우주가 볼록한 모양일 경우

우주에 모양이 있다면 빵 덩어리처럼 보일 수도 있을 것이고, 이 경우에는 중심이 존재한다. 이때 우주의 중심은 중요한 역할을 할 수 있다. 그곳에 빅뱅에서 형성된 가장 초기 물질이 있을 수도 있고, 기술적으로 그곳에서 우주의 나머지 부분들이 생성되어 나왔을 수도 있기 때문이다. 반면 그 중심이 별로 특별하지 않을 수도 있다. 어쩌면 우연하게 그곳에 위치했을 수도 있기 때문이다. 예를 들어 오클라호마를 생각해 보라. 오클라호마는 미국의 중심에 있지만 특별히 중요하다고 생각하는 사람은 거의 없다(미안, 오클라호마).

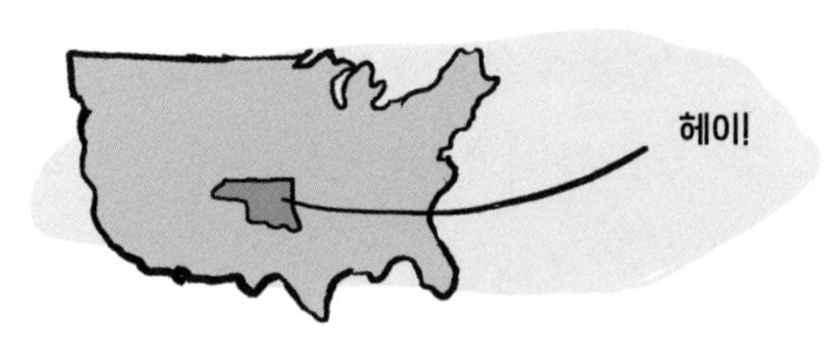

우주가 무한할 경우

또 다른 가능성은 우주가 초은하단 거품으로 공간을 채우는 일을 영원히 계속하며 묵묵히 자기 일을 해나갈 경우이다. 영원히라는 개념은 우리가 이해하기 어려운 개념이다. 이 경우 당신은 어떤 특정 방향으로 영원히 계속 가더라도 우주를 벗어나지 못한다. 이상하게 들릴지 모르지만, 많은 물리학자들은 무한한 우주가 유한한 우주보다는 더 합리적이라고 말한다. 그리고 우주가 무한하다는 것이 사실이라면, 이것이 의미하는 바는 충격적이게도 **우주에는 중심이 없다**는 것이다. 중심의 정의를 모든 방향에 같은 양의 물질이 있는 지점이라고 한다면, 무한한 우주에서는 어떤 지점에서든 모든 방향으로 무한한 물질이 있기 때문에 모든 지점들이 중심의 정의를 충족하기 때문이다.

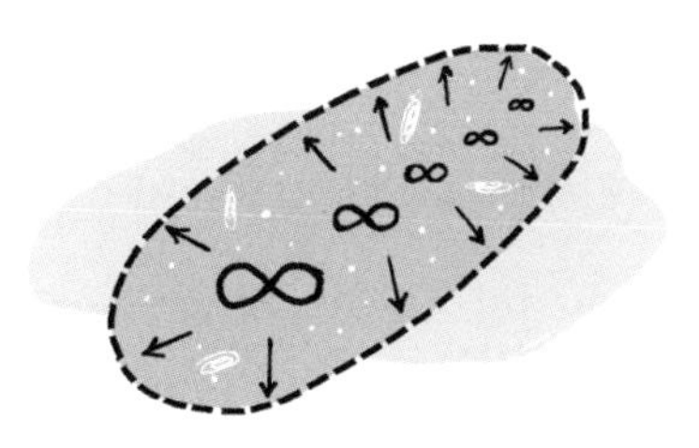

우주가 괴상한 모양일 경우

마지막 가능성은 우주가 유한한 모양을 가지고 있지만 중심을 갖지 않는 모양인 경우이다. 이런 일이 어떻게 가능할까? 우리가 알다시피 공간은 휘어질 수 있는 곳이다. 즉 공간이 항상 일직선인 것은 아니다. 이것이 의미하는 바는 공간이란 모든 종류의 흥미로운 형태를 취할 수 있다는 것이다. 예를 들어 지구 표면이 둥글게 곡선을 이루고 있는 것처럼, 우주도 휘어진 다음 스스로 돌아오는 루프 형태가 될 수도 있다. 이 경우 우주의 중심은 어디일까? 지구 표면에 중심이 없는 것처럼 우주에도 중심이 없을 수 있다. 우주가 도넛처럼 이상한 모양으로 휘어져 있을 수도 있다. 이런

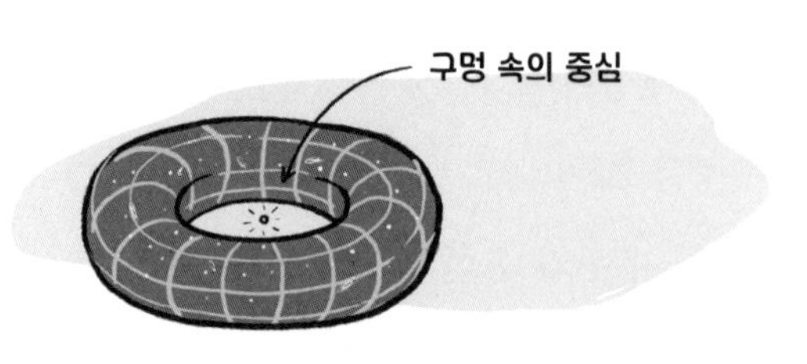

모양의 우주라면 중심은 있지만 그 중심이 우주 내부에 있지 않는 일도 가능하다!

우리가 우주에 껍질이 있는지, 무한한지, 또는 도넛 모양인지 눈으로 직접 확인할 수 있을 만큼 멀리 여행할 가능성은 없어 보인다. 하지만 이런 가능성 가운데 어느 것이 사실인지는 알 수도 있다. 우주의 성질을 연구하고 우리 주변의 곡률을 살피다 보면, 언젠가는 우주의 전체 모양을 유추할 수 있을지도 모른다. 우주가 영원히 계속되는지 아니면 한 바퀴 돌아서 같은 곳으로 오는지, 아니면 일반적인 기하학적 중심을 갖는 모양인지 알려줄 수 있을 것이다.

중심점의 의미

하지만 불행히도, 우리는 현재 우주의 중심이 어디인지 알지 못하며 영원히 알 수 없을지도 모른다. 심지어 우주에 **중심이 있기는 한 것인지**조차 알 수 없다!

우주에 중심이 있는지 없는지와는 무관하게 한 가지 희망의 빛은 보인다. 우주가 모든 곳에서 팽창하고 있다는 것이 확실하기 때문이다. 빅뱅이란 빈 공간에서의 폭발이 아니라 공간 자체의 팽창이라는 것도 알고 있다. 이것은 모든 곳이 똑같이 중요하며, 한편 우주의 어느 곳도 다른 곳보다 특별하지 않다는 것을 말해 준다. 이것이 의미하는 것은 빵 덩어리처럼 우주의 모든 지점에서 새로운 공간이 생성되고 있으며, 이는 곧 모든 지점이 그 자체로 작은 우주의 중심이라는 것을 의미한다.

물리학자들은 이런 시나리오를 더 자연스럽게 느낀다. 물리 법칙상 어느 한 지점을 다른 지점보다 선호해서는 안 되기 때문이다. 만약 어딘가에 중심이 있다면 물리학자들은 '왜 그 지점인가?', '왜 다른 지점은 아닌가?'라고 질문할 것이다. 따라서 우주가 중심점이 없이 민주적이라고 가정하는 것이 훨씬 더 간단한 방법일 것이다.

어쩌면 우주의 중심이 어디인지 알 필요가 없을지도 모른다. 우리 모두는 각자의 관찰 가능한 우주의 중심이 되는 것에 만족하고, 다른 사람들의 우주관에 관심을 가지면서 우주에 관해 탐구하고 이해를 키워가면 된다. 우주가 모든 방향으로 (아마도 무한히) 계속 팽창해 갈 것이기 때문이다.

추신: 보너스 숙제를 하려면, 구글 지도로 이동하여 '우주의 중심center of the universe'을 검색한 후, 줌아웃 하여 그 위치가 어디인지 확인해 보라.

우주로부터의 메시지:
너만의 빵을 구워.

17 화성을 지구처럼 만들 수 있을까?

지구는 정말 멋지다. 그렇지 않은가? 놀라운 경치, 맛있는 길거리 음식, 좋은 학교 등을 우리에게 제공하기 때문이다. 우리가 지구를 잘 관리하기만 한다면 인간은 지구에서 오랫동안 편안하게 살 수 있을 것이다.

그런데 지구가 우리가 살 수 있는 유일한 행성일까? 안타깝게도 태양계를 둘러봐도 지구와 같은 호화로운 편의 시설을 갖춘 행성은 없다. 심지어 적당한 온도, 숨 쉴 수 있는 대기, 지표면을 흐르는 액체 상태의 물과 같이 매우 기본적인 것조차 다른 행성에서는 찾아볼 수 없다.

설사 우주 어딘가에서 지구와 같은 조건의 행성을 발견하더라도 워프 드라이브를 발명하거나 웜홀을 마음대로 조작하는 방법을 찾지 않는 한,

그곳까지 여행하는 데 수십, 수백, 수천 년이 걸릴 것이다. 그렇다면 대신 수리가 조금 필요하지만 우리 집에서 가까운 곳에서 그런 행성을 찾아보면 어떨까? 약간의 작업과 페인트칠은 필요하겠지만 냄새나는 식민지 개척 우주선 안에서 수십 년을 보내지 않고도 쉽게 여행할 수 있는 곳에 있는 행성이라면 어떨까?

그런 행성을 찾으려면 말 그대로 바로 옆집이라고 할 수 있는 행성보다 더 먼 곳은 보지 말라. 우리에게는 화성이 있지 않은가? 화성은 약간의 수리와 욕실 설비 업데이트가 필요하지만, 집으로서의 잠재 가능성은 충분하다. 그리고 화성은 집이 갖춰야 할 세 가지 가장 중요한 항목에서 매우 높은 점수를 받고 있다. 그것은 바로 위치, 위치, 위치이다.

그럼 화성을 개조하려면 무엇이 필요할까? 지구처럼 멋지게 만들 수 있을까?

화성에서 살기

화성을 살 수 있는 곳으로 만들고 싶다는 말은 곧 가능한 한 화성이 지구와 비슷해졌으면 좋겠다는 뜻일 것이다. 이론적으로는 화성에 우주정거장을 건설하여 살 수도 있다. 이 경우 우주정거장 밖으로 나가려면 항상 멋진 우주복을 입어야 한다. 도시를 둘러싸는 거대한 돔을 만들어 항상 실내에 머물 수도 있다. 그런 삶은 어떤 삶일까?

어떤 곳을 진짜 집이라고 부르려면 자유롭게 돌아다니고, 푸른 공원에서 신선한 공기를 마시고, 대지를 즐길 수 있어야 한다. 산책하는 데 우주복을 입어야 하거나 우주 방사선을 피하려고 1,000 SPF나 되는 선크림을 바르고 싶지는 않을 것이다.

문제는 화성이 지금 당장은 우리가 이사 갈 수 있는 상태가 아니라는 것이다. 화성을 좀 더 지구처럼 만들려면, 현재의 화성을 살기 어려운 곳으로 만드는 다음과 같은 몇 가지 사항을 바꿔야 한다.

- 화성 표면에 액체 상태의 물이 없다.
- 매우 춥다(1년 내내 남극이라고 생각해 보라).

- 숨 쉴 수 있는 대기가 없다.
- 화성 표면에 유해한 우주선cosmic ray이 내리쬐고 있다.

그럼 이제부터 하나씩 해결해 보자.

물, 모든 곳에 있는 물

물이 생명과 직결되어 있다는 것은 모든 사람이 잘 알고 있다. 모든 생명체는 생존을 위해 물이 필요하다. 우리는 생명이 물에서 시작되었다고 생각한다. 외계 생명체의 가능성을 찾기 위해 태양계를 둘러볼 때 가장 먼저 하는 질문 가운데 하나가 바로 이것이다. 그렇다면 액체 상태의 물이 어디에 있을까? 지금까지 태양계에서 액체 상태의 물을 지표면에서 발견한 곳은 지구가 유일하다. 이것이 물과 관련해 화성에서 우리가 원하는 것이다. 쉽게 접근할 수 있는 액체 상태의 물, 바람직하게는 아름다운 호수와 졸졸 흐르는 시냇물이 있으면 더 좋다.

여기서는 '액체'라는 말이 핵심이다. 실제로 분자로서의 물은 태양계에서도 그렇게 드물지 않기 때문이다. 사실 천왕성과 해왕성은 고체 상태의 물이 너무 많아 '얼음 거인'이라고도 불린다. 왜소행성 세레스Ceres는 절반이 얼음으로 추정되며, 소행성대의 많은 암석들은 기본적으로 거대한 눈

신사업 아이디어

덩이라고 보면 된다. 사실 과학자들은 지구에 있는 물의 대부분이 태양계로부터 왔다고 생각한다. 원래부터 지구에 있었던 많은 양의 물은 지구가 젊고 뜨거웠을 때 증기가 되어 우주로 날아갔다. 나중에 지구가 식자, 혜성과 다른 얼음 우주 암석이 지구와 충돌하면서 지구에 물이 보충되었다. 그렇다. 우리의 바다는 우주 눈덩이가 녹은 **물로 가득 차 있다.** 다음번에 물을 마실 때는 시원하고 상쾌한 혜성 녹은 물을 마시고 있다는 것을 기억하기를 바란다.

물론 화성 표면에는 바다가 없다. 하지만 지상에는 얼어붙은 물이 많고, 지하 깊은 곳에는 액체 상태의 물도 있다. 화성은 지구와 마찬가지로 적도보다는 북극과 남극이 더 춥다. 지구와 같이 화성의 극지방은 얼음으로 뒤덮여 있다. 엄청나게 많은 얼음으로 말이다. 극지방의 모든 얼음을 녹일 수 있다면 화성은 30미터 깊이까지 물에 잠길 것이다. 그 정도로 많은 양의 얼음이 있다. 화성에 거주할 미래 인류가 마시고 수영하는 것은 물론이고, 테마파크에 워터 슬라이드를 만들기에도 충분한 물이다.

새로운 우리의 고향에 바다와 강이 있기를 원한다면 극지방의 얼음을 녹인 후, 계속 녹은 상태로 유지하기만 하면 된다. 하지만 이것은 상당히 까다로운 일이다. 화성은 표면이 매우 춥고 대기도 매우 희박하기 때문이다. 화성 표면에 액체 상태로 노출된 물은 얼어붙거나, 또는 우주 공간의 진공 때문에 끓어서 수증기가 될 가능성이 높다.

좋은 소식은 우리가 어떻게든 화성을 데우고 대기를 만들 방법만 찾을 수 있다면 화성에도 액체 상태의 호수와 바다가 생길 수 있다는 것이다. 그렇게 되면 우리가 사랑하는 지구와 닮아가는 데 한 걸음 더 가까워질 수 있다.

화성 뜨겁게 만들기

겉으로 보기에는 화성 표면이 훈훈하고 따뜻할 것이라고 상상할 수 있다. 화성은 붉게 빛나고 있고, 게다가 대부분은 사막처럼 보이기 때문이다. 하지만 실제로 화성은 매우 추운 곳이다. 화성의 붉은색은 모두 토양에 있는 산화철에서 비롯된 것이다. 그리고 화성의 평균 기온은 섭씨 −63도(화씨 -81도)로 지구의 남극보다 훨씬 추운 곳이다.

화성에 온도조절 장치를 틀어 화성을 더 살기 좋은 곳으로 만들려면, 우선 우리는 이 행성의 온도를 높이는 방법을 생각해 봐야 한다. 행성의 표면 온도는 주로 다음과 같은 두 가지 기본 요소에 의해 결정된다.

(a) 태양으로부터 얼마나 많은 열을 받는가.
(b) 그 열을 얼마나 많이 보유하고 있는가.

태양계의 열은 대부분 태양으로부터 나온다. 따라서 행성이 받는 열의 양은 행성의 위치가 태양계에서 어디에 있는지에 따라 달라진다. 당연히

행성이 태양에 가까울수록 더 많은 열을 받는다. 화성은 태양에서 네 번째로 가까운 행성이기 때문에 상당한 양의 열을 태양으로부터 받을 수 있는 위치에 있다. 물론 한 행성 더 가까운 지구만큼의 태양열을 받지는 못한다.

한 가지 잠재적인 해결책은 화성과 태양 사이의 거리를 바꾸는 것이다. 거대한 행성 크기의 로켓을 만들어 화성에 묶은 다음 화성을 태양 쪽으로 끌어 태양에 더 가까운 궤도에 놓으면 어떨까? 그보다는 비용이 적게 들겠지만, 더 위험한 아이디어는 무거운 암석을 중력 예인선으로 사용하는 것이다. 큰 소행성을 훔쳐와 화성 근처 궤도에 올려놓으면 중력 효과로 인해 화성을 태양 쪽으로 끌어당길 수 있게 된다. 물론 소행성을 행성에 충돌시키지 않는다는 가정하에 성립할 수 있는 아이디어이다.

이 아이디어들이 미친 소리처럼 들린다면 다른 가능성 있는 해결책을

대기: 항상 뜨거운 인기를 자랑하는 옵션 품목

고려해 봐야 한다. 예를 들면 태양으로부터 전달된 에너지를 화성 내에 더 많이 유지함으로써 화성의 온도를 높이는 방법도 있을 것이다. 물론 행성이 따뜻함을 유지하려고 푹신한 다운 조끼나 파카를 입을 수는 없다. 대신 행성에는 대기가 있다. 대기는 숨을 쉬게 하고 아름다운 일몰을 선사하는 역할만 하는 것은 아니다. 온실효과 덕분에 행성에 재킷과 같은 역할을 할 수도 있다.

태양으로부터 나온 빛이 행성에 닿으면 암석과 산, 그리고 행성 표면의 모든 사물을 가열한다. 이러한 물체들이 따뜻해지면 그것들로부터 적외선이 나온다.* 일반적으로 적외선은 우주로 방출되어 사라진다. 하지만 행성에 대기가 있으면 적외선의 에너지는 대기권 내부에 갇힌다. 여기서 핵심은 대기 중에 이산화탄소CO_2가 있느냐 하는 것이다.

이산화탄소는 특정 종류의 빛, 즉 적외선 종류의 빛만 흡수하기 때문에

* 지구와 화성이 태양보다 차갑기 때문이다. 우주의 모든 것은 자신의 온도에 따라 다른 파장으로 빛난다. 태양은 가시광선 스펙트럼 영역에서 빛나고, 지구와 같은 행성들은 적외선 영역에서 빛난다.

일종의 단방향 거울처럼 작동한다. 태양에서 나온 가시광선은 이산화탄소를 통과할 수 있기 때문에 지구로 들어오는 데 문제가 없다. 하지만 이 빛이 반사되어 적외선이 되면 이산화탄소층을 통과하여 우주로 빠져나가지 못하고 차단된다. 이렇게 되면 지구 내에 태양에너지가 갇히기 때문에 결과적으로 지구가 따뜻해지는 것이다. 이산화탄소가 대기 중에 너무 많으면 왜 지구의 온도가 지나치게 높게 올라가는지 이해할 수 있을 것이다.

화성에도 대기가 있기는 하다. 그리고 대기의 대부분(약 95퍼센트)은 이산화탄소로 이루어져 있다. 그러나 안타깝게도 화성의 대기는 매우 희박하기 때문에 기압이 지구의 100분의 1밖에 되지 않는다. 이런 이유로 화성에 도착한 대부분의 햇빛은 다시 우주로 방출된다.

화성의 온도를 더 따뜻하게 만들려면 화성의 대기를 대대적으로 개조하여 대기 중 이산화탄소의 양을 늘려야만 한다. 게다가 화성은 지구보다 햇빛을 덜 받기 때문에 실제로 온전한 온실효과를 얻으려면 지구 대기보다 더 많은 이산화탄소가 필요하다. 그렇다면 화성에서 그 많은 이산화탄소를 어디서 얻을 수 있을까?

최근까지도 지구에 존재하는 이산화탄소 대부분은 화산 폭발로부터 온 것이다. 하지만 불행히도 화성에는 이산화탄소를 분출할 수 있는 활화산이 없다. 화성의 내부는 지구와 달리 차갑고 단단하기 때문이다. 화산에 동력을 공급할 수 있는 뜨거운 용암이 흐르지 않는 것이다. 과학자들은 수백만 년 전에는 화성도 달랐을 것으로 생각한다. 그때는 화성의 내부도 뜨거운 용융 상태였을 것으로 보고 있다. 하지만 화성의 경우 지구 직경의 절반밖에 안 될 정도로 작기 때문에, 겨울 아침에 작은 잔에 담긴 커피처럼 더 빨리 식어서 굳어진 것이다.

한 가지 좋은 소식은 이미 화성에는 우리가 사용할 수 있는 이산화탄소 공급원이 존재한다는 점이다. 화성 극지방에 존재하는 얼음층은 모두가 얼어붙은 물은 아니다. 실제로 이곳의 많은 얼음은 이산화탄소가 얼어붙어 만들어진 것이다. 그렇다! 지금 우리가 필요한 것이 바로 이것이다. 어떻게든 극지방의 얼음을 녹일 수만 있다면 액체 상태의 물을 얻을 수 있고, 이때 함께 방출된 이산화탄소가 만들어내는 온실효과로 그 물을 따뜻하게 유지할 수 있을지도 모른다.

하지만 불행히도 화성 극지방의 이산화탄소를 **모두 방출하더라도** 화성을 따뜻하고 훈훈하게 유지하는 데 필요한 이산화탄소 양의 약 50분의 1밖에는 얻을 수 없다.

그렇다면 우리가 찾을 수 있는 또 다른 이산화탄소 공급원이 있을까? 사실 태양계에는 소행성과 혜성에도 얼어붙은 이산화탄소가 많이 있다. 따라서 한 가지 잠재적인 해결책은 우주선을 보내 혜성을 화성 표면에 부딪히게 미는 것이다.* 하지만 이 목적을 달성하려면 아마도 엄청나게 많은 혜성을 밀어야 할 것이다. 우리에게 필요한 양의 이산화탄소를 얻으려면 수천에서 수백만 개는 필요할 것이다.

당신이 혜성을 조종할 우주선 함대를 만들기 전에 해결해야 할 또 다른 문제가 있다. 화성을 따뜻하게 유지할 만큼 대기 중에 이산화탄소 양이 많아지면 인간이 숨쉬기에는 유독한 공기가 되기 때문이다. 우리의 폐는 약간의 이산화탄소가 있는 것은 견딜 수 있지만 너무 많으면 졸리고, 두통이 생기고, 뇌 손상이 지속되어 결국 사망에 이른다. 따라서 화성을 많은 이산화탄소로 뒤덮을 경우, 안타깝게도 그 끝은 해피엔딩이 되지는 않을 것이다.

화성을 데울 수 있는 또 다른 방법이 있기는 하다. 거대한 우주 거울을 사용하여 더 많은 태양 광선을 화성 표면으로 쏘아주는 것이다. 이런 용도라면 거울이 얼마나 커야 할까? 계산상으로 화성을 데우기에 충분한 빛을 모으려면 **화성 크기**의 우주 거울이 필요하다. 이는 결코 작은 프로젝트는 아니다. 하지만 이 방법을 쓸 수만 있다면 극지방의 이산화탄소와 물을 방출하는 데 필요한 열을 공급하여 화성을 따뜻하고 젖어 있는 행성으로 만들 수 있을 것이다.

---

* 이 작업은 화성에 사람을 보내기 전에 수행하는 것이 가장 좋을 것이다.

우리에게 필요한 것은 산소

어떻게든 우리가 화성 극지방의 얼음을 녹일 수 있을 정도로 기온을 높여 화성에 새로운 강과 호수를 만들었다고 가정해 보자. 그래도 아직 화성을 지구를 대체할 수 있는 곳으로 만들기 위해 우리가 해야 할 일이 아주 많이 남아 있다. 먼저 화성에서 공기를 들이마실 수 있어야 한다. 특히 우리에게 필요한 것은 산소이다! 소풍을 갈 때마다, 또는 이웃에게 밀가루 한 컵을 빌리러 갈 때마다 산소마스크를 쓰고 다니고 싶은 사람은 아무도 없을 것이다.

태양계에는 산소가 매우 흔하다. 하지만 우리가 숨 쉬는 데 필요한 형태의 산소는 의외로 찾기 어렵다. 인간의 폐에 필요한 산소는 한 쌍의 산소 원자가 서로 결합한 O_2 형태의 산소 분자이기 때문이다. 산소 원자는 우주에 충분히 많은 양이 존재한다. 산소는 비교적 가벼운 원소 중 하나로, 별의 중심부에서 핵융합을 통해 대량으로 만들어진다. 산소는 매우 사교성이 좋은 원자여서, 주변에 있는 다른 모든 원자들과 결합한다. 화성에도 물H_2O과 이산화탄소CO_2에 산소가 들어 있지만, O_2 형태의 순수한 산소는 거의 없다는 것이 문제이다.

지구에는 공기 중에 산소가 약 5분의 1이 들어 있다. 지구의 산소는 지질학적으로 만들어진 것이 아니라 초기 생명체들의 생명 활동의 부산물로 만들어졌다. 지구에 존재하는 대부분의 원시 산소는 바닷속에 살던 아주 작은 유기 생명체에 의해 생성되었다. 이 초기 박테리아는 식물이 등장하기 훨씬 전부터 광합성을 하고 있었다. 약 25억 년 전, 이 작은 유기 생명체들은 햇빛과 물, 이산화탄소를 들이마시고 산소를 트림으로 배출하는 광합성 작용을 하기 시작했다. 당시에는 산소를 호흡하는 생명체가 없었기 때문에 지구상의 산소 양은 수백만 년 동안, 또는 어쩌면 10억 년 동안 꾸준히 증가했을 것이다. 이 미생물은 나중에는 식물에 통합되는 방식으로 진화하여 지금도 여전히 우리가 호흡하는 데 필요한 산소를 계속 배출하고 있다.

그렇다면 화성에도 지구와 같은 일이 일어나도록 만들 수 있을까? 이것은 매우 가능성 있는 아이디어일 수도 있다. 작은 생물학적 기계가 햇빛과 얼음이 녹은 물, 이산화탄소가 풍부한 대기를 이용해 우리에게 필요한 산소를 생산해 준다는 생각이다. 더 좋은 점은 이런 유기체는 스스로 번식한다는 것이다. 화성에 이 같은 유기체를 몇 개만 옮겨 심으면 스스로 더 많은 숫자로 불어날 수 있을 것이다. 이것은 완전히 새로운 차원의 크라우드 소싱crowd sourcing이다. 그리고 우리는 크라우드 소싱 비용을 햇빛으로 지불하면 된다.

하지만 늘 그렇듯이 한 가지 문제가 있다. 지구에서는 이 과정이 일어나는 데 10억 년이라는 오랜 시간이 걸렸다. 게다가 이 과정은 인간이 존재하기 훨씬 전부터 시작되었기 때문에 우리에게 큰 불편을 주지는 않았다. 이 프로젝트를 10억 년 전에 시작했더라면 지금쯤 화성은 우리가 사용할 수 있는 상태가 되었을 것이다. 그러면 타임머신을 만들지 못하는 현재로서는 화성에 숨 쉴 수 있는 대기가 생길 때까지 10억 년을 더 기다려야 할까? 물론 미생물학자들은 박테리아가 더 빨리 성장하고 더 열심히 일하게 할 수 있는 많은 비결을 가지고 있다. 그렇다고 하더라도 여전히 작은 유기체들이 해내기에는 매우 큰 일이기 때문에 아무리 이런 과정을 가속화한다고 해도 수천 년 또는 수백만 년은 걸릴 것이다.

화성에 산소를 채울 수 있는 다른 방법은 없을까? 한 가지 해결책은 생물학적 방식이 아닌 화학적으로 산소를 생산하는 산소 공장을 건설하는 것이다. 공상과학 소설처럼 들릴지 모르지만, 실제로 이 장치의 초기 프로토타입 모델이 화성 2020 미션을 위해 로켓에 실려 지금 화성으로 가는 중이다. NASA가 원래 이 기계를 만든 의도는 화성에서 지구로 샘플을 가져오는 로켓의 연료로 산소를 사용하기 위해서였다. 하지만 원칙적으로 동일한 개념이 호흡 가능한 산소를 만드는 데도 사용될 수 있다.

자기장

수십억 달러를 들여 수십조 마리의 박테리아를 노예로 만드는 노력으로 화성에 숨 쉴 수 있는 멋진 대기를 조성했다면, 당신은 이 대기가 오래도록 화성에 남아 있기를 바랄 것이다. 그렇지 않고 민들레 씨앗처럼 우주로 대기가 날아가 버린다면 엄청난 실패가 아닐 수 없다.

얼핏 우주에는 대기를 날려 버릴 바람이 없기 때문에 이런 일이 일어나는 것이 불가능하다고 생각할 수 있을 것이다. 그렇다면 전혀 다른 종류의 바람을 소개하도록 하겠다. 그것은 바로 '태양풍'이다. 태양풍은 태양으로부터 방출되는 빠른 속도로 움직이는 입자들로 구성되어 있으며, 대부분은 양성자와 전자로 이루어져 있다. 이 입자들은 태양에서 일어나는 핵융합 반응 과정에서 만들어지는 것이다. 아름다운 햇빛을 만드는 것과 동일한 과정을 통해 만들어지는 것이다. 태양풍뿐만 아니라 '우주선'이라고 불리는 깊은 우주로부터 날아온 입자들도 있다. 이 입자들 가운데 어느 것 하나도 해롭지 않은 것은 없다. 사실 이 입자들은 상당히 치명적인 것들이다. 따라서 우주로 나간 우주비행사는 이 유해한 방사선들로부터 자신을 보호하기 위해 반드시 무거운 보호복을 착용해야 한다. 고속으로 움직이는 이 작은 총알들은 충분한 시간만 주어진다면 어떤 행성의 대기라도 모두 벗겨낼 수 있을 만큼 치명적이다.

감사하게도 지구에는 자기장이라는 놀라운 행성 보호 시스템이 가동되고 있다. 지구를 향해 날아온 전자나 양성자가 지구의 자기장에 부딪히면 굴절된다. 지구의 자기장은 태양의 유해한 입자 중 많은 양을 굴절시켜 지구를 비켜가게 하거나 극지방으로 유도한다. 북극이나 남극에서 만들어지는 환상적인 오로라는 이런 과정에서 생긴다. 그렇지 않고 지구에 자기장

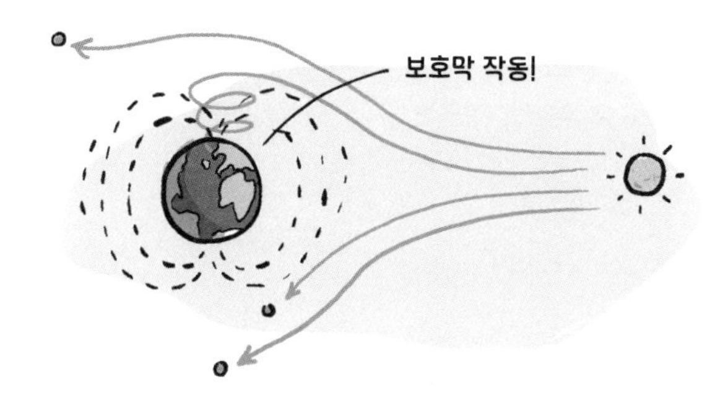

이 없다면, 우리는 유해한 태양풍의 폭격을 직접 받게 될 것이다. 그리고 이 태양풍은 결국 우리 대기도 모두 벗겨내 버릴 것이다.

불행히도 화성에는 지구와 같은 행성 자기장이 없다. 지구의 자기장은 지구 내부에서 강처럼 흐르는 용융 금속에 의해 만들어진다. 불행히도 지구보다 더 작은 행성인 화성은 지구보다 일찍 냉각되어 내부 핵이 얼어붙음으로써 행성 자기장이 사라져버린 것이다. 이렇게 자기장이 없는 상태에서 화성 표면에서 살아갈 사람들은 모두 방사능으로부터 아주 단단히 보호해야만 한다. 납이 들어 있는 두꺼운 우주복 같은 것을 입지 않으면 안 되는 것이다. 하지만 화성에서 아이들과 공놀이하러 나갈 때마다 그런 옷을 입고 싶지는 않을 것이다("엄마, 오줌 마려워요."라고 말하는 아이를 상상해 보라). 게다가 자기장이 없다면 어렵게 만든 대기는 결국 우주 밖으로 날아가 버릴 것이다. 이것은 지구보다 화성에서 더 크게 문제가 된다. 화성은 중력이 약한 탓에 공기 분자를 화성 표면에 붙잡아 두기가 지구보다 어렵기 때문이다.

화성의 핵을 이루고 있는 금속을 가열하여 녹인다면 화성 내부에 용융 금속이 흐르면서 자기장이 다시 살아날 수도 있을 것이다. 이런 식으로 행

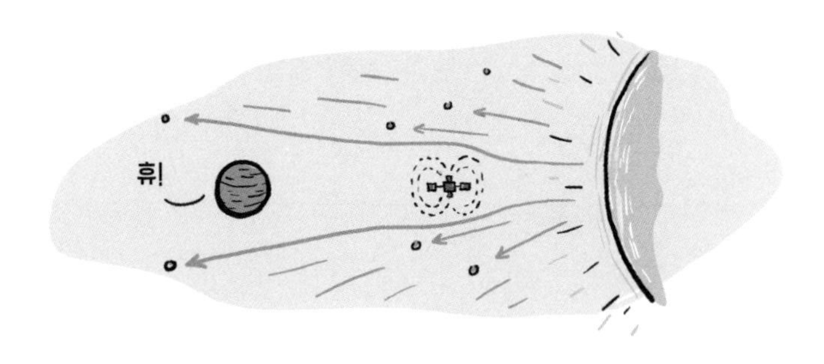

성 전체에 시동을 거는 것은 우리가 상상할 수 없는 규모의 엔지니어링 작업이 될 것이다.

하지만 희망은 있다. 어쩌면 우리는 지구의 자기장과 같은 효과를 내는 다른 무언가를 만들 수 있을지도 모른다. 예를 들면 NASA의 엔지니어들은 인공 자기 보호막이라는 기발한 아이디어를 제시했다. 이런 인공 자기 보호막으로 화성 전체를 감싸는 대신, 그들은 태양 가까운 곳에 작은 보호막을 설치할 것을 제안했다. 태양에 가까워질수록 보호막이 더 큰 자성 '그림자'를 드리울 수 있기 때문이다. 태양과 화성 사이의 공간에 있는 이 보호막은 태양풍의 대부분을 굴절시킴으로써 화성의 대기가 날아가지 않도록 보호할 수 있을 것이다.

다른 행성은 없을까?

이 모든 작업이 엄청나게 많은 일처럼 느껴질 수 있다. 요약하자면, 화성을 지구와 같은 행성으로 바꾸려면 다음과 같은 작업이 필요하다.

- 햇빛을 집중시켜 행성을 따뜻하게 해줄 거대한 태양 거울

- 우리가 숨 쉴 수 있는 산소를 생성하는 거대한 공장
- 태양풍으로부터 새로운 화성인과 대기를 보호해 줄 우주 기반의 자기장 보호막

아마도 이쯤 되면 당신은 차라리 가까운 금성이나 달이 거주를 위한 더 나은 후보라고 생각할 수도 있을 것이다.

하지만 불행히도 금성은 화성과 정확히 반대되는 문제를 가지고 있다. 금성 표면은 엄청난 양의 이산화탄소로 덮여 있어 공기를 오염시키고 열을 가두고 있다. 금성은 지구보다 태양에 더 가깝기 때문에 더 많은 햇빛을 받는다. 따라서 금성은 표면 온도가 섭씨 240도(화씨 460도)까지 올라간다. 이렇게 갇힌 에너지로 인해 금성 표면의 대기압은 너무 높아져 있다. 우리가 지금까지 금성에 보낸 우주 착륙선들은 모두 고작 몇 분밖에는 버티지 못하고 산산조각이 났다.

그렇다고 해서 과감한 생각을 가진 과학자들의 엉뚱한 아이디어를 제안하는 것까지 막지는 못한다. 금성에서 이산화탄소를 퍼내고(거대한 숟가락을 사용하면 어떨까?) 우주 거울을 사용하여 햇빛의 일부를 굴절시키면 어떨까? 이렇게 하면 금성에 사람이 살 수 있을까? 어떤 사람들은 금성 표면에서 50킬로미터 상공에 떠 있는 구름 도시를 건설할 것을 제안하기도 했다. 그 높이에서는 온도와 압력이 실제로 지구와 비슷해지기 때문이다. 하지만 안타깝게도 금성의 구름은 황산으로 만들어져 있다. 따라서 금성을 광고하기 위한 부동산 카탈로그 문구를 작성하기가 조금 까다로울 것이다(“금성에 살아보세요! 경치가 숨을 멎게 할 거예요. … 진짜로!”).

반면 달은 지구에 가까이 있지만 충분히 크지 않다는 문제점을 안고 있

나의 천재적 아이디어

다. 달의 질량은 지구 질량의 약 1퍼센트에 불과하다. 너무 약한 중력으로 인해 대기를 붙잡을 수 없어서 달에 공기가 있어도 공기 입자들은 끊임없이 우주로 날아가버릴 것이다. 아무리 지구에서 공기를 가져와 풀어놓아도 100년 이내에는 모두 사라져 버릴 것이다.

이러한 이유 때문에 우리 주변에서는 어쨌든 화성이 최선의 선택지라고 할 수 있다.

이주를 해야만 할까?

화성은 제2의 고향이 될 가능성이 가장 높은 곳일지는 모르지만, 분명 심각한 개조 작업이 필요한 곳이다. 화성에 사람이 살 수 있도록 만드는 데는 수조 달러 단위의 돈이 끝도 없이 들어갈 것이며, 이 과정이 수천 년 이상 걸릴 수도 있다. 게다가 이것은 초기의 추정치일 뿐이다. 잘 알다시피 건설업체는 일단 공사를 시작하면 항상 추가 비용을 청구하는 방법을 찾는다.

물론 이 모든 것은 우리에게 지구를 떠나 이주하려는 동기가 얼마나 있느냐에 달려 있다. 거대한 소행성이 지구를 덮칠 것이기 때문에 지구를 떠

나야만 할 수도 있다. 또는 우리가 지구의 기후를 망친 나머지 미래에는 지구가 화성보다 더 살기 힘든 곳이 될 수도 있다. 이런 식의 적절한 동기가 있다면 거대한 태양 거울들과 산소 공장을 짓는 것이 최선의 선택이 될 수도 있다. 다음과 같이 한번 생각해 보자. 화성의 표면적은 약 5,600만 평방마일(또는 1,559,000,000,000,000평방피트)이다. 화성에 사람이 살 수 있도록 만드는 데 수조 달러를 지출하더라도, 여전히 캘리포니아에서 부동산을 사는 것보다는 싸다는 사실이다.

18

워프 드라이브를 만들 수 있을까?

우주는 놀랍도록 광활하면서도 탐험하고 싶은 매혹적인 장소로 가득하다. 그러나 안타깝게도 이 모든 것이 우리 손이 닿지 않는 먼 곳에 있다.

이전 장에서 알게 되었듯이, 우주선의 속도를 광속의 상당 부분까지 끌어올린다고 하더라도 우리 은하 반대편까지 도달하는 데만 수십만 년이

걸린다. 다른 은하(수백만 년 거리)를 방문하거나 관측 가능한 우주(수천억 년 거리)를 넘어서는 곳까지 가는 것은 두말할 것도 없다.

이것은 우주를 여행하는 데 분명한 한계이다. 빛의 속도보다 빠르게 우주를 이동할 수 있는 것은 아무것도 없다는 사실만큼 확고하면서도 피해갈 수 없는 물리 법칙도 드물다. 이 한계는 수없이 많이 실험하고 검증된 아인슈타인의 특수 상대성이론을 기반으로 한다. 이 수없는 시도에서 사실상 우리는 할 수 있는 모든 것을 다 해보았다고 해도 과언이 아니다.

그렇다면 우주의 가장자리까지 도달할 수 있는 방법 중 우리에게 남아 있는 유일한 방법은, 우리 스스로 우주를 여행하는 문명이 되어 수백만 년 또는 수십억 년 동안 무수한 세대에 걸쳐 행성에서 행성으로 천천히 이동하는 것밖에는 없어 보인다.

하지만 꼭 그 방법만 있는 것은 아니다. 우리는 영화와 책을 통해 우주가 우리의 손이 닿을 수 있는 곳에 있어야 한다고 생각하게끔 길들어 왔다. 그러나 적절한 기술만 있으면 그렇게 하지 않고도 광대한 우주 제국을 건설하거나 다른 은하계를 탐험할 수 있을지도 모른다. 우주선에 올라타 버튼을 누르기만 하면 별들이 눈앞에 펼쳐지고, 빛과 에너지가 당신의 주위를 휘감으며 **휙 하고** '초공간'으로 미끄러져 들어가는 그런 기술 말이다.

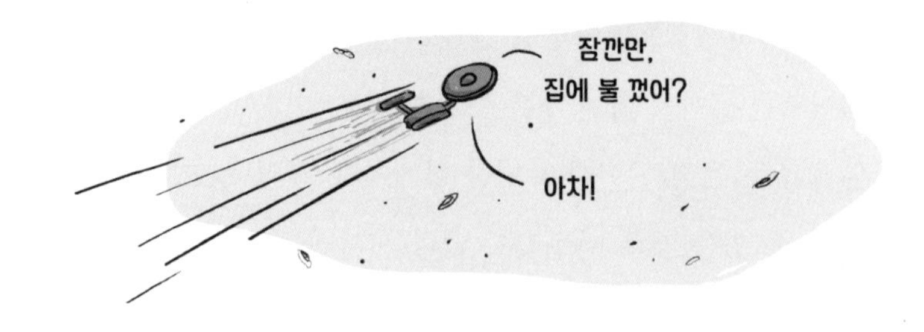

그런 다음 **짠 하고** 순식간에 수백만 광년 떨어진 곳에 도착하는 것이다.

그것을 위해 당신에게 필요한 것은 오로지… 워프 드라이브warp drive이다. 하지만 '워프 드라이브'가 무엇일까? 오로지 공상과학 소설의 세계에만 존재하는 것일까, 아니면 실제로도 물리학자들이 고민했던 주제일까? 과학자들이 그토록 떠받드는 우주의 속도 제한을 깨는 것이 과연 가능한 일일까? 이제부터 버튼을 누르고, 이 질문의 해답까지 가는 길을 워프 드라이브로 찾을 수 있는지 알아보자.

소설을 현실로 만들기

많은 기술 발전은 대개 다음과 같은 과정을 거쳐 이루어지는 것처럼 보인다.

- 1단계: 공상과학 작가가 새로운 장치를 생각해 내고, 과학자에게 도움을 요청한다.
- 2단계: 물리학자가 기계를 만들 수 있는 이론적으로 그럴듯한 방법을 찾아내고, 엔지니어에게 제작 방법을 찾아주기를 요청한다.
- 3단계: 엔지니어가 제작 방법을 알아내고, 그 비용을 마련할 수 있도

록 다른 사람들에게 도움을 요청한다.

- 4단계: 우여곡절을 거친 후, 그 장치가 당신의 스마트폰 안에 들어간다.

워프 드라이브에 관해 살펴보자면, 현재 1단계로서 공상과학 작가들이 별을 여행할 수 있는 휴대용 워프 드라이브에 대한 상상을 이야기로 풀어내는 작업을 지금까지 훌륭하게 수행해 왔다. 이제는 물리학자들이 나서야 할 때인 것이다.

언뜻 생각하기에는 물리학자들은 워프 드라이브가 불가능하다고 말할 것 같다. 왜냐하면 물리학자들이 결코 깨지지 않을 것이라고 믿는 물리 법칙 중 하나를 워프 드라이브가 깨기 때문이다. 워프 드라이브는 목적지에 광속보다 빠르게 이동하는 결과를 만들어낸다. 이 원칙에 대해 물리학은 결코 한 치도 움직이거나 양보하지 않을 것이다. 하지만 십대들 대부분이 사춘기 때 배우는 한 가지가 있다. 처음에 부모에게 원하는 답을 얻지 못하면 다른 각도에서 또 다른 질문을 하라는 것이다!

예를 들어 "빛의 속도보다 빠르게 공간을 이동할 수 있는 우주선을 만들 수 있을까?"라고 질문하면, 대답은 "절대 아니오"일 것이다. 하지만 그 대신에 "빛이 이동하는 속도보다 더 빨리 어떤 장소에 갈 수 있는 우주선

을 만들 수 있을까?"라고 질문하면, 물리학자들은 약간 머뭇거리다가 "아마도 만들 수 있다"라고 답하게 될 것이다. 덧붙이면 이런 경우 모든 십대는 '아마도'가 '나는 안 된다고 말하고 싶지만 엄마 또는 아빠에게 확인해야 한다'는 말을 대신하는 일종의 암호라는 것을 알고 있다.

두 질문에서 핵심적인 차이점은 '공간을 이동한다'는 문구이다. 특수 상대성이론의 부칙을 읽어보면, 속도 제한은 공간을 통해 움직이는 물체에 적용된다는 것을 알 수 있다. 그렇다면 우리가 아는 한 모든 것이 공간을 통해 움직이므로 다른 가능성은 없는 것일까? 대답은 '예'이다. 하지만 여기서 허점은 공간이 변형될 수 있다는 데 있다.

물리학적 관점에서 워프 드라이브가 현실적으로 가능하다고 보여지는 세 가지 방법이 있다.

- 하이퍼 공간hyperspace 워프 드라이브
- 웜홀을 이용한 워프 드라이브
- 공간을 구부리는 워프 드라이브

그러면 이 같은 아이디어가 이론적으로 타당하고 실현 가능성이 있는지 하나씩 살펴보자.

하이퍼 공간(또는 하위 공간, 초공간) 워프 드라이브

많은 공상과학 소설에서 워프 드라이브가 가능한 방법을 생생하게 표현하고 있다. 다름 아닌 속도 제한이 있는 우리 우주의 일반적인 공간을 벗어나 다른 종류의 공간으로 들어가는 것이다. 그 공간에서는 빛보다 빠르게 이동하는 것이 가능하거나, 또는 현재 위치와 목적지가 직접 연결된다. 일정 시간 이 하이퍼 공간을 여행한 후에는 다시 일반 공간으로 미끄러져 돌아오면 된다.

소설에서는 이런 접근 방식이 유효하게 작동한다. 그로 인해 우주선 안에서 수천 년을 보내지 않고도, 은하계 전체를 배경으로 소설 속의 캐릭터와 이야기가 펼쳐질 수 있게 된다. 하지만 이런 상상이 실제 물리학에 근거한 것일까? 과연 우리 우주와 평행한 또 다른 종류의 공간이 존재하고, 우리가 어떻게든 그 공간을 드나들 수 있는 것일까?

이 개념과 관련해서 함께 자주 거론되는 아이디어가 하나 있다. 그것은 '또 다른 차원'이라는 것이다. 우리가 존재하는 공간에서는 세 가지 방향으로 운동이 가능하다는 것을 알고 있다. 이 방향은 X, Y, Z라고 불린다.

하지만 이것은 임의로 붙여진 이름일 뿐이다. 일부 물리학자들은 공간에서 우리가 움직이는 데 더 많은 방법이 가능할 수 있지 않을까 의심하고 있다. 또 다른 차원이 있을 것이라는 말이다. 그것이 어떻게 작동하는지, 또는 어디에 있는지를 파악하기는 어렵지만, 또 다른 차원이란 개념은 끈 이론과 함께 중력에 관한 다른 창의적인 이론에서는 자주 등장한다. 이 이론에 따르면, 또 다른 차원은 우리가 속한 차원과는 다르다. 스스로 휘어 있기도 하며, 그 공간 내에서는 입자가 이동하는 방식이 우리의 차원과는 다른 규칙을 가지고 있을 수도 있다.

워프 드라이브를 위해 우리가 찾고 있던 것과 매우 비슷해 보이지 않는가? 새로운 규칙을 가진 다른 종류의 공간 말이다. 하지만 안타깝게도 이 아이디어는 우리가 생각했던 것만큼 워프 드라이브에 도움이 되지 않는다. 이러한 추가 차원은 그것이 존재한다고 해도, 우리 공간과 평행한 다른 종류의 공간이 아니다. 단지 우리 공간의 연장선일 뿐이다. 따라서 지금 우리가 활동하는 공간을 벗어나는 데는 아무런 도움을 주지 못한다. 단지 입자가 떨리거나 흔들리는 움직임을 하기 위한 추가적인 방법을 제공할 뿐이다. 이것은 마치 우편 주소에 한 줄을 더 추가하는 것과 같다. 현재 위치를 더 정확하게 알려주지만, 우편집배원에게 메일을 더 빨리 배달할

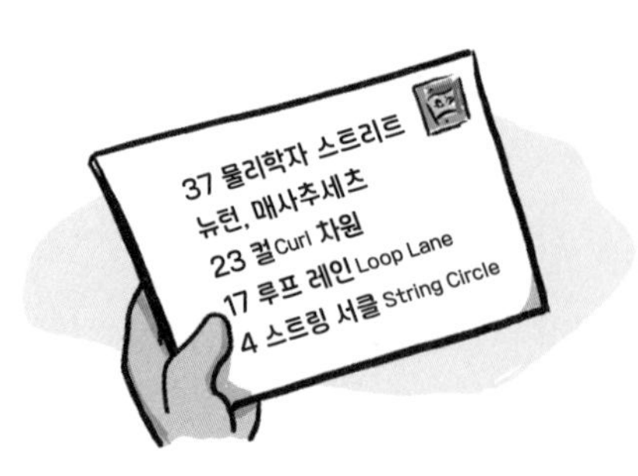

수 있는 지름길을 알려주지는 않는다.

실제로 이 하이퍼 공간에 대한 개념과 거의 일치하는 물리학 이론이 하나 있다. 바로 다중우주 이론이다. 다중우주 이론은 어딘가에 다른 우주가 있을 수 있다는 생각이다. 우리 우주의 다른 버전(양자 사건으로 인해 분할된)이 존재하거나, 또는 우리와는 매우 다른 물리 법칙이나 초기 조건을 가진 우주가 우리 우주와는 다른 주머니에 들어 있을 수 있다는 생각이다.

다른 우주가 있다면, 우리가 마음대로 우리의 우주를 벗어나 다른 우주로 건너갈 수 있을까? 그런 일은 다른 우주가 우리 우주보다 더 작거나, 물체가 낼 수 있는 최고 속도가 우리 우주보다 더 빠르면서도 어떻게든 우리 우주와 여러 지점에서 연결되어 있을 때만 가능하다. 그 경우 당신은 그 우주로 뛰어들어 짧은 거리를 여행한 다음, 당신이 시작한 곳에서 아주 멀리 떨어진 우리 우주의 다른 지점으로 빠져나올 수 있게 된다. 어쩌면 그 다른 우주로 들어가면 소용돌이치는 빛과 에너지의 터널을 볼 수 있을지도 모른다.

하지만 안타깝게도 다중우주에 관한 주장들은 지극히 이론적이다. 현재로서는 실제로 이것이 존재한다고 생각할 그 어떤 이유도 없다. 우리 우주

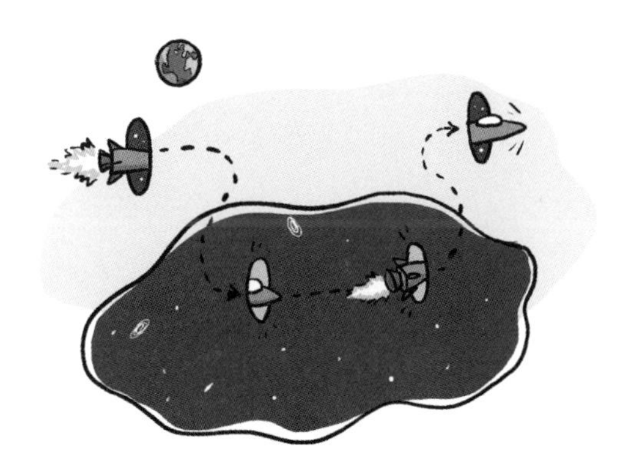

의 기이한 점을 설명하는 것 외에는 현재로서는 아무 쓸모가 없다. 그리고 물리학자들은 비록 다른 우주가 존재한다 해도 이 아이디어를 매력적으로 만드는 요소인 우리 우주와는 다른 독특한 물리 법칙이나 양자 변이가 오히려 우리 우주와의 상호작용을 불가능하게 만들 수도 있다고 생각한다. 따라서 다른 우주와 연결하여 여행하는 것은 불가능할 확률이 매우 높은 시나리오이다.

웜홀 워프 드라이브

우주의 구석진 곳에는 우리가 지금까지 알지 못했던 방식으로 공간이 구부러지고 뒤틀린 기이한 곳들이 실제로 존재한다. 이 신비스러운 분야에서 가장 유명한 것은 블랙홀이다. 물론 그곳에서는 생존하기가 어렵고 되돌아갈 수 없기 때문에 추천 장소 목록에는 포함되어 있지 않다.

하지만 이론적으로는 그곳에 빛보다 빠르게 먼 별을 여행할 수 있도록 해주는 이상한 공간 접힘이 있을 수 있다. 그것은 바로 웜홀이다.

웜홀은 공상과학 소설 여기저기에 나오는 단골 소재이다. 작가들은 먼 곳을 이동하는 지름길로 웜홀을 사용하거나, 이웃 은하계로 통하는 포털을 열거나, 각각의 방이 모두 다른 행성에 있는 이상한 집을 짓거나, 행성들을 은하 제국으로 연결하는 데 사용한다. 이런 식의 워프 드라이브를 가능하게 해주는 가장 기본적인 방법으로 당신은 웜홀을 상상할 수 있을 것이다. 버튼을 누르면 웜홀이 열리고, 우주의 다른 곳으로 연결되는 웜홀 속을 통과하는 것이다.

언뜻 보기에 웜홀은 완전히 불가능한 생각처럼 보인다. 이것은 물리학

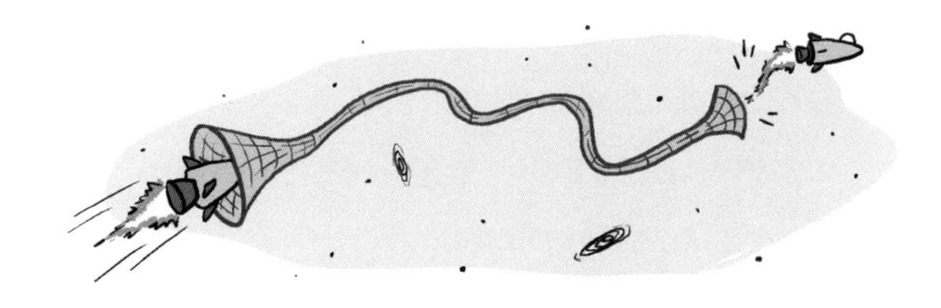

적 관점에서 절대 불가능한 것으로 금지되어 있는 빛보다 빠른 여행에 해당하지 않을까? A 지점에서 B 지점으로의 이동이 빛의 속도에 의해 제한되는 것은 사실이다. 하지만 이것은 어디까지나 그 사이에 존재하는 모든 공간을 통과하는 경우에만 해당한다.

우리는 물리 법칙을 위반할 수 없다. 하지만 최근 물리 법칙 스스로 공간의 휘어짐과 이상한 연결을 허용할 수 있다고 밝혔다. 당신이 공간을 생각할 때는 우주라는 배우가 연기할 수 있도록 해주는 벽에 걸린 배경 정도로만 인식할 것이다. 하지만 공간은 그보다 훨씬 더 흥미로운 어떤 것이다. 온갖 이상한 모양을 취할 수도 있고, 서로 다양한 방식으로 연결될 수도 있기 때문이다. 따라서 공간은 단순한 우주의 배경이 아니라 우주가 수행하는 연기의 한 부분이라고 할 수 있다. 왜냐하면 공간은 우주 속의 물질과 에너지에 따라 반응하기 때문이다. 물질과 에너지는 공간에게 구부러지는 방법을 알려주고, 공간은 물질에게 움직이는 방법을 알려준다. 마치 우주 속에서 어울려 춤추는 탱고 같다.

공간이 완전히 비어 있다면 지루하고 단순할 것이다. 하지만 그 한가운데에 크고 무거운 별을 놓으면 별은 공간을 휘게 만든다. 별은 공간의 모양을 바꾸고, 물질은 휘어진 공간을 따라 새로운 곡선 경로를 찾게 된다. 이것이 질량이 없는 빛이 거대한 물체 주위에서 휘어져 진행하는 이유이다. 빛으로서는 단지 구부러진 공간의 곡률을 따라서 진행할 뿐이다. 물리학에 따르면 공간은 매끄럽게 변하는 한 어떤 모양이든 취할 수 있다. 그리고 그런 모양 중 하나가 웜홀이다. 웜홀은 서로 멀리 떨어져 있는 두 점을 연결하는 공간의 이상한 변형이다.

웜홀은 실제로 블랙홀과 밀접한 관계가 있다. 웜홀을 만드는 한 가지 방법은 두 블랙홀의 특이점을 서로 연결하는 것이다. 특이점은 블랙홀의 중심부에 있는 무한 밀도를 가진 지점이다. 두 블랙홀이 멀리 떨어져 있으면 웜홀은 공간을 통과하는 지름길로서 두 지점 사이를 연결하게 된다.

그러나 이런 종류의 웜홀은 우리에게 전혀 도움이 되지 않는다. 왜 그럴까? 첫 번째, 블랙홀로 들어간 후 운 좋게 살아남아 (앞에서 설명한 것처럼 이것 자체로도 까다로운 주제이다) 반대편으로 이동한다 해도, 여전히 다른 쪽 블랙홀에서 빠져나오지 못하고 갇혀 있을 것이기 때문이다! 공간의 두 지점 사이를 빛보다 빠르게 이동했을 수도 있지만 다시는 블랙홀에서 빠져나오지 못한다는 것이 단점이다.

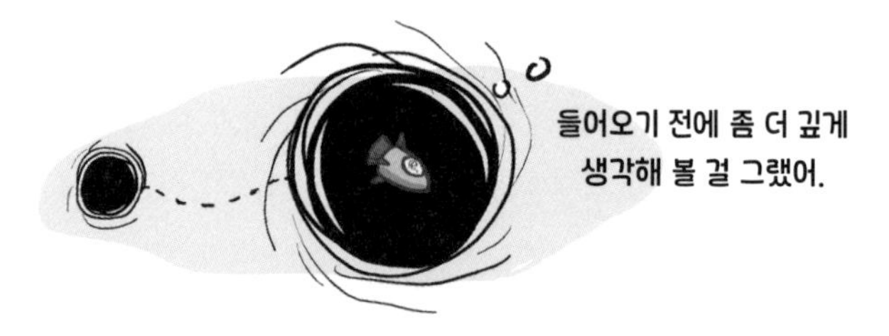

따라서 워프 드라이브에 도움이 되는 웜홀은 반대편으로 탈출이 가능한 웜홀이다. 이를 위해 생각할 수 있는 유일한 방법은 블랙홀과 '화이트홀'을 연결하는 웜홀을 만드는 것이다. 이전 장에서 언급했듯이, 화이트홀은 일반 상대성이론에 의해 이론적으로만 예측되는 개념으로 블랙홀과는 반대이다. 화이트홀에서는 물질이 빠져나올 수는 있지만 절대 화이트홀로 들어갈 수는 없다. 웜홀의 출구를 화이트홀이라고 생각하면 된다.

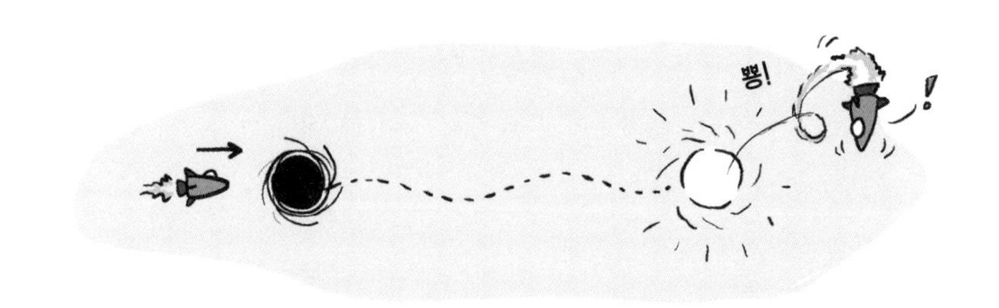

하지만 이런 종류의 웜홀을 워프 드라이브에 사용하는 데에는 몇 가지 문제가 있다.

첫째, 이것은 단방향 연결이라는 점이다. 즉 블랙홀로 떨어져서 웜홀을 통과한 다음 화이트홀로 나올 수는 있지만, 반대 방향으로는 갈 수 없다. 하지만 우리가 웜홀을 만들고, 웜홀의 끝을 움직이는 방법만 알아낸다면 이것은 문제가 되지 않을 수도 있다. 다시 왔던 곳으로 돌아가는 웜홀을 만들면 되기 때문이다. 둘째, 이 전체 과정에서 살아남는 것이 어려울 수 있다. 블랙홀에 들어가는 것은 결코 쉬운 일이 아니다. 중력에 의해 갈기갈기 찢기지 않도록 아주 큰 블랙홀로 골라서 들어간다 하더라도 블랙홀 한가운데까지 가는 동안 살아남아야 한다. 그런 다음에는 당신 스스로를 쥐어짜서 블랙홀의 특이점을 통과해야만 한다.

이에 대해 물리학은 훌륭한 해답을 제시하고 있다. 회전하는 블랙홀을 선택하면 된다는 것이다. 이런 종류의 블랙홀을 선호하는 이유는 블랙홀의 중심이 작은 점이 아니라 회전하는 고리이기 때문이다. 왜 이런 블랙홀이 더 나은 것일까? 블랙홀에 접근하는 물체는 먼저 응축 원반을 따라 블랙홀 주위를 돌게 된다. 그런 다음 물체들이 블랙홀로 들어가게 되는데, 이때 문제점은 그전에 물체들이 가지고 있던 각운동량이 갑자기 없어지지 않는다는 것이다. 그런데 점으로 이루어진 특이점은 크기가 없다. 크기가 없는 특이점은 회전이 안 되므로 각운동량도 가질 수 없다는 한계가 있다. 반면 각운동량을 가진 블랙홀은 그 중심에 고리를 가지고 있다! 이것이 화이트홀과 연결되어 있다면 이론상으로는 그 고리를 통과하여 화이트홀로 들어갈 수 있다.

게다가 웜홀은 계속 열려 있기도 어렵다. 이론적 예측에 따르면 웜홀은 붕괴되기 쉽다. 이렇게 되면 두 개의 특이점을 연결하고 있던 고리가 중간에 끊어지면서 각각의 특이점을 가진 두 개의 개별 블랙홀로 분리된다. 당신으로서는 이런 일이 발생할 때 절대 중간에 끼고 싶지 않을 것이다.

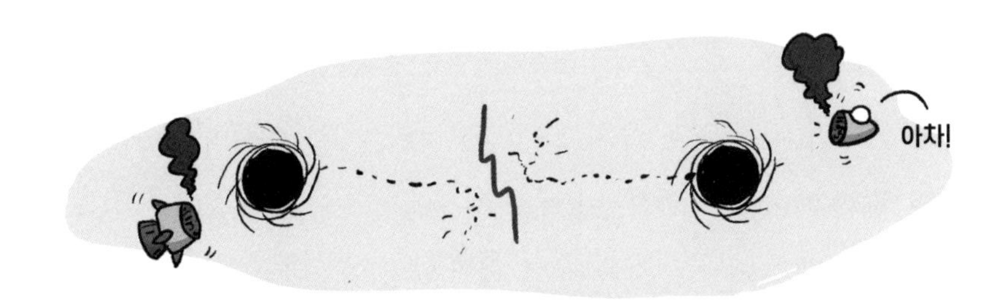

워프 드라이브에 웜홀을 사용할 때 발생하는 마지막 문제점은 지금까지 얘기했던 모든 것이 다 이론일 뿐이라는 것이다. 웜홀이 실제로 존재한다는 증거를 본 사람은 아무도 없다. 이 모든 재미있는 아이디어는 일반상대성이론이 옳다는 것에 기초한다(물론 지금까지는 모든 테스트를 통과했다). 하지만 양자역학이 무시될 수 없는 블랙홀 중심 같은 극단적인 환경에서 일반 상대성이론이 적용될 수 있을지는 알 수 없다.

우리는 블랙홀이 존재한다는 사실은 알고 있다. 블랙홀을 본 적도 있다. 반면 웜홀과 화이트홀은 현재로서는 아직 아이디어에 불과하다. 그것들을 만드는 방법도 모른다. 즉 웜홀을 만드는 방법을 모르는 것은 물론이고, 웜홀로 연결할 우주의 두 지점을 어떻게 결정하는지에 대해서는 더더욱 모른다. 생각해 보라. 일단 당신의 우주선이 특수한 종류의 블랙홀을 만들 수 있어야 하고, 그런 다음에는 어떻게든 이 블랙홀을 먼 거리에 있는 화이트홀과 연결할 수 있어야만 한다.

그럼에도 불구하고 우리가 웜홀을 찾아내거나 우리의 명령에 따라 우주가 자유자재로 웜홀을 만들도록 하는 방법을 알아낸다면, 우주 반대편으로 빠르게 이동하는 워프 드라이브에 웜홀을 사용할 수 있을 것이다.

우주를 구부리는 워프 드라이브

하이퍼 공간이 실제로는 존재하지 않고, 웜홀은 너무 위험해서 들어가기 어려운 것으로 밝혀진다면, 워프 드라이브를 만드는 데 영리하게 사용할 수 있는 다른 물리학적 방법은 없을까?

공간은 우리가 처음에 상상했던 것보다 훨씬 흥미롭다. '아무것도 없는 곳'이 아니라 흔들리고(중력파 등), 구부러지고(이것이 중력이다), 팽창(암흑 에너지와 우주의 팽창 내용 참조)할 수 있는 곳이 공간이다. 공간은 주변의 질량과 에너지에 따라 늘어나거나 압축될 수 있는 것처럼 보인다.

만약 우리가 4.2광년의 우주를 초보 은하계 여행자처럼 실제로 이동하지 않고, 우리가 가고자 하는 방향의 공간을 압축하는 방식을 사용할 수 있다면 어떨까? 동시에 우리 뒤쪽에 있는 공간을 팽창시킨다면 어떨까?

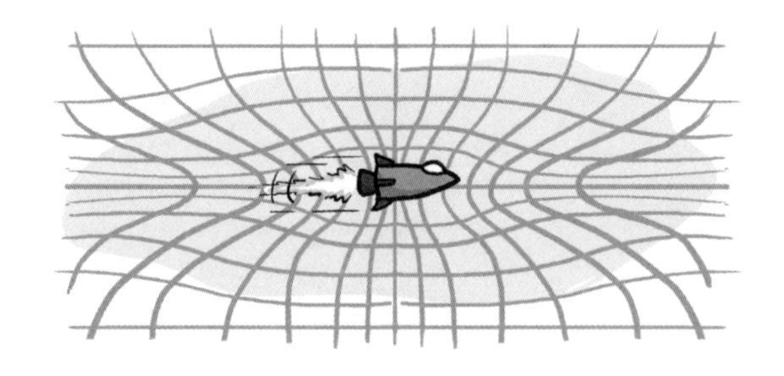

기본적인 아이디어는 우리가 이동해야 하는 공간의 양을 줄이는 것이다. 즉 당신의 앞쪽에 있는 공간을 압축하고, 그곳을 지난 후에는 이제 당신의 뒤쪽에 위치하게 된 공간을 다시 팽창시켜 원래대로 돌아가게 하는 것이다. 각 단계는 다음과 같다. 먼저, 당신의 앞에 있는 1,000킬로미터의 공간을 10분의 1나노미터로 축소한다. 그런 다음 10분의 1나노미터를 이동한 후, 당신의 뒤로 가게 된 그 공간을 다시 원래대로 1,000킬로미터로 확장시키는 것이다. 결국 당신은 0.1나노미터밖에 이동하지 않았지만, 실제로는 1,000킬로미터를 횡단한 셈이다. 이런 작업을 계속할 수만 있다면 당신의 우주선은 놀라운 속도로 당신을 이동시켜 줄 일종의 역 워프 버블inverted warp bubble에 앉아 있는 것과 같아진다. 역 워프 버블 안에 있는 당신에게는 4.2광년의 거리가 **4.2킬로미터**가 된다. 목적지에 이르러 우주선이 역 워프 버블을 터뜨리고 나오면, 당신은 목적지에 도착하게 되는 것이다!

이것은 실제로 걷는 대신 무빙워크를 타는 것과 비슷하다. 물리학은 당신이 무빙워크 위를 얼마나 빨리 이동할 수 있는지에 대해서는 매우 엄격하게 규칙을 적용하지만, 무빙워크 자체가 얼마나 빨리 움직일 수 있는지에 대해서는 속도 제한을 두지 않는다. 마찬가지로 공간이 얼마나 빨리 늘어나거나, 압축되거나, 또는 스스로 상대적으로 이동할 수 있는지에 대해서도 물리학적 제한은 없다.

하지만 어떻게 공간을 **축소하거나 확장할** 수 있을까? 그리고 이것이 의미하는 바는 무엇일까?

공간을 축소하거나 구부리는 것은 사실 그리 까다로운 일이 아니다. 당신이 지금 하고 있는 일이기도 하다. 이것은 당신이 디저트 바를 방문하여 체중이 늘어날 때마다 더 잘할 수 있는 일이기도 하다. 즉 질량을 가진 모든 것이 공간의 모양을 변화시킨다. 이것이 지구가 태양 궤도를 도는 이유이다. 태양의 거대한 질량이 트램펄린 위의 볼링공처럼 공간을 구부렸기 때문이다. 이 구부러짐은 시공간상의 모든 점들 사이의 상대적 거리를 바꾸었기 때문에 공간의 내재적 변화라고 할 수 있다.

물리학자들은 워프 버블이 일반 상대성이론 방정식을 충족시킨다는 사실은 알고 있지만, 안타깝게도 물질과 에너지를 어떻게 배열하면 워프 버블을 만들 수 있는지는 알지 못한다. 복잡한 디저트에 대한 아이디어는 있

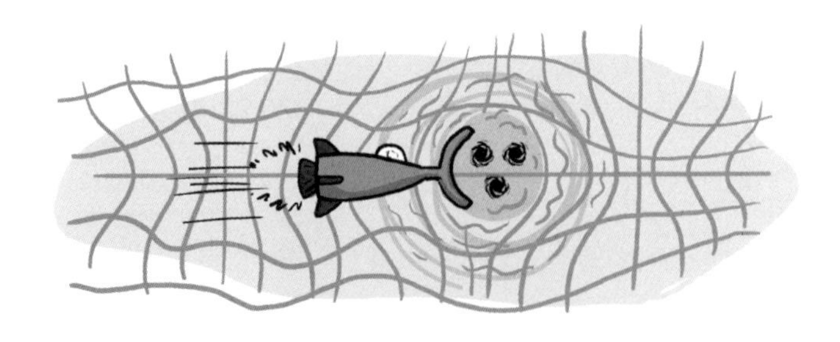

지만 그것을 굽는 레시피를 모르는 것과 같은 셈이다.

가장 까다로운 부분은 워프 버블의 뒤쪽 절반에서 **공간을 확장하는 일이다.** 질량과 에너지가 공간을 압축할 수 있다는 것은 알지만, 어떻게 해야 공간을 확장할 수 있을까? 우주의 모든 공간은 현재 팽창하고 있다. 처음 빅뱅 후 빠르게 팽창했던 것처럼 현재까지도 팽창하고 있으며, 게다가 그 팽창 속도는 점점 빨라지고 있다. 우리는 그것이 암흑 에너지 때문이라고 말하지만, 그렇다고 해서 우리가 암흑 에너지가 무엇인지 정확하게 알고 있는 것은 아니다. 사실은 그 반대이다. '암흑 에너지'는 단순히 점점 빨라지는 우주의 팽창을 설명하기 위해 우리가 만들어낸 용어에 불과하다. 우리는 실제로 그 원인이 무엇인지 알지 못한다.

인위적으로 공간을 확장하기 위해 물리학자들은 다음과 같은 또 다른 미친 아이디어를 제안했다. 양의 질량으로 공간을 축소할 수 있다면 **음의 질량**을 사용하여 공간을 확장할 수 있을까?

음의 질량은 무슨 뜻일까? 알다시피 우리 주변의 모든 것은 질량이 0(광자)이지 않으면, 양의 질량 (당신, 물질, 바나나)을 가지고 있다. 그래서 우리는 중력을 순수하게 끌어당기는 힘이라고 말하는 것이다. 서로 끌어당기거나(냉장고 자석) 밀어낼 수 있는(자기부상열차) 자력과는 달리, 중력은 끌어당기기만 하는 것처럼 보인다. 왜냐하면 지금까지 우리가 본 것은 양의 질량뿐이었기 때문이다.

그렇다면 음의 질량도 가능할까? 이론적으로는 가능하다. 하지만 현재까지 음의 질량을 가진 물질을 본 사람은 아무도 없다. 양의 질량은 서로 끌어당기기 때문에 음의 질량 덩어리 옆에 양의 질량 덩어리를 놓으면 음의 질량은 양의 질량을 밀어내고, 양의 질량은 음의 질량을 잡아당기는 이상한 현상이 일어날 수 있다. 누가 누구를 쫓아다니는지 알 수 없는 하이틴 드라마처럼 혼란스러운 상황이 연출될 것이다.

만약 음의 질량을 만드는 방법을 알아냈다고 가정하면, 실제로 이 같은 워프 드라이브를 작동시킬 수 있을까? 안타깝게도 또 다른 한계가 있다. 공간을 확장하고 축소하는 것은 비용이 적게 드는 일이 아니다. 그런 일을 하려면 에너지가 필요하기 때문이다.

물리학자들은 워프 드라이브 앞에서 공간을 구부리는 데 필요한 물질이나 에너지는 우주에 존재하는 모든 물질을 합한 것보다 더 클 것으로 추정한다. 한마디로 불가능한 일인 것이다. 계산을 약간 조정하면 필요한 에너지 추정치를 목성 전체 질량 정도로는 낮출 수 있을 것이다. 하지만 그렇게 큰 가스탱크를 가진 우주선은 아마도 다른 은하계에 도착하더라도 평행 주차하기는 어려울 것이다.

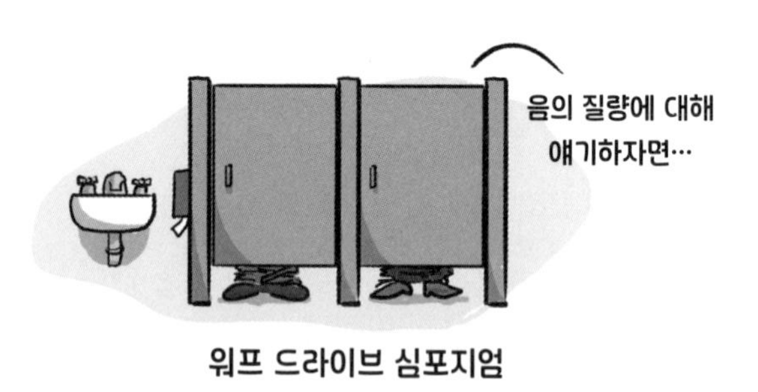

워프 드라이브 심포지엄

공간을 축소하는 데 드는 에너지를 1톤 질량에 해당하는 에너지 수준으로 줄이려는 논의가 있어왔다. 하지만 아직까지 이것은 '물리학자들이 휴게실에서 토론하는' 정도의 과학 수준에 머물러 있다. 아직 아무도 실제로 공간을 압축하는 기계를 만들거나 테스트하지는 않고 있기 때문에 실현하기에는 멀고 먼 미래의 일이라고 할 수 있다.

워프 드라이브에 대한 해답

우리가 우주의 속도 제한 법칙에서 구멍을 찾아 별을 정복하고 싶어 하는 만큼이나 워프 드라이브라는 아이디어는 여전히 허구적인 은하 우주 드라마 영역에 머물러 있는 것 같다. 하지만 언제나 그렇듯이 우주는 예측할 수 없으며, 인간의 진보와 독창성은 여전히 현재 진행형이라는 점을 기억하는 것이 좋겠다. 언젠가는 우리가 블랙홀과 화이트홀을 만들어 멀리 떨어진 공간을 직접 연결하는 구체적인 방법을 알아낼 수 있을지도 모른다. 또는 언젠가는 음의 질량과 그 에너지를 활용하는 새로운 방법을 발견하여 워프 버블에 몸을 구겨 넣고 다른 은하계로 이동할 수 있는 장치를 만들 수도 있을 것이다.

그렇다. 사실 여기에는 너무나 많은 가정이 깔려 있다. 하지만 엄마 또는 아빠에게 물어보면, 그들은 그냥 당신이 하려는 대로 내버려둘 것이다.

19

언제 태양이 다 타버릴까?

우리에게는 화창한 날도 얼마 남지 않았다.

태양은 9,300만 마일(약 1억 5,000만 킬로미터) 떨어진 먼 곳에서도 우리에게 늘 강하고 변함없는 존재처럼 보인다. 매일 어김없이 떠오르고, 우리에게 생명을 주는 에너지 광선을 끊임없이 쏟아내고 있기 때문이다. 하지만

물리학자들은 태양을 다른 시각에서 바라보고 있다.

물리학자에게 태양은 끊임없이 폭발하는 핵폭탄과 같다. 이 격렬한 폭발 과정에서 태양은 막대한 양의 에너지를 방출한다. 현재로서는 이 에너지가 태양 중력의 힘에 의해 억제되고 있다. 다음번 화창한 오후를 즐길 때는 당신의 발끝에 핵폭발로 방출된 태양 빛이 내리쬐고 있다는 사실을 기억하라. 또한 물리학자들은 이 엄청난 폭발 이면에는 그런 과정을 끝내기 위한 메커니즘이 작동하고 있다는 사실도 알고 있다. 태양의 내부 시계가 째깍거리며 점점 0을 향해 가고 있는 것이다. 태양 물리학을 통해 우리는 태양이 밝게 빛나는 날들이 영원하지 않고, 언젠가는 끝나게 될 것임을 알게 되었다.

이러한 일이 조만간 일어날까, 아니면 수십억 년 동안 계획해야 하는 일일까? 우리에게 태양이 비치는 날이 얼마나 남았는지 정확히 알아보자.

별의 탄생
(50억 년 전, 태양의 나이: 0)

태양이 언제, 왜 결국 죽게 되는지 이해하려면 먼저 태양의 시작으로 돌아가야 한다.

태양은 극적인 어떤 사건으로 탄생한 것이 아니었다. 심지어 그 과정에서 아주 작은 폭발도 없었다. 대신 태양은 가스와 먼지가 점진적으로 축적되는 과정을 통해 탄생했다. 가스의 대부분은 우주가 생긴 이래로 가장 흔하고 오래된 원소인 수소였다. 물론 태양이 탄생할 무렵에는 이미 죽고 남은 주변 별의 잔해인 다른 무거운 원소들도 있었다.

이 광활하게 소용돌이치는 가스 구름은 우주에서 가장 약하지만 가장 지속적인 힘인 중력에 의해 가운데로 천천히 모였다. 그러나 중력에 의해 완전히 결합되기에는 이 뜨겁게 소용돌이치는 구름 속 가스와 먼지 입자의 움직임은 너무 활발했다. 그것들은 밀집된 덩어리를 형성하려는 중력에 저항했다.

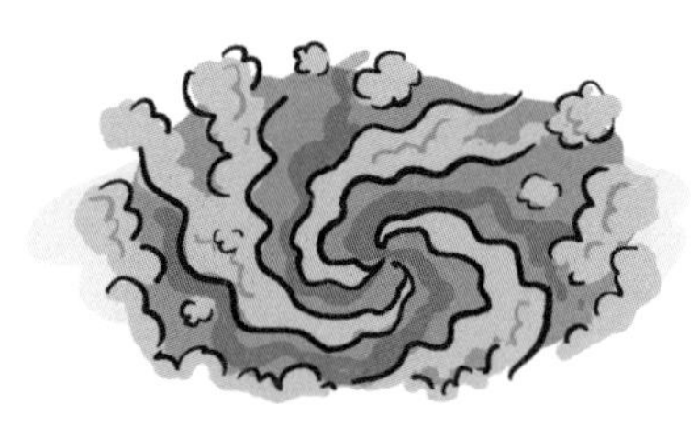

뭉치기엔 너무 뜨거운

과학자들은 결국 어떤 것이 우리의 태양이 형성되는 계기를 제공했는지 확신하지 못하고 있다. 입자들을 가두고 서로 가까이 모이게 한 것이 자기장일 수도 있다. 또는 인근 초신성에서 발생한 충격파 같은 외부 요인이 가스 입자들을 서로 조밀하게 접근하게끔 밀어붙였을 수도 있다. 또는 단순히 시간이 지나고 가스 구름이 냉각되면서 느려진 입자들이 중심을 향해 뭉치기 시작했을 수도 있다.

원인이 무엇이든 결국 충분한 물질이 서로 뭉치게 되자, 그때부터 연쇄

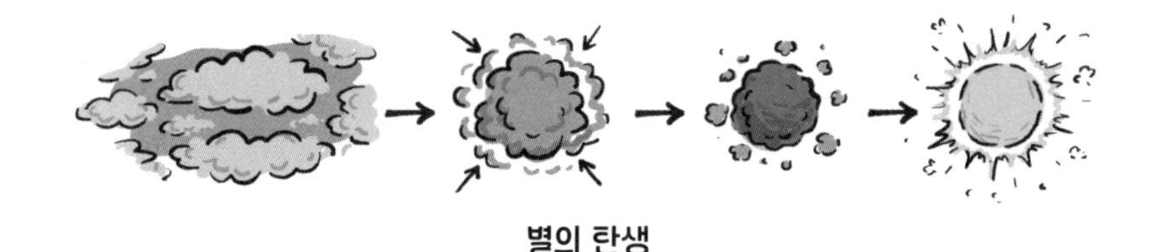

별의 탄생

적인 폭주 반응이 시작되었다. 가스와 먼지가 한곳에 모이면 중력이 강해지고, 중력이 강해지면 더 많은 가스와 먼지가 모이고, 그로 인해 중력이 강해지면 더 많은 가스와 먼지가 모이는 식의 사이클이 반복되었다. 이런 과정을 거쳐 결국에는 별의 탄생을 시작하기에 충분한 가스와 먼지가 한곳에 모이게 되었다. 그리고 그때부터는 정말 뜨거워지기 시작했다.

핵융합이 시작되다
(49억 년 전, 태양의 나이: 1억 년)

약 10만 년 동안 대부분 수소로 이루어진 거대한 구름을 하나로 모으는 것을 위해 중력은 자신이 해야 할 임무를 충실히 수행했다. 처음에 개별 분자들은 이런 움직임에 저항했다. 수소의 양성자에는 양전하가 있어서 서로를 밀어내기 때문에 양성자들은 서로 가까이 모여 있는 것을 좋아하지 않는다. 양성자 두 개를 서로 가까이 갖다 붙이는 것은 마치 고양이를 물이 들어 있는 통에 넣으려는 것과 같다. 정말 하고 싶다는 의지가 없다면 결코 할 수 없는 일인 것이다. 다행히도 중력은 절대 포기하지 않았다. 그동안 가스 구름의 중심에 축적된 엄청난 질량이 시간을 두고 양성자를 계속 밀어붙인 결과, 마침내 신기한 현상이 일어났다.

양성자가 서로 충분히 가까워지자 양전하끼리의 반발력을 극복하고 서로를 **끌어당기기** 시작한 것이다. 이것은 지금까지와는 다른 강력한 힘, 즉 핵력이 작용했기 때문이다.

이러한 현상을 설명하기 위해 입자물리학에서 지은 '강력한 힘'이라는 이름은 정말 잘 지어졌다. 강력하다는 표현이 잘 어울릴 정도로 핵력은 정말 **강한 힘**이기 때문이다. 이 힘은 먼 거리에서는 그다지 강력하지 않지만, 가까운 거리에서는 양성자를 서로 떨어뜨리려 하는 전기적 반발력을 이길 정도로 훨씬 더 강력한 힘이다. 이 강력한 힘이 양성자를 한데 모으면 놀라운 일이 일어난다. 바로 핵융합이다.

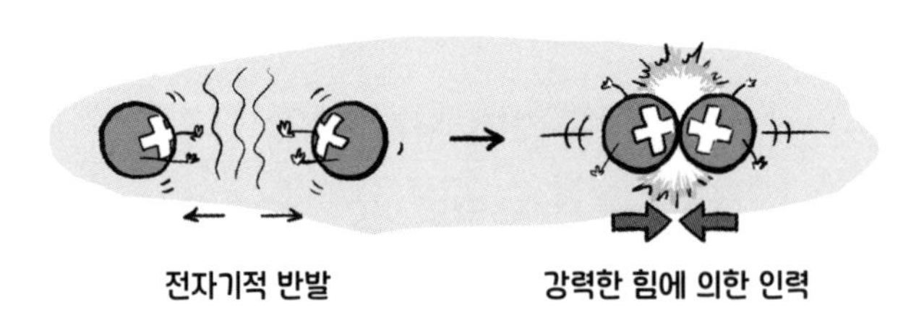

이렇게 두 수소 원자의 핵이 서로 달라붙은 다음 몇 단계를 더 거치면, 결국 헬륨이라는 새로운 원소가 탄생한다. 사람들은 수 세기 동안 하나의 원소를 다른 원소로(일반적으로 납을 금으로) 변환하려는 시도를 했지만 모두 실패했다. '연금술'이라고 알려진 그 모든 노력은 엉터리인 것으로 역사에 기록되었다. 하지만 실제로 연금술이 완전히 가능한 기술임이 밝혀졌다. 다만 이것은 태양의 중심과 같은 특수한 조건에서만 가능한 기술이다.*

수소를 헬륨으로 융합시키는 과정에서 놀라운 일이 일어난다. 엄청난 에너지가 방출되는 것이다. 수소 융합으로 만들어진 헬륨의 질량은 수소 원자 둘을 합친 것보다는 적다. 이 여분의 질량이 에너지로 변환되는 것이다. 이 에너지는 중성미자와 광자의 형태로 방출된다. 원자 간에 결합을 만드는 것이 어떻게 에너지를 방출하게 되는지 이해하기 어렵다면, 그 반대의 경우를 생각해 보면 된다. 보통의 경우 결합을 끊기 위해서는 에너지를 흡수해야 한다.

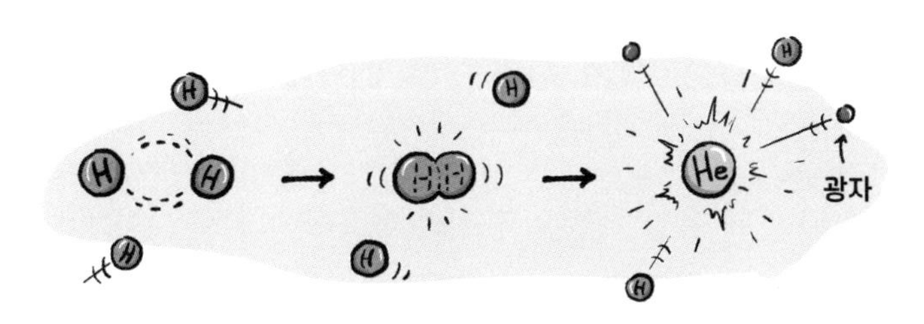

우주 전체를 밝히고 있는 것이 바로 이 간단한 메커니즘이다. 무수히 많은 별들 안에서 이런 핵융합이 일어나기 때문에 우리가 어두운 허공에서 살지 않는 것이다. 핵융합을 가능하게 하는 것은 중력이다. 핵융합을 꺼리는 양성자를 서로 융합될 때까지 밀어붙이는 힘은 모두 중력으로부터 나온다. 하지만 일단 핵융합이 시작되고 나면, 그 후에는 중력을 거스르는 반작용이 시작된다.

핵융합 반응으로 방출된 에너지가 모든 것을 바깥으로 밀어내기 때문

---

* 이 핵융합은 양성자들을 밀어붙이기 위해 필요한 중력을 생성하기에 충분한 질량이 있는 경우에만 발생한다. 예를 들어 목성 정도의 질량이라면 그냥 행성이 된다. 만약 목성의 질량보다 100배 더 크다면, 중심에서 핵융합이 일어나기 시작하여 적색왜성red dwarf이 될 것이다.

에 더 이상 중력이 양성자를 밀어붙이지 못하게 되는 일이 발생한다. 이때부터 모든 것을 한데 모으려는 중력과 중력을 밀어내는 에너지를 방출하는 핵융합이라는 두 가지 우주의 힘이 거대한 줄다리기를 하기 시작한다. 이 두 힘은 수십억 년 동안 태양 속에 갇혀 서로 싸우게 된다.

길고 느린 연소
(49억 년 전~지금으로부터 50억 년 후, 태양의 나이: 1억~100억 년)

그다음 100억 년 동안 태양은 중력과 핵융합이라는 두 가지 엄청난 힘이 활발하게 싸우는 전쟁터와 같을 것이다. 이 우주 드라마의 원조 배우격인 중력은 계속해서 별의 모든 물질을 짜내고 밀어붙이려 한다. 그러나 핵융합이 시작되면 여기서 생성되는 에너지가 모든 것을 바깥으로 밀어내는 방향으로 작용한다. 태양은 이 두 힘이 이루는 위태로운 균형 속에서 수십억 년 동안 타오르며 빛을 낸다.

이것이 우리가 지금 처한 상황이다. 태양을 올려다보면(직접 쳐다보지는 말기 바란다) 폭발과 수축이 동시에 일어나는 거대한 공을 보고 있는 것 같다. 태양 내부에서 일어나는 일의 규모를 파악하기는 어렵다. 테양 중심부 핵

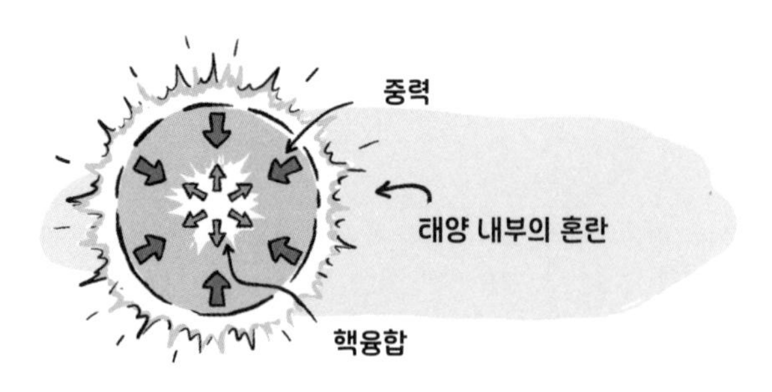

융합로의 바깥에는 35만 마일(약 56만 킬로미터)에 달하는 뜨겁고 소용돌이치는 플라즈마층이 있다. 핵융합로에서 생성된 광자는 이 층에 갇힌 채 충돌을 거듭하다가 5만 년이 지나서야 마침내 우주 밖으로 터져나온다. 그중 일부가 8분 후 지구에 도착함으로써 우리에게 햇빛으로 내리쬐는 것이다.

태양은 지난 49억 년 동안 이런 방식으로 타올랐으며, 앞으로 50억 년 동안도 이렇게 계속 타오를 것이다. 하지만 중력과 핵융합 사이의 균형이 영원히 지속되지는 않을 것이다. 조용히 태양 안에서 이 균형을 무너뜨릴 시계가 카운트다운 되고 있기 때문이다.

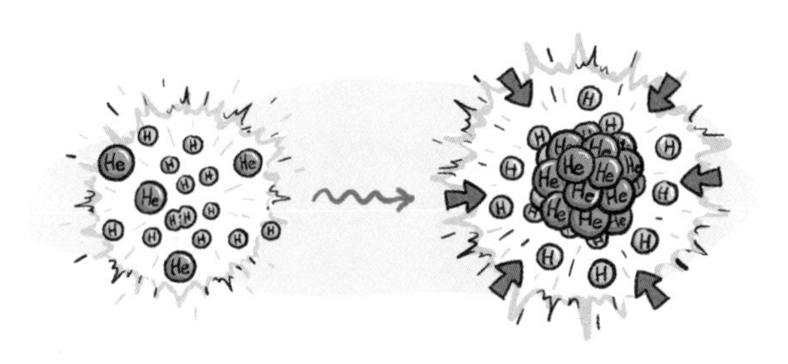

중력은 약하지만 지치지 않는 힘이다. 중력은 별 내부의 모든 물질을 영원히 끌어당긴다. 그러나 핵융합 반응의 경우 연료(수소)가 필요하고 폐기물(헬륨)도 생성되므로 핵융합이 지속될 수 있는 시간에는 제한이 있다. 처음에는 생성된 헬륨이 별의 중심으로 모여들어 그곳에 천천히 축적되기 때문에 태양 활동을 전혀 방해하지 않는다. 하지만 시간이 지나면 결국에는 태양 활동에 영향을 주기 시작한다.

헬륨은 수소보다 밀도가 높기 때문에 헬륨이 모여 있는 태양의 중심부가 점점 무거워진다. 그렇게 되면 대부분 태양의 외곽 쪽에 몰려 있는 수소에 대한 중력의 압박이 더욱 증가한다. 그 결과 태양 외층에서 더 많은 핵융합 반응이 일어난다. 따라서 태양은 점점 더 뜨겁고, 밝고, 커지게 된다. 이런 반응은 천천히 진행되는데, 대략 1억 년마다 1퍼센트씩 태양이 밝아지는 속도로 진행된다. 이런 현상은 계속해서 축적되므로 40억 년 후에는 태양이 지금보다 40퍼센트 더 밝아진다. 결국 지구에 있는 바다는 끓게 될 것이다.

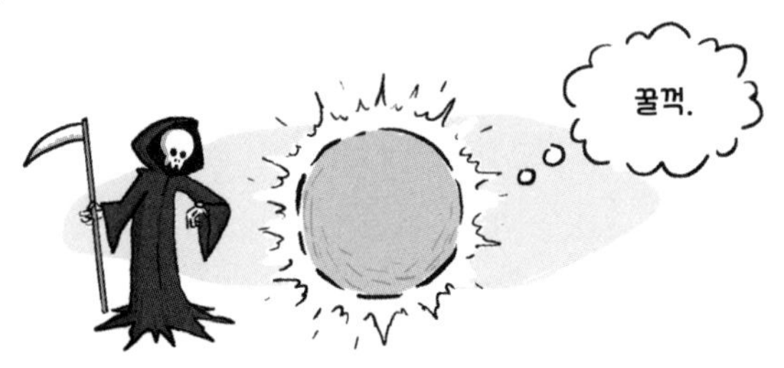

계속해서 태양 외곽층에서의 핵융합은 더 뜨겁게 일어나고 태양은 점점 더 커지게 된다. 이로써 핵융합이 중력과의 전쟁에서 승리하는 것처럼 보이지만, 사실은 태양의 연료가 점점 더 빨리 소모되는 것이다. 태양은 결국에는 술 취한 록 스타처럼 쓰러진 채 불타버리게 될 것이다.

왕성한 노년기

(앞으로 50억~64억 년, 태양의 나이: 100억~114억 년)

이 시기가 되면 수십억 년 동안 지속되어 오던 중력과 핵융합 사이의 싸움은 핵융합이 우위를 점하는 것처럼 보이게 된다. 핵융합이 시작된 지 100억 년이 지난 이 시점쯤에는 핵융합이 너무 강력해져서 그동안 중력이 우위를 차지하고 있던 부분을 역전시킨다. 그 결과 태양의 외곽 수소층은 태양 외부 층까지 멀리 밀려나게 된다.

이런 과정을 거쳐 지금으로부터 약 50억 년 후가 되면 태양은 현재 크기의 200배까지 커지게 된다. 이렇게 되면 태양이 지구와 태양계의 모든 내부 행성을 삼킬 것이다. 이 시점에 태양의 대부분은 푹신푹신한 수소 외층으로 구성될 것이며, 이 수소 외층은 태양의 나머지 부분에 비해서는 상대적으로 온도가 낮아질 것이다. 그렇다고 하더라도 지구 기준에서 볼 때는 견딜 수 없을 정도로 뜨거워지는 것이므로, 이때쯤 태양계 내측에는 어느 곳에서도 생명체가 사는 것이 실질적으로 불가능해질 것이다.

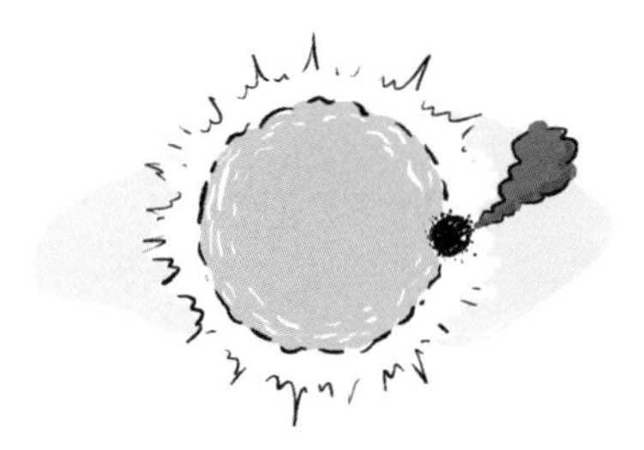

핵융합의 힘을 극적으로 보여주는 이 장면은 마치 핵융합이 마지막 만세를 외치는 것과 같은 느낌이다. 중력을 굴복시킨 핵융합이 스스로를 과도하게 확장하여 이때부터 흔들리기 시작하기 때문이다. 그러나 아직 중력에 굴복하기 전에 핵융합이 숨겨둔 한 가지 비장의 무기가 더 있다.

마지막 불꽃

(앞으로 64억~65억 년 후, 태양의 나이: 114억~115억 년)

태양의 나이 114억 년(지금으로부터 64억 년 후)이 되면, 태양은 중심에 있던 수소를 모두 태움으로써 중력과의 싸움에 동력을 제공하던 연료를 모두

소진할 것이다. 물론 이렇게 되더라도 핵융합은 태양의 중심을 둘러싸고 있는 외곽 수소층에서 수소를 연소시키며 핵융합을 계속할 것이다. 하지만 더 이상 핵 내부의 중력 압력에 대항할 정도의 힘을 만들 수는 없게 된다.

그렇다고 해서 태양 중심의 핵융합이 완전히 끝난 것은 아니다. 태양 중심에 만들어진 중력이 이번에는 헬륨 핵을 엄청난 힘으로 압축하여 누르면서 태양 중심에서는 수소를 대상으로 일어났던 것과 동일한 반응이 시작된다. 즉 헬륨 원자가 더 무거운 원소로 핵융합되는 것이다. 무거운 원소는 주로 탄소가 된다. 이 과정은 은유적인 표현이 아니라, 문자 그대로 섬광같이 진행된다. 헬륨 핵융합이 시작되면 **우리 은하계 전체**가 내는 양에 해당하는 빛이 방출되기 때문이다. 다행히도 이런 과정은 태양 내부에서 일어나는 일이기 때문에 그때쯤 목성의 달에 건설될 미래 인류의 식민지를 모두 태울 정도는 아니다.

헬륨의 핵융합 반응으로 만들어진 탄소는 태양의 중심부에만 집중된다. 따라서 우리 태양의 구조는 탄소, 헬륨, 수소로 이루어진 삼중 샌드위치가 된다. 더 큰 별에서는 이런 과정이 계속되면서 더 무거운 원소가 생성된다.* 그러나 우리 태양은 계속해서 탄소를 핵융합할 만큼은 크지 않기 때문에 헬륨과 수소가 고갈되고 나면, 태양은 마침내 불이… 꺼지게 된다.

이 헬륨의 핵융합 기간은 요란하게 시작하겠지만 오래 지속되지는 않는다. 태양은 100억 년 동안 수소를 태웠지만, 헬륨을 태울 수 있는 기간은 약 1억 년밖에 되지 않는다.

목성의 혼란기
(앞으로 65억 년 후, 태양의 나이: 115억 년)

이때쯤이면 모든 연료가 고갈되고 핵융합은 멈춘다. 태양의 바깥쪽 층은 떨어져 나가 성운을 형성할 것이다. 이렇게 만들어진 성운은 미래에 만들어질 행성의 원료가 된다. 핵융합이 사라져가는 동안에도 중력은 계속해서 핵에 남아 있는 원소들을 압축하여 태양을 매우 뜨겁고 밀도 높은 덩어리로 만든다. 우리는 이것을 '백색왜성white dwarf'이라고 부른다. 이 작은 별은 질량이 태양의 절반 정도이지만 크기는 지구만 하게 압축된다.

이 시점이 되면 태양의 팽창 과정에서 살아남았던 태양계 외곽 행성들도 위험한 상황에 빠진다. 태양은 이미 질량의 절반을 잃었기 때문에 목성과 외곽 행성에 대한 중력도 예전만큼 크지 않다. 이렇게 되면 목성을 비롯한 가스 거인 행성들의 공전 궤도는 이전에 비해 태양으로부터 약 두 배

---

* 거대한 별의 경우 중심부에서의 압력이 매우 커지기 때문에 계속해서 탄소가 핵융합하여 산소가 되고, 산소는 핵융합하여 네온이 되는 식의 과정이 진행된다. 각 핵융합 단계는 뒤로 갈수록 더 빠르게 진행된다. 매우 큰 별에서는 이런 핵융합 과정이 철을 만들어낼 때까지 계속된다. 철은 자연적으로는 핵융합될 수 없는 원소이다. 핵융합 과정에 에너지를 방출하는 것이 아니라 흡수하기 때문이다. 철이 만들어지면 핵융합은 끝났다고 보면 된다.

정도 멀어진다. 이전에 태양에서 위험한 불장난이 일어났던 점을 고려한다면 태양으로부터 멀어지는 행성들의 이런 움직임이 바람직해 보일 수도 있다. 하지만 동시에 지나가는 근처 별의 중력에 훨씬 더 민감하게 반응하는 문제도 발생한다. 여러 가지 시나리오에 의하면, 목성과 토성의 궤도가 매우 혼란스러워지고 이 두 행성만 남을 때까지 나머지 다른 행성(해왕성과 천왕성)들은 차례로 태양계에서 밀려나게 된다. 그러다가 결국에는 태양의 죽은 핵을 공전하는 단독 가스 거성인 목성 하나만 남게 된다.

이 시점에서 비록 핵융합은 일어나지 않지만 백색왜성은 여전히 빛난다. 대장간에서 꺼낸 하얗고 뜨거운 금속 조각처럼 내부의 자체 열 때문에 빛을 발하며 오랫동안 빛날 것이다.

이제 태양은 오도 가도 못하는 신세가 된다. 핵융합을 시작할 만큼 온도가 높은 것도 아니고, 그렇다고 원자를 가까이 끌어당겨 중성자별이나 블랙홀로 업그레이드될 만큼 중력이 강력한 것도 아니기 때문이다.

태양의 종말
(지금으로부터 수조 년 후)

이 백색왜성은 얼마나 오래 빛날까? 사실 우리는 한 번도 백색왜성이 빛을 잃는 것을 본 적이 없기 때문에 이 질문에 답할 수는 없다. 다만 물리학자들은 백색왜성이 냉각되어 결국 '흑왜성black dwarf'으로 알려진 어둡고 밀도 높은 천체가 되는 데까지 수조 년이 걸릴 것으로 예상한다. 지금 당장은 흑왜성이 존재할 만큼 우리 우주는 충분히 나이가 들지 않았다.

이는 우리 태양이 오랫동안, 어쩌면 수조 년 동안 백색왜성 상태로 존재할 수 있음을 의미한다. 젊었을 때만큼 뜨겁거나 밝지는 않겠지만, 우리가 목성에 마련했던 임시 식민지를 버리고 백색왜성으로 변한 태양과 더 가까운 궤도에 정착하면 인류의 생명을 유지하기에는 충분할 정도로 따뜻할 수 있다. 아마도 인류는 백색왜성의 불씨 주위에 모여 앉아 아주 옛날 태양이 불타오르고 그것을 당연하게 여겼던 지금 우리 시대의 삶에 대해 이야기하게 될 것이다. 태양의 폭발이 계속되고 화창한 날이 영원히 지속될 것만 같았던 그때를 회상하면서 말이다.

20

우리는 왜 질문을 하는가?

물론 우리는 마지막을 위해 최고의 질문을 남겨 두었다.

사람들은 지난 몇 년 동안 우리에게 매우 흥미로운 질문을 해왔다. 복잡하고 틈새적인 질문("질량이 없는데 왜 광자는 중력에 의해 휘어지는가?")에서부터 심오한 질문("우주는 왜 존재하는가?")까지 그 주제는 매우 다양했다. 이 책에서 우리는 사람들이 가장 자주 묻는 질문들에 대한 답을 전해 주려고 노력했다. 우주에 관한 우리의 공통된 호기심에 접근할 수 있고, 사람들의 마음속에서 가장 궁금해하는 질문들로 골랐다.

하지만 사람들이 많이 묻는 질문 가운데 아직 답변하지 못한 것이 하나 있다. 사실, 이 질문은 우리가 가장 자주 받는 질문이기도 하다. 우리는 이 질문을 마지막을 위해 남겨 두었다. 일반적으로 우주에 관해 받는 질문 가운데 가장 중요한 질문이라고 생각하기 때문이다. 준비되었나? 이것이 바로 그 질문이다.

"그게 도대체 무슨 뜻입니까?"

아마도 당신이 예상했던 것과는 다를 수도 있다. 완전한 질문처럼 느껴지지 않을 수도 있다. 문법적으로 말하자면 고등학교 영어 선생님이 민망할 정도로 비문일 것이다. 그럼에도 불구하고 가장 많이 받는 질문이다.

"그게 도대체 무슨 뜻입니까?"라는 질문이 흥미로운 점은, 이것이 사람들이 우리에게 물어보고 싶어 하는 첫 번째 질문은 아니라는 것이다. 일반적으로는 실제 어떤 **질문을 한 후에** 이 질문이 추가된다. 예를 들어 사람들은 때때로 우리에게 편지를 보내 묻는다. "대니얼과 호르헤, 우주는 정말 140억 년이나 되었나요? 그게 도대체 무슨 뜻인가요?" 또는 "우주를 팽창시키는 에너지는 어디에서 오는 걸까요? 정말 무에서 나올 수 있을까요? 그게 도대체 무슨 뜻일까요?"

사실, "그게 도대체 무슨 뜻일까요?"라는 질문은 대부분의 사람들도 본인이 물을 것이라고 **예상하지 못했던** 질문이다. 보통 이 질문은 사람들이 처음에 우리에게 대답을 원했던 질문의 끝에 습관적으로 덧붙여진다.

언뜻 보기에는 아무 생각 없이 뒤에 덧붙인 말이거나 아무렇게나 던진 질문처럼 보일 수 있다. 하지만 우리는 실제로 이것이 질문의 가장 중요한 부분이라고 생각한다. 애초에 질문을 던진 진정한 이유를 반영하고 있기 때문이다.

우리가 생각한 바에 따르면, 이 질문을 하게 될 때는 다음과 같은 과정이 이루어진다. 사람들에게는 자신의 호기심을 불러일으킨 첫 번째 질문이 있다. 우주의 나이에 관한 질문일 수도 있고, 우리 우주를 구성하는 물질과 에너지의 본질에 관한 질문일 수도 있다. 우리의 팟캐스트에서 들었거나 다른 곳에서 읽었던 내용일 수도 있다. 그것이 무엇이든 간에 사람들의 머릿속에 있는 톱니바퀴를 돌려 결국 구체적인 질문의 형태로 모습을 드러낸 것이다. 하지만 그 질문이 입 밖으로 나오거나 타이핑하는 손끝을 떠나자마자 또 다른 생각이 떠올랐을 것이다. **만약 대답을 얻으면** 그 답으로 뭘 어떻게 해야 할까? 그리고 그 대답이 의미하는 모든 결과를 생각하고 나면, 내면의 작은 목소리가 귓가에 속삭인다. **그래서 그게 도대체 무슨 뜻일까?**

우주가 140억 년이나 되었다는 것은 무엇을 의미할까? 아니면 우주가 무에서 팽창하고 있다는 것은 무엇을 의미할까? 이런 질문에 대한 답을 아는 것만으로는 충분하지 않다. 대답은 "그렇다", "아니다" 또는 "진공 힉스 입자의 상호작용에서 비롯되었다"와 같은 것일 수 있지만, 이런 세부적인 내용은 중요하지 않다. 궁극적으로 중요한 것은 그 대답이 가진 **의미**이다. 즉 그 대답이 내가 삶을 살아가는 방식에 어떤 의미를 갖느냐이다.

"우주는 어디에서 왔을까?"라는 질문에 대한 대답이 인생을 바꿀 수 있다고는 생각하지 않는다. 하지만 그 답이 삶의 세부적인 부분에 실질적인 영향을 미치지 않더라도 더 중요한 것을 바꿀 수는 있다. 그것은 바로 삶의 **맥락**이다. 이와 같은 근원적 질문에 대한 답은 자신을 보는 방식과 더 넓은 우주와의 관계에 영향을 미칠 수 있기 때문이다. 예를 들어 지구가 우주의 중심이 아니라는 사실을 알게 된 인류는 우리가 더 큰 무언가의 작은 부분이며, 더 이상 우주의 주 무대 위에 서 있지 않다는 사실을 깨닫게 되었다. 마찬가지로 우주가 지적 생명체로 가득 차 있다거나, 또는 지적 생명체가 극히 드물다거나, 심지어 우리가 우주에서 유일하게 생각하는 존재라는 사실을 알게 되면 우리 자신을 보는 방식은 물론이고 우리가 얼마나 특별한 존재인가를 인식하는 데 큰 영향력을 미칠 것이다.

이런 질문에 우주적 힘을 부여하는 것은 그 의미와 맥락에 대한 탐색이기 때문이다. 우리는 단순히 답을 알고 싶어 하는 것이 아니라 그 답이 가진 의미를 이해하기를 원한다. 왜냐하면 그 이해가 우리의 존재를 구성하는 틀을 변화시키기 때문이다. 그 답에 대한 이해가 우리가 살고 있다고 생각하던 낡은 무대에서 우리를 끌어 내린 뒤, 완전히 다른 무대에서 춤출 수 있도록 우리를 변화시킬 것이다.

과학적 질문에 대한 해답이 가장 흥미로운 점은, 그 답이 우리 손아귀 안에 있다는 것이다. 이 책에 등장한 모든 질문과 당신이 상상할 수 있는 질문들은 반드시 답을 가지고 있다. 숨어 있거나, 멀리 떨어져 있거나, 우리가 지금 당장 보기에는 너무 작을 수도 있지만 답은 분명히 그곳에 있다.

언젠가는 우리가 이 책에 포함된 모든 질문에 답할 수 있을지도 모른다. 그렇게 되더라도 당신은 똑같은 이 질문을 덧붙일 수밖에 없을 것이다. **그래서 도대체 그게 무슨 뜻일까?**

이것이 우리가 이 책에서 대답할 수 없는 유일한 질문이다. 왜일까? 그 대답은 우리 각자에 따라 다르기 때문이다. 우리 모두는 자신의 맥락을 정의하고, 이 우주에서 자신만의 의미를 찾아야 한다. 이러한 질문을 통해 우리가 누구인지, 왜 우리가 의미를 찾는지 고민해 봐야 한다.

자, 그렇다면 **당신이** 자주 묻는 질문은 무엇인가?

감사의 말

우리가 자주 받는 또 다른 질문은 "책을 쓸 시간을 어떻게 확보하느냐?"이다. 정답은 많은 분에게 조금씩 도움을 받는다는 것이다!

먼저 원고의 초고를 검토해 준 여러 친구와 동료들에게 감사드린다. 플립 타네도, 케브 아바자지안, 재스퍼 할레카스, 로빈 블룸-카아웃, 니르 골드만, 레오 스타인, 클라우스 키퍼, 아론 바스, 폴 로버트슨, 스티븐 화이트, 밥 맥니스, 스티브 체슬리, 제임스 카스팅, 수엘리카 치알이 그들이다.

편집자인 코트니 영의 지속적인 믿음과 신뢰에 특별한 감사를 표하며, 꾸준한 지도와 항상 우리 작업에 적합한 장소를 찾아준 세스 피쉬맨에게도 감사를 표한다. 레베카 가드너, 윌 로버츠, 엘렌 굿슨 쿠어트리, 노라 곤잘레스, 잭 거너트를 비롯한 거너트 컴퍼니의 모든 팀원과 그들의 해외 지사 직원들에게도 감사의 인사를 전한다. 이 책의 제작과 출간에 시간과 재능을 제공해 준 리버헤드 북스의 모든 분에게도 감사의 말씀을 전한다. 재클린 쇼스트, 애슐리 서튼, 케이시 페더, 메이지 림이 그들이다. 또한 이 책(그리고 제목!)에 대한 아이디어의 씨앗을 심어준 조지나 레이콕과 존 머리의 모든 팀원에게도 감사의 마음을 전한다.

항상 변함없는 지지와 격려를 아끼지 않는 가족들에게도 감사를 전하며, 무엇보다도 수년 동안 우리의 활동을 지켜봐 준 독자, 청취자, 팬 여러분에게도 감사드린다. 그리고 그들이 보내준 놀라운 질문에도 고마움을 표한다.

옮긴이 **김종명**

서울대학교 공업화학과를 졸업했으며, 미국 신시내티 대학교에서 재료공학 박사 학위를 받았다. 다년간 연구소에서 근무하며, 번역에이전시 엔터스코리아에서 전문 번역가로 활동하고 있다.

주요 역서로는 《사이언스 픽션: 과학은 어떻게 추락하는가》, 《과학자도 모르는 위험한 과학기술》, 《ZOOM 거의 모든 것의 속도》, 《한 권으로 이해하는 수학의 세계(CRACKING MATHEMATICS)》, 《전기차 첨단기술 교과서: 테슬라에서 아이오닉까지 전고체 배터리·인휠모터》, 《UX 심리학: UX 디자이너와 개발자가 알아야 할 사용자 심리의 모든 것》, 《수소 자원 혁명: 지구를 위한 마지막 선택, 수소가 바꾸는 미래》 외 다수가 있다.

이토록 재밌는 수상한 과학책

1판 1쇄 발행 2024년 6월 28일
1판 3쇄 발행 2024년 10월 22일

지은이 호르헤 챔, 대니얼 화이트슨
옮긴이 김종명

발행인 양원석
펴낸 곳 ㈜알에이치코리아
주소 서울시 금천구 가산디지털2로 53, 20층(가산동, 한라시그마밸리)
편집문의 02-6443-8855 **도서문의** 02-6443-8800
홈페이지 http://rhk.co.kr
등록 2004년 1월 15일 제2-3726호

ISBN 978-89-255-7484-4 (03400)